软件保护
新技术

向广利 朱平 钟忺 鲁晓成 著

WUHAN UNIVERSITY PRESS
武汉大学出版社

图书在版编目(CIP)数据

软件保护新技术/向广利,朱平,钟忺,鲁晓成著. —武汉:武汉大学出版社,2012.9

ISBN 978-7-307-10001-5

Ⅰ.软…　Ⅱ.①向…　②朱…　③钟…　④鲁…　Ⅲ.软件—安全技术—高等学校—教材　Ⅳ.TP311.56

中国版本图书馆 CIP 数据核字(2012)第 162618 号

责任编辑:林　莉　　　责任校对:黄添生　　　版式设计:支　笛

出版发行:**武汉大学出版社**　　(430072　武昌　珞珈山)

（电子邮件:cbs22@whu.edu.cn 网址:www.wdp.com.cn）

印刷:湖北金海印务有限公司

开本:787×1092　1/16　印张:11.25　字数:282 千字　插页:1

版次:2012 年 9 月第 1 版　　2012 年 9 月第 1 次印刷

ISBN 978-7-307-10001-5/TP·438　　　定价:25.00 元

前　言

　　软件保护是近几年来信息安全领域的一个新兴研究分支。在软件保护的研究中，需要借鉴计算机安全方面的技术，还会用到计算机科学其他领域的知识：密码学、软件水印、软件混淆、防篡改技术、密钥管理等。计算机软件可以简单地抽象为两个部分：数据和计算。本书主要是讨论软件中的数据保护和计算保护方法。从软件的版权保护角度，考虑到软件分发的途径和软件运行环境的多样性，本书也论述软件的版权保护和适合软件保护的密钥管理体系。

　　本书是一部关于软件保护理论与实践相结合的著作，全书共 6 章。第 1 章对软件保护的现状、应用领域进行综述性的说明；第 2 章介绍软件保护的基础知识，主要涉及：软件保护中常用的加密算法、HASH 算法、签名算法和认证算法等；第 3 章论述软件中的数据保护方法，主要通过数据混淆来实现软件中的数据保护，提出基于同态加密的数据混淆方法；第 4 章论述软件中的计算保护方法，提出基于 RSA 算法和 ElGamal 算法的同态加密函数计算方法；第 5 章论述软件版权保护技术，重点介绍软件水印和软件防篡改技术，并对 DRM 系统做了简要的介绍；第 6 章论述软件保护中的密钥管理，考虑到软件的分发模式和运行环境的多样性，主要讨论密钥协商、密钥更新与密钥隔离等技术。

　　特别感谢武汉大学计算机学院的何炎祥教授和武汉理工大学计算机科学与技术学院的钟珞教授在本书撰写过程中的指导和帮助，没有何教授和钟教授的帮助与鼓励，本书很难面世。感谢实验室的徐光兴、黄亚妮、陈智明、姚琴、蔡郑、王海飞、熊信禄、陈雄、张夏、冯天文、张学佳、王智强、林川、黄小龙等同学的帮助。感谢武汉大学出版社参与本书编辑出版的各位同志，尤其要感谢林莉老师对本书出版的帮助。最后，感谢我的家人和朋友们，你们的鼓励与支持是我撰写本书的动力。

　　由于软件保护是一个新兴的、多学科交叉的研究领域，涉及的范围非常广泛，加之作者自身学识有限，书中错误和疏漏之处在所难免，敬请读者批评指正。

作　者

2012 年 8 月

目　录

第1章　软件保护概述

1.1　引言

　　网络传播技术在给我们带来便利的同时，也带来了大量的版权纠纷，随之而来的版权保护问题也日渐突出。软件盗版、恶意篡改和逆向工程是软件安全面临的主要威胁，不容忽视其带来的经济损失。在《2011年全球 PC 套装软件盗版研究》报告中被商业软件联盟 BSA 指出，亚太区去年的个人电脑软件盗版率为 60%，也就是说用户安装的每 5 个软件中就有 3 个是盗版的。2011 年，亚太区安装在 PC 上的盗版软件的商业价值创历史之最——比上年增长12%，近 1,356 亿元。自 2003 年至今，中国 PC 软件盗版率却下降了 15 个百分点，降至 77%，尽管亚太区 PC 套装软件盗版率上升了 7 个百分点，这一进步在某种程度上与中国近年来一系列加强保护知识产权、推进软件正版化的举措密不可分。

　　在日益严峻的软件版权危机背景下，相应的立法被提上日程，相应法规相继出台，但难免存在立法漏洞并滞后于新生问题，因为计算机的发展历史短、技术更新快，一些技术手段的法律效力也难以界定：例如利用技术手段实施的盗版追踪和侵权取证是否具有法律效力，仍然缺乏明确的法律规定；因为在不同案例中它们所起的作用也许截然相反，逆向工程或反编译是否合法成为争议的焦点。软件的版权保护仅仅依靠法律规范和道德约束显然不够，应从法律规范、道德宣传和技术保护几方面入手，发展软件保护技术刻不容缓。本文介绍了常见的软件保护技术，分析了软件版权保护的进一步发展方向。

1.2　软件保护技术

　　软件保护是软件安全的一部分，在计算机安全系统中的地位如图 1-1 所示。

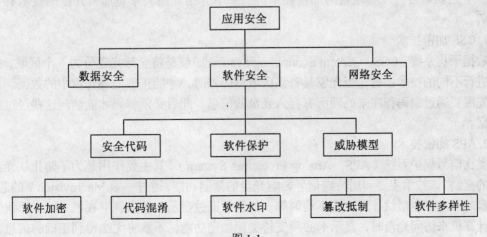

图 1-1

从广义的角度来说，软件保护技术包括计算机软件和系统的安全。如何防止合法用户和其数据被恶意客户端程序所攻击、设计和管理计算机系统来实现一个严密的安全系统，是目前大多数关于计算机的安全研究的重点[1-5]。例如可以限制在本地文件系统写文件操作。类似的技术还有监视客户端程序的软件故障隔离（Software Fault Isolation），这种技术能确保其不能够在它只能在赋予范围内进行写操作，此种技术在.NET 和 JAVA 中采用了。例如在 JAVA 安全模型中，不被信任的代码（例如 APPLET）将被禁止执行一些特定操作，即用户可以使用字节码校验来保证不被信任的客户端程序的类型安全。

从狭义的角度来说，软件保护技术就是在恶意环境下如何保护软件自身的数据和计算不受破坏和剽窃，软件能够在授权范围内正确的使用的相关技术。软件保护技术是一项综合的技术，目前一些供应商利用智能卡芯片本身具有很高的安全性，来误导软件开发商以为采用智能卡芯片的软件保护产品也一定具有同样的安全性，还有一些软件保护产品供应商在没有提供确切的数据和评测报告时，宣称自己的产品是不可破解的，往往是一种营销的策略。其实这些观点都是错误、片面的。软件保护产品不能够单一的由某个方面来以偏概全的断定其安全与否，它涉及从上层的应用软件、操作系统、驱动、硬件、网络等广泛的内容，所以是一个综合的技术范畴。

软件和其他安全产品相比具有一定的特殊性，下面基于硬件和软件分别介绍几种较常见的计算机软件保护技术。

1.2.1 基于硬件的保护方法

认证过程、数据加密、访问控制、唯一的系列号、密钥产生、可靠的数据传输和硬件识别，这些是基于硬件的软件保护策略包含的多种功能，有一些产品也支持许可证策略，这些策略的主要目的是防止硬件被复制。基于硬件的保护可以具有很好的安全性。主要包括以下几种典型方式：

1.2.1.1 加密光盘

越来越多的软件商使用加密方法来保护自己的软件，主要是为了防止盗版软件对软件市场的侵害。目前加密光盘的方法的主要原理是利用特殊的光盘母盘上的某些特征信息是不可再现的，而且这些特征信息在光盘复制时复制不到的地方，大多是光盘上非数据性的内容。下面就对目前一些较新的加密技术进行一下介绍，使大家对加密光盘的技术有一定的了解。

1. CSS 加密技术

数据干扰系统（CSS，Content Scrambling System），就是将全球光盘分为 6 个区域，并对各区进行不同的技术加密，当光驱具备该区域解码器时，才能正确处理光盘中的数据。该技术首先需要通过编码程序来处理所有存入光盘的信息，此后必须解码才能访问这些经过编码的数据。

2. APS 加密技术

类比信号保护系统（APS，Analog Protection System），其主要作用是为了防止从光盘到光盘的复制。该技术主要利用特殊信号影响光盘的复制功能，通过一颗 Macrovision 7 的芯片，使光盘的图象产生横纹、对比度不均匀等。如果想通过显示卡输出到电视机上时，那我们在使用计算机来访问光盘时，显示卡必须支持类比加密功能，不然将无法得到正确的信息，也就无法在电视上看到光盘影片的精美画面。

3. 光盘狗技术

一般的光盘加密技术实施起来费用高不说，而且花费的时间也不少，因为需要制作特殊的母盘，进而改动母盘机。我们若要自由选择光盘厂来压制光盘，可以采用光盘狗技术，光盘狗是专门加密光盘软件的优秀方案，并且通过了中国软件评测中心的加密性能和兼容性的测试。它不在母盘制造上动手脚，能通过识别光盘上的特征来区分是原版盘还是盗版盘。

该特征是在光盘压制生产时自然产生的，不同的母盘压制出的光盘即便盘上内容完全一样，盘上的特征也不一样，同一张母盘压出的光盘特征相同，这就使得盗版者翻制光盘过程中无法提取和复制的。

4. 外壳加密技术

"外壳"就是给可执行的文件加上一个外壳。这个外壳程序负责把控制权交还给解开后的真正的程序，将用户原来的程序在内存中解开压缩。用户根本不知道也不需要知道其运行过程，并且对执行速度没有什么影响，因为一切工作都是在内存中运行，用户最终执行的实际上是这个外壳的程序。在外壳程序中加入对软件锁或钥匙盘的验证部分就是我们所说的外壳加密。其实外壳加密的作用还很多，网络上许多程序是专门为加壳而设计的，如果你的程序不希望被人跟踪调试，如果你的算法程序不想被别人静态分析，如果你不希望你的程序代码被黑客修改，外壳程序就是很好的选择。它的主要特点在于保护你的程序数据的完整性，它对程序进行压缩或根本不压缩，反跟踪，加密代码和数据。

5. CGMS 技术

CGMS 技术也叫内容拷贝管理技术，它主要是通过生成管理系统对数字拷贝进行控制，它是通过存储于每一光盘上的有关信息来实现的，是用来防止光盘的非法拷贝的。CGMS 这一"串行"拷贝，生成管理系统既可阻止对其子版软件进行再拷贝，也可阻止母版软件进行拷贝。制作拷贝的设备必须遵守有关规则，即使是在被允许正常拷贝的情况下。为了使数字录音机能很方便地予以识别，数字拷贝信息可以经编码后送入视频信号。

6. DCPS 技术

数字拷贝保护系统技术，它的作用是让各部件之间进行数字连接，但不允许进行数字拷贝。以数字方式连接的设备，如 DVD 播放机和数字电视或数字录像机，就可以通过此技术交换鉴证密钥建立安全的通道。为了防止那些未鉴证的已连接设备窃取信号，DVD 播放机加密已编码的音频/视频信号，发给接收设备，接收设备接着进行解密。无需拷贝保护的内容则不进行加密。含有更新的密钥和列表（用来识别非认证设备）的新设备和新内容（如新的盘片或广播节目）也可获得安全特性。

7. CPPM 技术

预录媒介内容保护技术，该技术一般用于 DVD-Audio。它通过在盘片的导入区放置密钥来对光盘进行加密，但在 sector header 中没有 title 密钥，盘片密钥由 "album identifier" 取代，它取代了 CSS 加密技术。现有设备无需任何改动，因为该技术的鉴定方案与 CSS 相同。

8. CPRM 技术

录制媒介内容保护技术，它将媒介与录制相联系。即在每张空白的可录写光盘上的 BCA 处放置 64 比特盘片 ID，如果受保护的内容被刻录到盘片上时，它通过 ID 得到 56 位密码，然后进行加密。之后从 BCA 中读取盘片 ID，就可以生成盘片内容解密所需要的密钥，进而访问光盘信息。在盘片内容被复制到其他媒介的情况下，盘片 ID 会被丢失或出错，这样光盘数据也将无法得到解密。

现在软件市场上很多工具软件、设计软件、教学软件、杀毒软件、多媒体软件都进行了加密。通过使用这些加密技术，可以对软件的非法拷贝或非法使用造成障碍，软件的市场利益在一定程度上得到了保护。软件解密盗版可以说是不能被任何一种加密软件（硬件）所杜绝，只是解密盗版的难度不同。如果让盗版者在破解被保护的软件时，耗费极大的时间精力，付出巨大的代价，最终被迫放弃攻击，这就是一种好的加密效果。游戏软件经常采用的方式是，将被保护软件的部分密钥放在可移动的软盘或光盘当中，保护软件只有在软盘或光盘存在的时候才可以运行。这种方式的基本原理是在光盘的光轨上隐藏一个密钥，如 Macrovision SafeDisk 工具，而一般的光盘刻录机无法复制此密钥，这样光盘就无法复制，软盘也使用类似的技术。

存在的问题：用户在原盘被划坏或者毁坏的情况下就无法继续使用软件，并且黑客只需分析或跟踪找到判断代码处，修改可执行文件就能跳过此段代码，达到破解的目的。此种保护技术的安全性并不是很高，像 Elaborate Bytes 公司的 CloneCD 和 Padus 公司的 DiscJuggler 等拷贝工具，他们这种工作在原始模式（RAW MODE）的光盘拷贝程序可以原样拷贝加密光盘，但是有一些软件开发商考虑到价格优势，还是使用此种技术来保护自己的软件。

1.2.1.2 加密狗

加密狗又被称为加密锁，是一种智能性加密产品。它是一个硬件电路，可以安装在并口、串口或 USB 接口上的。加密狗的工作原理如图 1-2 所示。

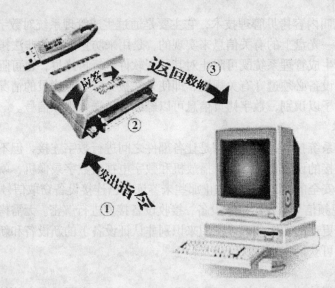

图 1-2

虽然在基于软件的保护方式和安全性上它具有更高的安全性，但是在易用性上存在一定问题，因为用户在使用被保护软件时，不得不在自己的机器上安装相应的保护硬件和驱动程序，易用性上存在一定问题，并且价格比基于软件的保护方式高。

加密狗的工作原理：

通过在软件执行过程中和加密狗交换数据，加密狗实现了加密。加密狗具有分析、判断及主动的反解密能力，因为加密狗内置单片机电路(也称 CPU)，"智能型"加密狗也由此得名。加密狗硬件不能被复制，因为专用于加密的算法软件内置于加密狗，该软件被写入单片机后，就不能再被读出。并且加密算法是不可逆、不可预知的。一个数字或字符通过加密算法可以变成一个整数，如 DogConvert(A)=43565、DogConvert(1)=12345。我们通过下面的例子说明单片机算法的使用。如程序中有如下语句：A=Fx(3)。变量 A 的值需要通过常量 3 来得到。于是，原程序可以这样被改写：A=Fx(DogConvert(1)-12342)。DogConvert(1)-12342 就取代了原程序中的常量 3。只有软件编写者才知道实际调用的常量是 3。要是没有加密狗，算式 A=Fx(DogConvert(1)-12342)的结果也肯定不会正确，因为 DogConvert 函数就不能返回正确结果。这种加密方式使盗版用户得不到软件使用价值，相比一发现非法使用就警告、中止的加密方式，这种方式更温和、更隐蔽、更令解密者难以破解。

另外加密狗还有可以用作对加密狗内部的存储器的读写的读写函数。我们可以把上算式中的 12342 也写到加密狗的存储器中，这样 A 的值完全取决于 DogRead()和 DogConvert()函数的结果，令解密难上加难。由于解密者在触及加密狗的算法之前要面对许多难关，所以加密狗单片机的算法难度要低于一些公开的加密算法，如 DES 等。

1.2.1.3　基于硬件序列号加密

由于计算机软件是一种特殊的产品，为了保护软件开发商的利益，我们必须对软件进行加密保护，以此防止软件的非法复制、盗版。根据微机硬件参数给出该软件的序列号是采用基于硬盘号和 CPU 序列号的软件加密技术；软件提供商或开发商在接收到用户提供的序列号后，利用注册机（软件）产生该软件的注册号寄给用户即可。不同于以前的序列号的注册方法，它的注册信息与机器的硬件信息有关，进一步提高了软件的安全性[6-11]。

1. 硬盘号和 CPU 序列号

（1）硬盘的序列号分为逻辑序列号和物理序列号。物理序列号是在生产时由生产厂家写入的唯一存在的序列号。它是一个与操作系统无关的特性，不随硬盘的分区、格式化状态而改变，存在于硬盘的控制芯片内，像硬盘的扇区数、物理柱面数一样。用户主机的硬盘序列号不能用常规办法修改，只能用硬盘控制器的 I/O 指令读取。需要注意的是，将硬盘格式化成 FAT 或 FAT 32 后，分区引导扇区自动生成的逻辑序列号和硬盘的序列号有着根本的区别，后者是物理存在的。新的逻辑序列号会在每次格式化磁盘时产生。然而在实际的软件保护中，用户主机识别可通过硬盘的物理序列号和逻辑序列号。

我们可以使用物理序列号作为用户主机唯一性标志的硬件，因为硬盘物理序列号的唯一性和只读性的特点。一般是在软件安装到硬盘时读取该序列号,经过加密算法后生成的注册码保存起来(如写入注册表)。以后，安装到硬盘的软件可以比较安装时保存的注册码和当前的硬盘序列号，在不一致的情况下软件将不能运行，则说明该软件被非法拷贝到其他硬盘。逻辑序列号也时常被用来作为用户机器的标志来分配注册码。此时，我们使用的序列号，一般是逻辑盘符 C 盘的逻辑序列号。因为 C 盘下一般安装着用户的操作系统，用户就不会经常格式化 C 盘而导致序列号发生改变。并且在读取逻辑序列号时，C 盘肯定是存在的，而其他的分区盘符不一定存在。

（2）CPU 序列号可以用来识别每一个处理器，是一个建立在处理器内部的、唯一的、不能被修改的编号。它由 96 位数字组成，低 64 位每个处理器都不同，唯一地代表了该处理器，高 32 位是 CPU ID，用来识别 CPU 类型。Intel 为了适应这一新特征，在处理中增加了一个寄存器位（模式指定寄存器位：Model Specific Register–"MSR"）和两条指令（"读取" 和 "禁止"）。禁止指令可以禁止对处理器序列号的读取。MSR 位是为了配合 CPU 序列号的读取和禁止而设置。当 "MSR" 位为 "1" 时只能读取高 32 位（即 CPU ID），而低 64 位全为零；

当 MSR 位为 "0" 时可以读取 CPU 序列号。读取指令扩展了 CPUID 读取指令。96 位的处理器序列号可以通过执行读取指令得到。

2. 程序实现

加密方法：

通过应用程序取得 CPU 号和机器硬盘号，然后通过机密程序形成一个注册序列号，软件注册者接收到用户发过来的注册序列号后，按照预定的算法生成注册码，然后将其发给用户，通过注册形成合法用户。软件每次启动时，都到注册表或注册文件的相应位置读取注册码，并与软件生产的注册码比较，一致则是合法用户，否则是非法用户。非法用户即使知道注册序列号与注册码也无法使用，因为注册码具有唯一性，它与用户计算机的硬盘号与 CPU 号相关联。

实现过程：

（1）读取 CPU 号。

只能采用对硬盘控制器直接操作的方式进行读取硬盘的序列号，也就是说只能采用 CPU 的 I/O 指令操作硬盘控制器，采用在 DELPHI 嵌入汇编的方法读取 CPU 号。其读取方法如下：

MOV EAX.01H

如果 EDX 中低 18 位为 1，说明此 CPU 是支持序列号的。就是序列号的高 32 位 EAX。对同一型号的 CPU，32 位是一样的。

再执行：

MOV EAX.03H

此时序列号的第 64 位即 EDX:ECX。

（2）读取硬盘号

通过 CreateFile 函数读取硬盘号，CreateFile 可以打开物理设备和串口等，打开硬盘可以使用 CreateFile('\\.\PHYSICALDRIVEI',)其中的 I 为 0~255，代表需要读取的硬盘。命令为：

hDevice:=CreateFile('\\.\PhysicalDrive0',GENERIC_READ OR GENERIC_WRITE, FILE_ SHARE_READ OR FILE_SHARE_WRITE, NIL, OPEN_EXISTING, 0, 0)

对打开的设备进行通信可以使用 DeviceIOControl 函数，发送指定命令，物理序列号和模型号可根据返回的 PSENDCMDOUTPARAMS 结构得到，并将其格式化为一定的格式输出。

（3）对注册表的操作。

可利用 TRegistry 对象在 Delphi 程序中来存取注册表文件中的信息。

创建和释放 TRegistry 对象

创建对象和释放内存可通过 Create 和 Destroy 来实现。

读取注册表中写入信息

读取注册表数据时，可采用函数 ReadString、ReadInteger、ReadBinaryData 来读取字符串、数值、二进制值。

向注册表中写入信息

信息通过 Write 系列方法转化为指定的类型，并写入注册表。

向注册表写入数据时，可采用 WriteString、WriteInteger、WriteBinaryData 等函数来写入字符串、数值、二进制值。

1.2.1.4　加密 CPU

CPU 的功能就是解释并执行计算机指令以及处理计算机中的数据，运行在计算机中的所有应用程序都是由 CPU 可以处理的机器指令构成，它是计算机的核心部分。通过 CPU 的私化来阻止一些常见的攻击可以提高计算机的安全性。CPU 私化是通过加密指令和数据，使其对外部以密文存在。所有加密均采用流加密，以保证安全性和效率。此外，防止恶意篡改的有效手段还包括对数据的认证，保护程序完整性。结合加密和认证的方式来实现 CPU 的私化，提高计算机的安全性。

从计算机诞生那天起，占据着主导地位的是冯诺依曼体系结构，CPU 完成计算机指令和处理计算机数据，是冯诺依曼体系结构计算机的核心部分。长期以来，操作系统控制着整个计算机，阻击病毒入侵和恶意攻击，计算机的安全任务都交给了操作系统。然而这么多年过去了，病毒入侵和恶意攻击却从来没有停止过，而操作系统越来越大，安全策略也越来越复杂。越来越多的计算机通过硬件，如对内存的控制、对总线的控制等，来实现计算机的安全。这些实现无非是通过硬件来提供更底层的保护，在那些操作系统不能控制的地方。对 CPU 的保护也许是对计算机保护的最后一道防线，因为 CPU 作为整个计算机的核心，实际控制着计算机的运行，这里通过 CPU 拒绝任何未授权的恶意程序，仅执行授权的可信任的应用程序，来达到 CPU 私化的目的。

1. CPU 私化的发展

嵌入式计算机伴随着计算机的发展已经进入到人们生活的各个方面。由于内存小，处理器能力低，这些嵌入式计算机往往无法安装安全复杂的操作系统。简单的运用可能对其安全性要求不高，但当被用于移动通信、金融事务、军事等领域时，就要求计算机的可靠性了。安全的计算机要保护计算机内数据的安全，不被窃取（如用户的资料，应用程序的知识产权等），要能防止对计算机的任何破坏，阻挡恶意攻击。

CPU 的私化发展已经有很多年了，早在 30 年前，Best 首次提出了总线加密来保护计算机的安全，他假定 CPU 是安全的，CPU 内访问的所有数据和地址都是明文的，在 SoC 外部全都是以密文存储。

Taka-hashi 提出了在微处理器的芯片上嵌入一个安全的 DMA 控制器。所有 CPU 外部请求由 DMA 控制器管理，在外部与内部存储之间传输数据时使用加密解密引擎。

Dallas 半导体公司生产的 DS5240 和 DS5250 集成了分组加密引擎，加密引擎使用了 DES 或 3—DES 加密，处理器和内存之间的总线通过加密引擎来加密。

XOM 工程提出了仅可执行的内存的硬件实现，将内存分为不同的部分来保护安全的过程，使用对称加密（如 AES）对硬件总线加密。

实现 CPU 私化最直接的办法是，为 CPU 指定一种特定 ISA（instruction set architecture），使其编译的程序只能在特定 ISA 硬件上运行。

由上可知，在具体实现时，CPU 的私化都是通过加密的方式来实现数据的保密性。因此，单独依靠特定 ISA 不可以保障安全性，但处理器的安全性可以依靠加密来提升。在 CPU 与外部交换数据的通路上如 CPU 与高速缓存之间，缓存与存储控制器之间等设置加密解密模块。考虑到性能问题，CPU 的私化将采用后者来实现。

2．CPU 私化的理论基础

（1）流加密的原理。

流加密（Stream Cipher）就是用算法和初始密钥一起产生一个随机码流，再和数据流异或（XOR）一起产生加密后的数据流的过程，是流加密体制模型。如图 1-3 所示加密时只要产生同样的随机码流就可以解密数据了。

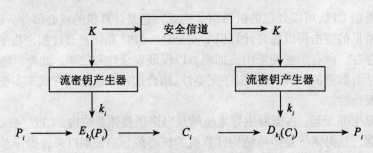

图 1-3　流加密模型

数据流加密定义如下:设 Key 为加密的密钥空间,那么序列 k1,k2,…∈ Key 被称为密钥流序列。密钥流既可以随机选择或由密钥流产生器生成。生成密钥流需要一个初始输入密钥 K,被称为种子(Seed)。密钥流产生器生成的都是伪随机序列,也就是说经过一个周期会出现重复生成。理论上讲,如果这个周期足够大,就是说一个周期的密钥流足够的长,当大于加密明文的长度时,可以认为是一次一密(One-Time Pad),一次一密理论上是不可破译的。所以,流密钥加密安全性高,实现简单,速度快,得到了广泛的应用,常用的流加密有 RC4,A5 等。

（2）Hash 认证原理。

对任意长度的数据分组,都能生成一个固定长度的消息摘要(message digest),这是 Hash 函数的基本思想。Hash 函数是单向的,在给定 Hash 值要找到对应的初始值计算不可行,任何对初始值的细微改动都将使 Hash 值发生很大的改变(雪崩性)。正是这些性质,使得它常被用来认证消息的真实性,因为它可以产生消息或其他数据块的"指纹"。SHA,MD5 等是 Hash 函数的常见应用算法,主要用于数据的完整性检查。

（3）CPU 私化的工作原理。

当 CPU 要读取一个数据时,首先会以虚拟地址(Virtual Address)为索引从缓存(Cache)中查找,如果在缓存中找到(称为命中 Cache Hit),就直接读取缓存并送给 CPU 核处理;如果在 Cache 中没有找到该数据(称为未命中 Cache Miss),则由通过存储管理单元(MMU)获得该虚拟地址对应的物理地址(Physical address),CPU 直接从该物理地址的物理内存中读取数据并缓存到 Cache 中,同时将要覆盖的缓存数据写回内存。

在 Best 提出总线加密时,提到的一些规则沿用至今:SoC 是可信任的,加密单元和密钥保存在片上,而且所有的硬件加密单元位于缓存和存储控制器之间。文中对 CPU 的私化同样要求:CPU 是可信任的,CPU 以外都是不可信任的,对 CPU 的逆向工程是困难的,攻击者不能访问缓存数据。文中所做的 CPU 私化也沿用了 Best 的模型,就是在缓存和存储控制器之间增加一个加密解密认证模块,如图 1-4 所示。程序和数据在 CPU 的缓存中以明文的形式存储,在 CPU 的外部以密文的形式存储。相应的,如果 CPU 访问缓存未命中,就要从内存中读取数据,就要把内存中的数据解密并通过认证,返回给 CPU 读取和写到缓存中去。缓存和内存交换数据的过程就增加了加密解密和认证过程,其整个过程如下:

①从内存中读取数据块和认证块;

②解密数据块和认证块,并认证数据块的完整性;

③执行的过程中修改了缓存的数据块,并且要让出缓存空间时;

④生成数据块的认证块,并加密数据块和认证块;

⑤写回到内存中。

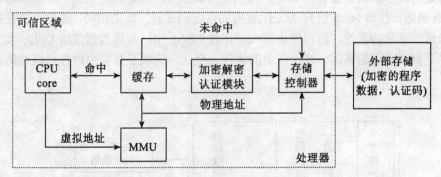

图 1-4　CPU 私化的原理模型

3．CPU 私化的设计实现

（1）流加密的密钥构造。

保护 CPU 的密钥的安全性也是很重要的，因为密钥是 CPU 私化的根本。CPU 的一个专有密钥寄存器中保存着 CPU 的密钥，外部连接着一个锂电池，随时给 CPU 供电，以便密钥长期保存。这样的设计能使任何复杂的电路测试都将破坏密钥。主要用到了流加密的地方有：应用程序的加密、内存到缓存的解密、缓存到内存的加密。初始种子的选取是流加密的关键，构造加密程序块的密钥流的初始种子由三部分决定：程序块的虚拟地址 $VA(i)$ ，初始应用程序（未加密和生成 MAC 段的明文应用程序）的 Hash 值 HP，CPU 的密钥 Key。程序块的虚拟地址来确保同一应用程序的所有程序块的流加密的种子的不同；靠应用程序 Hash 值来确保不同应用程序的程序块流加密所需要的产生的种子的不同性；CPU 的密钥 Key 来确保不同 CPU 私化的计算机的应用程序块的流加密的种子的不同性，同时由于 CPU 的密钥 Key 的可靠性是确保 CPU 私化的关键。最终这三个部分的流密钥加密的初始种子就是把各部分合并在一起经过 Hash 得到的 Hash 值就是。

（2）应用程序的加密。

通常由一个文件头（FileHeader），代码段（Text Segment），数据段（Data Seg-ment）构成（为了简化，不考虑其他段）了一个可执行的应用程序。增加的一个 MAC 段（认证码段）来检查代码段和数据段的完整性是为了实现对应用程序的认证。

CPU 访问数据不在缓存中时，缓存与内存之间交换数据的最小单位是一个缓存块（Cache Block 或 Cache Line），因此在对应用程序加解密和认证时，以缓存块大小为单位。如图 1-5 所示，加密的每一个块（代码段或数据段中）在加密应用程序时都在 MAC 段中对应一个 MAC 块。在加密前，首先通过 Hash 函数计算数据块的 Hash 值，存放在相应的 MAC 块中，然后计算数据块的流加密的种子，生成密钥流，同时与数据块和 MAC 块异或加密。同样，在应用程序加载被 CPU 执行前，也要对应用程序解密，并通过认证才行。

（3）缓存与内存的数据交换。

CPU 访问数据时，如果没有在缓存中命中，就需要直接从内存中读入数据。而内存中的数据块是密文形式的，这就需要介于缓存和内存之间的加密解密模块来解密数据块，并认证数据的完整性。如图 1-6 所示加密的程序块 $PB(i)$ ，和其对应的 MAC 段中的认证块 $Mac(i)$ 被同时经由流密钥解密，解密的密钥流由程序块 $PB(i)$ 的虚拟地址和 CPU 中的密钥合并作为流加密的种子所产生的密钥流。密文的程序块 PB(i) 经解密后，得到明文数据块 Plaintext，接下来就是对程序块的完整性的认证。将明文 Plaintext 与程序块 PB(i) 的虚拟地址合并，经过 Hash 函数，获得 Hash 值与 Mac(i)解密的认证码比较，如果相同，说明存放在内存中的程序块未遭到恶意的篡改，将程序块写入缓存块 CB(i) 中，并将数据传给 CPU；如果不同，说明程序遭到了恶意的篡改，终止程序的运行。至此，完成了数据由内存到缓存的解密和认证过程。

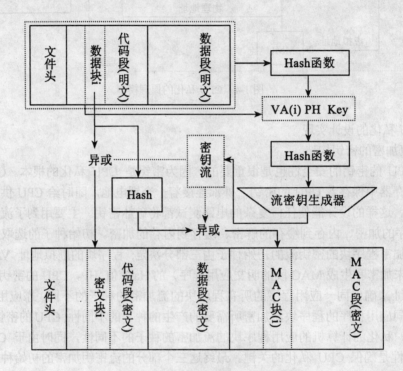

图 1-5　应用程序加密认证

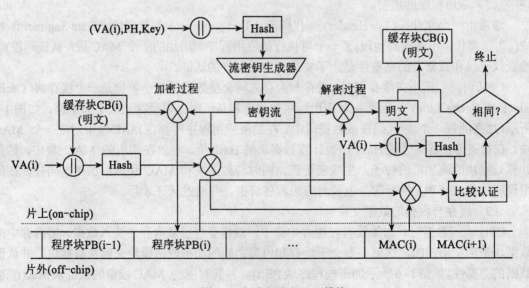

图 1-6　加密解密与认证模块

10

在向缓存块写入数据的同时，如果要覆盖缓存中先前读入的内存数据，就需要先将缓存块中的数据写回内存再进行写入。数据经由缓存写回内存，这就需要将明文的加密成密文，由于缓存的数据与内存原先的数据相比可能更新了，那么它的认证码也需要更新，这样才能在下次再访问缓存数据块时，通过数据完整性的认证。所以如图 1-6 所示，以缓存块 CB(i) 的虚拟地址 VA(i) 和 CPU 密钥 Key 合并作为流密钥的种子，生成密钥流，用于缓存块 CB(i) 的加密，生成密文的 PB(i) 写入到内存中。同时将缓存块 CB(i) 与它的虚拟地址 VA(i) 合并，经由 Hash 函数，计算消息认证码，在经由前面生成的密钥流加密消息认证码 Mac(i)，写入到内存 MAC 段中。

4. CPU 私化评估

如前所述，阻挡恶意攻击，防止对计算机的任何破坏，同时保护计算机内数据的安全，不被窃取，这些都是为了提高计算机的安全性，也正是 CPU 私化的目的;本次的设计做到了:

（1）保密性和安全性。

通过对应用程序分块进行流加密来确保应用程序的数据的保密性。首先，由于文中用到的流加密是对程序块进行的，可以对不同的程序块使用不同的种子来生成不同的密钥流来提高其安全性。通过初始程序的 Hash 值和 CPU 私有的密钥 Key 来一起来生成程序块的流加密的种子，来确保程序块的流加密的种子的不同。这就使其具有一次一密(One－Time-one-Pad)的安全性，因为保证了不同程序块的加密密钥流不一样。即使破解了一个程序块的密钥流及其 Hash 值，也是无法知道 CPU 的密钥的，因为最终用于程序块加密的密钥流是由前面所说的三部分的 Hash 值作为种子的生成的。另外，由于开始就假设了 CPU 的密钥是不可被窃取的，确保了整个加密解密及 MAC 认证过程的安全性。

同时，由于在 CPU 以外的任何地方都以密文形式存储，仅在 CPU 的缓存中以明文形式存储，所以即使应用程序和数据被外部获得，那也是加密了的程序和数据。不能运行，对其的逆向工程也不可行，并能保护应用程序的知识产权和数据不被窃取。对于外来病毒和木马程序，由于其未经过 CPU 的密钥加密和 MAC 认证，对 CPU 来说就如同一对无用的数据，经过解密后就成了混乱的指令，由于其不能通过 MAC 认证，所以更不可执行。

（2）防恶意篡改。

攻击者为了进行恶意攻击，常常篡改目标计算机中可信程序。程序在没有对程序数据进行认证的情况下就被 CPU 执行是很危险的事。可以生产附带 MAC 段的应用程序，并对 MAC 段进行加密。对于直接的恶意篡改，是不能通过 MAC 段认证的;由于 MAC 段和数据段一样都经过了流加密，想篡改程序的同时伪造 MAC 段也是不可行的;任何对应用程序本身的篡改，都将造成程序通不过认证而终止执行，形成了对应用程序的有效认证。对内存的篡改也和对程序本身的篡改一样，不能经过 CPU 合法的流加密，同样不能伪造认证码，不能通过认证，最终将被从内存中清除。数据的完整性这样就得以保证，把任何篡改应用程序的攻击者阻挡在外，寄生在应用程序中的常见病毒无法存活。

（3）减少了性能损失。

出于对性能的考虑，在设计加密解密及认证模块时，并没有将其放在缓存和 CPU 之间。就是在考虑性能的问题上，首先加密比一般的分组加密的速度快，因为用了实现简单的流加密，其次，节约了时间，因为将数据块和认证块使用相同的密钥流加密解密，使得两者的加密解密过程能同时进行。再次，加密解密及认证模块放在缓存和内存之间，正是由于 CPU 访问内存的延迟较 CPU 访问缓存的延迟高得多，如果在 CPU 访问数据的同时，就通过 MMU

计算出物理地址来对内存中的数据块，进行解密及认证，那么当CPU命不中时，要求访问内存时，可以从加密解密及认证模块获得需要访问的值，这样就能尽量减少 CPU 的等待。再加上加密解密及认证模块是通过硬件实现，速度可以得到保证。

（4）可行性。

相对于未私化的 CPU， CPU 的私化仅仅多了一个加密解密认证模块；同时在内存模型中增加了 MAC 段，在执行程序上并无不同。

加密解密认证模块都有其硬件实现；流加密实现简单，很容易做成硬件，如 RC4 就有硬件的实现；认证用的 Hash 函数，就更容易做成硬件了。认证用的 MAC 段是与程序数据段和代码段构造的一种映射关系的附加段，并没有打乱原有的应用程序的结构。所以，CPU 私化是在不改变原有的体系结构的基础上，在其中加入加密解密认证模块来实现的，是可行的。这样的设计并不可以解决所有安全问题，还与 CPU 私化的目的有关，其目的并不是与外界隔离，而是在计算机内部构件一个硬件或软件的安全模型，保障内部的安全。计算机内部的所有合法程序都认为是可信的， CPU 不执行外来程序，因为它们被认为是非法的。这样，如果内部程序设计缺陷同样可能招致一些攻击(如溢出攻击等) 。而在计算机对外部提供服务时，也同样不能阻止来自外部的 DOS 攻击。此外，一定程度的内存消耗是在内存模型中增加 MAC 段造成的，不过换来的了数据的安全性还是值得的。

1.2.2 基于软件的保护方法

相比基于硬件的保护技术，基于软件的保护技术在价格上具有明显的优势，但是一般正式的商业软件都使用基于硬件的保护方式，因为在安全性上和硬件相比还是相差很大。基于软件的软件保护方式一般分为：许可证服务器、注册码、应用服务器模式、许可证文件、软件老化等[12-17]。

1. 注册码 (License Key)

软件开发商使用对称或非对称算法以及签名算法等方法，对一个唯一串（可能是软件最终用户的相关信息，例如：主机号、网卡号、硬盘序列号、计算机名称等）产生注册码。然后用户输入（可以在软件安装过程或单独的注册过程）注册码，之后被保护软件运行时进行解密，并和存储在软件中的原始串进行比较。存在问题：黑客可以使用逆向工程，分析或跟踪找到判断代码处，通过暴力破解的方法进行破解，同时密钥隐藏在程序代码中，比较容易泄漏。

2. 应用服务器模式(Application Server Model)

最终用户不需要安装代码，所有程序代码存储在受信任的服务器端。典型应用只需要使用浏览器访问服务器来使用被保护软件，最终用户不需要安装软件。游戏软件一般是用此方式进行保护。目前这种保护方式朝着瘦客户端程序和胖客户端程序两个方向进行发展。受到服务器性能、网络带宽、以及扩展性，成本等因素的影响是此种程序存在的问题。

3. 许可证服务器(License Server)

主要适用于网络环境中，可以为多套被保护软件提供服务，例如一个网络许可证，可以限制并发最大用户数为 10。一个用户数在客户端被保护程序运行时被占用，退出时将释放出用户数，服务器在超过最大用户数时将禁止多余的被保护程序运行。分析或跟踪找到判断代码处，黑客可以使用逆向工程，通过暴力破解的方法进行破解，一般必须面向企业级用户，这些都是存在的问题。

4. 许可证文件(License File)

和使用注册码类似，但是许可证文件可以包含更多的信息，通常是针对用户的一些信息。被保护软件在运行时，将每次检查许可证文件是否存在。文件中可以包含试用期时间，以及允许软件使用特定功能的一些信息。典型的方法是使用非对称算法的私钥对许可证文件进行签名，而公钥嵌在软件代码中。存在问题：同时黑客可以使用逆向工程，分析或跟踪找到判断代码处，通过暴力破解的方法进行破解。可以通过修改系统时钟来延长使用试用期许可证，当许可证到期时，还可以重新安装操作系统，继续使用。

5. 软件老化(Software Aging)

依赖于软件的定期升级更新，每次更新都将使老版本的软件功能不能继续使用，是一种极端的软件保护方式[21]，例如不兼容的文件格式。盗版者必须给他的用户经常升级。但经常升级造成很大的不便，如果可以自动化的进行此项工作，可以节省一部分精力。如果最终用户需要共享数据，将依赖于每个人都有最新版本的软件。这种保护方式并不适用于所有领域，例如：Microsoft Word 可能工作得很好，但是如果是单用户的游戏程序将不适合。

6. 反跟踪技术(Anti-Debug)

好的软件保护都要和反跟踪技术结合在一起。软件在没有反跟踪技术保护时等于直接裸露在 Cracker 面前。反跟踪即反动态跟踪。是防止 Cracker 用 SoftICE 之类的调试器动态跟踪，分析软件。当前的这类软件还有如 TRW、ICEDUMP 等。反跟踪技术一般是具有针对性的，不能防止所有的调试器跟踪，一般针对某种调试器的反跟踪，新的破解工具一旦出现，就需要相应的反跟踪技术。这种技术一般是检测这些特定的调试器是否驻留内存，如果驻留内存，就认为被跟踪，从而进行一些惩罚性措施或拒绝执行。有一些检测方法，如假设这些调试器在内存中，软件和这些调试器通信，如果结果符合这些调试器的输出，就认为被跟踪。或者在内存中搜寻这些调试器的特征串，如果找到，就认为被跟踪。有的甚至用中断钩子、SEH(StrueturalExeeptionHandle，即结构化异常处理)检测调试器。

7. 反—反汇编技术(Anti-Disassmbly)

即 Anti-Disassmbly。这种方法没有通用性，它可针对专门的反汇编软件设计的"陷阱"，让反汇编器陷入死循环。一般是使用花指令。这种方法有通用性，即所有的反汇编器都可以用这种方法来抵挡。这种方法主要是利用不同的机器指令包含的字节数并不相同，有的是多字节指令，有的是单字节指令。对于多字节指令而言，反汇编软件需要确定指令的第一个字节的起始位置，即操作码的位置，这样才能正确地反汇编这条指令，不然它就可能反汇编成另外一条指令了。并且多字节、指令长度不定，使得反汇编器在错误译码一条指令后，接下来的许多条指令都会被错误译码。所以，这种方法是很有效的。

1.2.2.1 注册验证

当用户安装某个软件时，会有一些输入序列号的提示，用户必须输入相关的序列号注册才能使用。早期的注册验证过程是，用户将自己的账号发送到软件公司，然后由软件公司根据用户所提供的信息计算出一个唯一的序列号，用户获取序列号后按照注册的提示信息输入注册码和注册信息，软件通过合法验证才可以完整使用。网上近八成的软件都用这种方法来进行保护，因为这种方法不需要额外的硬件成本，操作也相对简单，用户的购买认证也比较方便。

注册信息的生成和注册信息的验证是注册验证的两个阶段。注册信息可以是一串序列号或注册码，也可以是注册文件等存在形式，一般根据用户信息生成。由用户信息得到注册信息的数学模型为：注册信息=加密函数（用户信息）。

加密函数中的加密算法有多种，例如 DES、RSA 等。RSA 是一种非对称密钥算法，它用私钥加密用户信息，将获得的加密数据作为注册信息；注册验证时对注册信息进行解密要用到公钥，将用户信息与获得的结果进行比较以判断用户身份是否合法。破解者由于在非对称密钥算法中无法由公钥推得私钥，所以即使通过跟踪得到了公钥，也不能写出相应的注册机。验证用户信息和注册信息之间的换算关系是否正确的过程就是注册信息的验证，基本的验证形式有两种：

（1）根据输入的用户信息生成注册信息（注册信息=F（用户信息）），然后与输入的注册信息进行比较。缺点是在软件中再现了注册信息的生成过程，一旦解密者提取出由用户信息到注册信息的换算过程，就可以编制一个通用的注册程序。

（2）根据注册信息验证用户信息的正确性（用户信息=F-1（注册信息）），是注册信息换算过程的逆运算。如果 F 与 F-1 不是对称算法，破解者就很难解密验证过程了。

注册文件一般是包含用户信息以及注册信息的小文件，是利用文件来注册软件的保护方式，由软件所有者定义文件格式。

软件用户将注册文件放在安装目录或系统目录下，当软件启动时从注册文件中读取有用数据并用算法进行处理，根据处理结果判断是否为正确的注册文件，是则以注册文件模式运行软件。

1.2.2.2 软件加密

软件加密技术通过隐藏机密信息的内容实现对机密信息的保护，它采用的是传统密码学理论，为了使攻击者难以在传播过程中获取机密信息，无论是非对称密钥系统(RSA)还是对称密钥(DES)，都是通过加密算法将明文转换成密文。加密技术存在的问题在对其不断深入认识的过程中也逐渐显露：

（1）加密算法一般是公开的，密钥的长度决定了其安全强度。随着硬件技术的发展和并行计算的普及，对加密算法的安全性带来很大威胁；

（2）加密技术将明文转换为密文，因语义不明反而会引起攻击者的注意，从而导致根本上的不安全。当攻击者无法破译机密信息时，可能会破坏密文，这样合法接收者也无法获取机密信息；

（3）更为糟糕的是，攻击往往意味着盗版的发生，而在加密技术中即使确知盗版发生也难以证明软件所有者的版权，更无法追踪盗版者。

1. 软加密方法

软件加密简单易行，不需额外增加系统的硬件开销，它是硬件加密的补充和延伸，只要能使程序代码难以分析和跟踪，并且使反汇编后的程序变得混乱难懂，便是有效的软件加密技术，满足实时性要求是采用软件加密技术时应遵循的基本原则。软加密主要包括软件自校验方式、密码方式、钥匙盘方式和光盘加密方式等多种加密方法。

软件自校验方式是指开发商将软件装入用户硬盘时，安装程序会自动记录计算机硬件的奇偶校验和软件安装的磁盘位置等信息，或者在硬盘的特殊磁道、CMOS 中做一定标记，并自动改写被安装程序，此后软件执行时就会校验这些安装时记录的信息或标记。如果运行环境改变，比如当软件被用户拷贝到另外的计算机上时，软件将不能正常执行。这种方式已被许多软件开发商所采用，用户在正常使用软件时感觉不到加密的存在，系统相对比较可靠。但问题是，如用户出现 CMOS 掉电、增减或更换计算机硬件或压缩硬盘等情况都会造成软件不能正常执行，需要重新安装软件，过程繁琐。

密码方式是指系统在软件执行过程中的一些重要地方询问密码，用户须依照密码表输入密码，程序才能继续执行。这种方式主要用于价格较低的软件，如游戏软件等，它的优点是几乎不必投入成本，实现简单，但问题是破坏了正常的人机对话、密码和加密点相对固定。

钥匙盘方式是指在软盘的特殊磁道写入一定信息以便运行时校验。人们习惯称为钥匙盘，因为这种软盘就好像一把钥匙一样。此种方式成本低，加密简便可靠，但用户执行软件时软盘驱动器被占用，会给用户利用软盘存取数据造成不便，并且软盘是一种消耗品，很容易因折伤、划伤、磁化、冷热等原因造成损坏。

光盘狗是指针对光盘软件的软加密技术。它通过识别光盘上的特征来区分是原版盘还是盗版盘。该特征是在光盘压制生产时自然产生的，不同的母盘压制出的光盘即便盘上内容完全一样，盘上的特征也不一样，而由同一张母盘压出的光盘特征相同。这种特征是在盗版者翻制光盘过程中无法提取和复制的。光盘狗技术不在母盘制造上动手脚，使得开发商可以自由选择光盘厂商来压制光盘。而普通的光盘加密技术，通常要制作特殊的母盘，进而改动母盘机，既需要额外花费，又耽误了软件的上市时间。光盘狗技术在很多已经上市的软件中得到了广泛的应用，因为其低成本和较好的加密强度已经引起更多低价位软件厂商的兴趣。

2. 软件加密主要技术

（1）密码技术。

密码技术可有效防止计算机被非法阅读，是保护信息安全的主要手段之一，是对计算机中关键信息进行保护的最实用和最可靠的方法。在密码技术中，要加密的信息为明文，经过以密钥为参数的函数加以转换，加密过程的输出即为密文。算法是规定明文和密文之间变换方法的一些公式、法则或程序。密钥可以看成是算法中的参数。算法是相对稳定的，而密钥则是一个变量，根据实际情况，密钥需要经常变换。因为算法很难保密，真正需要保密的是密钥。所以密钥是密码体制安全的关键，也是密码难于破解的主要原因。侵犯者如果没有密钥，即使听到或得到全部密文，也不能轻易地破译密文。密码体制的设计是密码编码学的主要内容，密码体制的破译是密码分析学的主要内容。从密码体制方面而言，密码体制有对称密钥密码技术和非对称密钥密码技术。对称密钥密码技术要求加密解密双方拥有相同的密钥；而非对称密钥密码技术是加密解密双方拥有不相同的密钥，在不知道陷门信息的情况下，加密密钥和解密密钥在计算上是不能相互算出的。

对称密钥密码体制：

①序列密码。它的主要原理是，通过有限状态机产生性能优良的伪随机序列，使用该序列加密信息流，得到密文序列，所以序列密码算法的安全强度完全决定于它所产生的伪随机序列的好坏。它一直是作为军事和外交场合使用的主要密码技术之一。这种密码直接对当前的字符进行变换，也就是说，以一个字符为单位进行加密变换，每一字符数据的加密与报文的其他部分无关。Golamb 的三个条件、Rueppel 的线性复杂度随机走动条件、线性逼近以及产生该序列的布尔函数满足的相关免疫条件等常用来衡量一个伪随机序列好坏的标准。从理论上讲，真正实现了"一次一密"的密码是可靠的密码，原则上是不可破译的。这类密码的明文和密文长度一般不变，传递迅速、快捷，缺点是乱码的产生和管理比较困难，难以真正做到"一次一密"，密码破译人员比较容易得到明密对照双码，很容易进行密码分析，适用于通信领域。序列密码的优点是错误扩展小、速度快、便于同步，而且安全程度较高。

②分组密码。分组密码原理是明文按固定长度分组，对各组数据用不同的密钥加密(或脱

密)。这类密码按分组进行加密变换，输出也是固定长度的密文。DES密码算法便属于此种，其输入为明文64比特，密钥长度56比特，密文长度64比特。一个字符数据不仅与密钥有关，而且还与其他字符数据有关，密码分析的穷尽量很大。传统的64位分组法的穷尽量是一个20位的十进制数，即使用每秒运算万亿次以上的巨型计算机进行攻击，平均穷尽时间也需要数年。当然这仅仅是理论数据，在攻击密码时还有其他约束条件，如文字、数据、环境、规律等信息，所以实际所需的攻击时间要短得多。分组密码可用于计算机存储加密，但因为数据库加密后的数据长度不能改变，所以必须改进分组加密算法的使用方法。DES已有长达20年的历史，是目前研究最深入、应用最广泛的一种分组密码。

DES的研究大大丰富了设计和分析分组密码的理论、技术和方法。针对DES，人们研制了各种各样的分析分组密码的方法，比如差分分析方法和线性分析方法，这些方法对DES的安全性有一定的威胁，但没有真正对16轮DES的安全性构成威胁。自DES公布之日起，人们就认为DES的密钥长度太短(只有56比特)，不能抵御最基本的攻击方法——穷搜索攻击。人们将DES算法作了多种变形:三重DES方式、独立子密钥方法以及推广的GDES(GeneralizednES)等。因为对称密钥密码系统具有加解密速度快、安全强度高等优点，在军事、外交以及商业应用中使用越来越普遍。

非对称密钥密码体制:

非对称密钥密码体制是不同于传统的对称密钥密码体制，是1976年nifie和Hellman以及Merkle分别提出的思想。公开密钥密码也称非对称密码，这类体制的密码具有两个密钥:公钥和私钥，加密时用公钥加密，脱密时必须用私钥脱密。用户要保障专用密钥(即私钥)的安全和隐蔽性，公共密钥则可以公开。公共密钥与专用密钥是有紧密关系的，用公共密钥加密的信息只能用专用密钥解密，反之亦然。由于公钥算法密钥分配协议简单，不需要联机密钥服务器，所以极大简化了密钥管理。除加密功能外，公钥系统还可以提供数字签名。

公钥加密算法中使用最广的是RSA(发明者Rivest，Shamir，Adieman三人名字首字母的简写)。RSA使用两个密钥，一个公共密钥，一个专用密钥。如用其中一个加密，则可用另一个解密，密钥长度从40比特到2048比特可变，加密时也把明文分成块，块的大小可变，但不能超过密钥的长度。RSA算法把每一块明文转化为与密钥长度相同的密文块。密钥越长，加密效果越好，但加密解密的开销也越大，所以要在安全与性能之间折中考虑，一般64位是较合适的。

公共密钥方案较保密密钥方案处理速度慢，因此，通常把公共、密钥与专用密钥技术结合起来实现最佳性能。即用公共密钥技术在通信双方之间传送专用密钥，而用专用密钥来对实际传输的数据加密解密。另外，公钥加密也用来对专用密钥进行加密。多数公共密钥算法需要大量运算，所以实现速度很慢，不能用于快的数据加密。

（2）代码插入技术。

针对Windows可执行文件，防止一些解密工具找到软件的保护判断点，为了保护软件代码，其加密工具一般采取以下三种方法控制代码的插入:

①变形法:对待加密软件用预处理程序先进行变形，成为被"加密"的，使变形程序成为不可运行的软件。如果想运行这个软件，就必须由专用的解码程序来还原变形，并调用执行。这种软件加密方法一般使加密后的软件的操作发生改变，而且解密起来也相对容易，保密性不佳，所以软件加密方法实现起来比较容易。

②外壳法:为了达到软件加密的目的，我们可以直接处理待加密软件，在原软件的外面罩

上一层外壳，这层外壳在原软件运行前先得到执行，通过探测 key 的存在等各种用户合法性检查，判断是否继续运用。首先我们需要清晰了解 windows 可执行文件的格式，而且还要解决外壳与原软件之间的连接问题，但如果采用了高级的反跟踪与变形技术，经加密后的软件不仅操作丝毫不用改变，而且还有很好的保密性，所以这种方法实现起来相对困难。

③内嵌法：加密工具需要扫描整个待加密软件，在其内部一个入口处嵌入检测 key 的模块，判断用户的合法性，以决定是否正常运行，因此这是最难实现的一种方法。首先需要一种集统计决策和经验数据于一体的算法，其难点在于这个嵌入点的定位，既要保证该点必须在软件调入后就能执行到，还要保证从该点插入代码后，不影响原软件的功能。

（3）软硬指纹技术。

软硬指纹技术包括硬指纹技术和软指纹技术。"硬指纹"技术，是以与计算机的硬件有关的不能复制的信息来判断真伪，所以也称为机器指纹技术。而"软指纹"技术就是以比较磁道上的扇区间隙、断点和道接缝等处的信息从而来判断真伪。软硬指纹技术在目前得到了广泛的应用，因为它可以有效防止软件的非法复制和拷贝。

（4）防静态分析和防动态跟踪技术。

破解是对软件去除其加密保护的过程。破解软件的主要方法是动态跟踪和静态分析。所以，一个好的软件保护方案必须具备反动态跟踪措施和反静态分析。

利用一定的工具软件对目标软件进行反编译或反汇编，以获得程序源代码或汇编代码，以便分析程序的工作原理的过程就是静态分析。道高一尺，魔高一丈。保护和破解是一对矛盾。软件开发者就要想方设法防止软件被静态分析，因为破解者有了静态分析技术，所以就有了反静态分析技术。常用的反静态分析技术有数据加密(压缩)技术和"花指令"。利用人为构造的"陷阱"和一些无用的字节，使得反汇编无法正确进行的一种方法就是"花指令"。为了防止软件被静态分析的原理是将软件的关键代码进行加密，一般用数据加密(压缩)的方法加密，软件运行时在内存中解密(解压缩)：有的软件还采用两层甚至多层加密的方法，软件在运行时第二层的密文用第一次解密出来的代码来解，以此类推，直到得到真正的执行代码。

因为程序是逐指令执行的，并且 CPU 和操作系统允许跟踪、中断指令的执行，所以这就给了软件破解者以跟踪软件执行的机会。动态跟踪技术也就是这种跟踪软件执行的技术。破解者在大多数情况下，使用一定的动态分析工具跟踪软件的执行，找出关键的语句并加以修改就可以轻易地去除软件的保护。所以对于软件开发者来说，防止软件被动态跟踪就显得尤为重要。

3. 存在的问题和展望

由于软件保护是多种加密技术有机结合而成的一个整体，判断一套软件加密系统成功与否，最重要的不是其某一阶段算法的加密强度的高低，而是系统提供的加密方案是否完善，有无漏洞；即加密系统的整合性是衡量加密方案的加密强度和有效性的最高标准。同时，使用便捷和价格因素也是一种加密方案能否广为应用的首要考虑。以此为基准，可以看出，目前流行的软加密方法因其系统提供的加密方案存在很明显的漏洞，还有失完善，所以加密安全性不够强，只能以低价位定位在小商品软件市场，并有被日益发展完善的硬加密所取代之势。而以软件狗为主的硬加密技术，尽管系统整合性高，加密安全性强，发展势头好，但加密后软件执行时需访问相应的硬件，既占用了机器硬件资源，也影响了软件执行速度，而且硬件成本高。因而，以加密系统的整合性和性价比为基准，在传统的软件加密方法的基础上，有效地结合软加密和硬加密两者的优点，并采用一些新的技术方案，突破传统的加密原理和方式的限制，有望为软件保护开辟一条新的道路。

1.2.2.3 软件水印

由于在软件加密技术的弊端日渐暴露，通过隐藏机密信息的存在而保护信息安全的信息隐藏技术引起学界的广泛关注。作为信息隐藏技术的重要分支，软件水印是防止软件盗版的技术手段之一，美国在该方面已申请了多项专利。软件水印将用户身份信息和软件版权信息隐藏在软件中，当盗版发生时藉此证明版权并追踪盗版者[18-25]。软件水印按使用目的分为：①断言水印；②阻止水印；③脆弱水印；④确认水印。目前鲁棒的、不可见的阻止水印被广泛研究。大数分解难理论：选取足够大的素数 R1 和 R2（需保密），两者的乘积 N 即为软件所有者的版权信息是不可见水印的数学基础；为了证明软件的版权当盗版发生时，版权所有者提取嵌入的水印数据 N 并将其成功分解为 R1 和 R2 的乘积。目前典型的水印算法有：Davidson 和 Myhrvold 提出通过重排程序的控制流图(CFG)中的基本模块来嵌入水印，难以抵抗对程序基本模块的重排攻击是它的缺点。如图 1-7 所示。

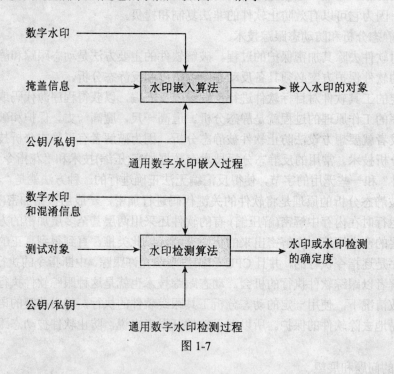

通用数字水印嵌入过程

通用数字水印检测过程

图 1-7

Stern 等人提出用语义等价的指令序列代换选定的指令序列，在改变的执行频率中嵌入水印的方案，对施加于低水平数据结构上的变换或优化较敏感是其缺点。一种将水印代码嵌入程序的资源水印方案由 Moskowitz 提出。水印代码被随机地提取并执行，当图像被篡改时能够即时感知并终止程序的运行，所以具有一定的防篡改能力；单凭空产生并执行代码的行为不寻常而容易引起攻击者的注意是一个问题。基于模式匹配的攻击很容易建立，因为 Arboit 提出的算法是在程序中构造不透明分支，通过模式匹配从不透明分支内提取水印。

Venkatesan 算法将水印嵌入被标识的基本模块的 CFG 拓扑结构中，并将表示水印的 CFG 通过不透明分支与程序的 CFG 捆绑在一起，难以抵抗对程序控制流的攻击是其缺点。一种称为抽象水印的水印方案由 Patric Cousot 和 Radhia Cousot 提出，利用中国剩余定理将水印数据分解为一组整数，通过嵌入这组整数而嵌入水印数据是其基本思想；通过对程序语义的静态分析来获得水印的提取。目前最具潜力的水印方案是 Christian Collberg 和 Clark Thomborson 等提出的动态图水印方案（也称为 CT 算法）将水印嵌入动态创建的图的拓扑结构中：①存储于堆中的水印图难以通过分析而定位；②容易构造不同的图表示水印，形成动态图水印库；③可利用水印图的内部结构设计防篡改方案。Jasvir Nagra 和 Clark Thomborson 提出利用并发控制的多线程将水印隐藏在线程执行轨迹中的动态路径方案，虽然有较好的隐蔽性和抗攻击能力，但主要缺陷是数据率低下。

在假设的攻击模型下进行对软件水印系统的性能评价。软件水印系统可能遭到以下攻击：①移去攻击；②追加攻击；③变形攻击；④识别攻击；⑤共谋攻击。通常水印系统的安全强度是数据率、隐蔽性和鲁棒性的折中：高的数据率往往意味着低的鲁棒性和隐蔽性；而通过信息冗余提高鲁棒性又意味着隐蔽性的降低。指望一种水印方案抵抗所有类型的攻击是不现实的，因此往往需要同时使用多种软件保护技术来获得需要的安全强度。

1.2.2.4　软件混淆

除了软件盗版，软件还可能面临以下几类攻击：

（1）逆向工程：全部或部分地对软件实施逆向工程，还原核心算法或关键数据并移植到自己的软件中，这也属于盗版行为。只要保证足够的时间和资源，对于熟练的软件工程师而言，逆向工程总是可以成功的；增加攻击难度，使攻击者在能够接受的时间和资源限制内无法成功实施攻击是抵抗逆向工程的主要措施。

（2）反编译/再编译：很多编译器都有一定程度的优化功能，而优化也可认为是一种保持语义的变换。如果对程序反编译后用其他编译器再编译，可能会破坏嵌入的水印。

（3）模式匹配：当攻击者无法精确分析程序的行为时，可能会用最接近的结果与程序中的调用、函数或执行结果相匹配，如果不会引起程序在可见行为上的明显改变时，就可实施进一步的攻击。针对逆向工程攻击，软件所有者可通过迷乱变换技术增加软件的复杂度，从而使逆向工程更加困难。软件迷乱技术是对程序中的数据、代码或控制流等实施保持语义的变换，得到与原程序功能等价、形式更为复杂的程序。软件迷乱技术在软件水印的构造方面也有所作为。利用控制流迷乱变换构造不透明分支，将水印代码嵌入在虚构的不透明分支下，形成动态数据结构水印；也可将水印嵌入在多个虚构的不透明分支的执行序列中，形成动态执行路径水印。软件迷乱技术在软件水印保护方面的作用是双向的：在无法准确定位水印的情况下，攻击者可对整个程序实施保持语义的迷乱变换攻击，导致水印无法提取或提取的水印不具版权保护价值；而软件所有者又可利用迷乱变换技术增加程序的复杂度，使反编译/再编译攻击难以实施，从而保护嵌入的水印信息。目前较为常见的是 Christian Collberg 等提出的通过构造不透明分支实现控制流迷乱变换的方案。该方案具有明显的优势：①以多种方式构造不透明分支，额外开销小；②与程序正常的分支结构类似，隐蔽性好；③分支结构是程序唯一性的体现，修改分支结构而保持程序的语义是不容易的，故具有较强的鲁棒性。

1.2.2.5　软件防篡改

防软件盗版的技术手段是利用软件水印隐藏版权信息，当发生版权纠纷时能够向权威的仲裁机构提供证据以证明版权；防逆向工程的技术手段是对程序实施保持语义的迷乱变换，增加逆向工程难度的同时也增强软件水印的鲁棒性，使水印难以被移去从而增强水印的版权证明能力。除此之外，破坏水印功能、获取敏感信息以及实施病毒攻击的恶意篡改也是软件面临的威胁之一。针对此类攻击，软件防篡改技术的基本思想是：

（1）增加软件或水印被篡改的难度；

（2）一旦被篡改能够即时感知并终止程序的运行，使盗版行为难以为继；

（3）确认发生篡改则启动纠错方案提取水印，确保水印的版权证明能力。可采用以下方法进行篡改识别：

①比较原始软件和当前软件。用相同的哈希算法（例如 MD5、SHA-1 等）分别计算原始软件与当前软件的等价结果，比较两个计算结果是否相同。

②比较运行结果。选取原始软件和当前软件有代表性的运行结果进行比较。

③对软件的关键模块加密。这个需要时在堆中解密执行，如果加密模块被破解，就会使软件进入故障模式而丧失部分或全部功能。在程序中嵌入多个检测方法，每个方法检测一部分代码的完整性是 Home 提出的防篡改方案。这个方案增大了系统的信息熵，使攻击者很难去除整个检测功能。在静态水印中包含校验和的防篡改措施由 Holmes 提出，这样，一次有效的攻击必须经过两步：修改水印、修改校验。如果攻击者掌握校验和算法，第二步很容易做到，故防篡改能力十分有限。Moskowitz 和 Cooperman 提出把水印代码嵌入到程序的特殊资源例如图像中，这段代码随机地被提取并执行，一旦该图像被篡改立即终止程序的运行来达到防篡改的目的。这种凭空产生和执行代码的行为是不寻常的，很容易引起攻击者的注意。Clark Thomborson 等针对动态图水印提出称为常量编码的防篡改方案，即将程序中的部分常量置换为其值依赖于指向水印图的指针变量的函数；当水印被移去或修改时，函数值会随之改变而使被编码的常量值改变，最后导致程序错误或终止。

1.2.2.6　软件加壳

壳是软件中专门负责保护软件不被非法修改或反编译的程序，先于原程序运行并拿到控制权，进行一定处理后再将控制权转交给原程序，实现软件保护的任务。加壳后的程序能够防范静态分析和增加动态分析的难度。根据软件加壳的目的和作用，可分为两类：

（1）压缩保护壳。

这种壳以减小软件体积为目的，在对原程序的加密保护上并没有做过多的处理，例如 ASPacK、UPX 和 PECompact 等。

（2）加密保护壳。

这种壳以保护软件为目的，软件体积不是首要的考虑因素。根据用户输入的密码用相应的算法对原程序进行加密，如果破解者强行更改密码检测指令，因加密代码并未被解密还原，将导致程序的错误执行。例如 ASProtect、Armadillo、EXECryptor 等。随着加壳技术的发展，很多加壳软件在具有较强的压缩性能的同时，也有了较强的软件保护性能。防止软件被脱壳非常关键，可利用反跟踪技术防止加壳软件被调试和被分析。加壳时对原程序中的关键代码进行替换与加密，替换中会生成相应的解密代码并插入程序中；原程序运行时在堆中分段解码，代码在堆中执行后会跳转到被解码的程序处再执行，内存中没有原程序的完整代码，这样就增加了代码还原的难度。

1.3　软件保护的应用

1.3.1　当前保护技术的局限

软加密技术其优势在于加密成本低，它是相对成熟的技术。无论哪种软加密方法都是对正常的软件进行人为地制造障碍，虽然不会影响到软件的性能，但是有可能给软件引入许多未知的错误。对盗版者而言，与纯软件的加密方法相比，硬件加密有着不可比拟的优势，因为硬件加密会比软件加密要难以对付，但是硬件加密成本会比较高。硬件加密也不利于软件的分发。

1.3.2　软件保护技术的应用

前面介绍了当前常见的一些软件保护技术，其中有些技术非常好，如序列号技术，几乎所有的软件都使用了这种技术。但是，无论哪种技术都是软件和硬件进行分离的处理的，不能彻底的保护好软件。针对前面所述的一些问题，通过各方面比较、权衡及算法研究，完整的保护流程应该是：首先软件程序必须有限制，至少要求要注册才能使用完整功能，做到程序运行必须和用户机器硬件挂钩的注册码来解开关键的功能，然后为了防备被解密者用各类工具得到程序关键点和关键信息，必须采用反跟踪，反调试和反汇编静态分析。当然，最好还要给程序穿上一件外套，将程序包裹起来，即采用专门的加壳软件或者加密锁产品等将自己的程序处理后提高防范能力，大大提高破解的门槛。还有，要考虑如何有效保证自己的程序只提供给正式用户使用，而非正式用户在正常途径下即使有了正版软件也不能正常使用。这个问题现在通常采用"一机一码"的注册码许可方式来解决。大致原理就是将程序的关键功能用注册码方式保护起来，正式用户在输入对应自己的注册码的硬件信息的注册码后才能正常使用所有功能，非正式用户没有对应自己的硬件信息的注册码而无法使用注册码保护起来的关键功能。要实现这个功能，关键是获取一个准确的硬件信息，而这个硬件信息最好与操作系统无关，这样就算用户的系统出问题而重新安装后也不变化，既能方便用户的使用，也能方便作者管理注册码的发放。为了提高反解密的对抗能力，通常还可以在程序代码中加入反跟踪、反调试和反汇编静态分析的程序，采取动态生成调用程序的入口地址。最后再利用软件壳来对程序进行处理，这样，解密者要想破解程序，首先解决壳程序，只有解决壳程序以后才能对程序进行破解。这样就可以很轻易地将程序防护性能强度提升一个层次。

1.4　软件的知识产权保护

1.4.1　软件知识产权概述

我国对计算机软件采取以著作权加以保护，根据《计算机软件条例》，自软件开发完成之日起产生。软件著作权保护期为自然人终身及其死亡后 50 年。法人或者其他组织的软件著作权，保护期为 50 年。计算机软件保护条例所称计算机软件，是指计算机程序及其有关文档。计算机程序，是指为了得到某种结果而可以由计算机等具有信息处理能力的装置执行的代码化指令序列，或者可以被自动转换成代码化指令序列的符号化指令序列或者符号化语句序列。

同一计算机程序的源程序和目标程序为同一作品。文档，是指用来描述程序的内容、组成、设计、功能规格、开发情况、测试结果及使用方法的文字资料和图表等，如程序设计说明书、流程图、用户手册等。

软件知识产权没有得到有效保护的原因在于：

（1）普通对计算机软件具有商业秘密性的认识不够。

（2）没有充分认识到企业自身的发展与商业机密的关系。

（3）计算机软件的商业机密的界定标准和原则不清晰，这主要表现在四个方面：其一，"不为公众所知悉"标准的界定和划分；其二，计算机软件能为权利人带来经济利益；其三，该信息具有确定的可应用性；其四，权利人应当采取保密措施。这四个方面都没有清楚地指明什么级别的技术才可称做商业机密。

（4）对相关的法律、法规的保护方式认识不够。

（5）计算机软件的侵权案诉讼证据不足情况普遍，虽然权利人提出的有关商业机密的讼诉很多，但最终胜诉的案例却很少，无形中就造成了被动的局面。

（6）软件公司对商业机密的保护措施做得不够。

1.4.2 软件知识产权的保护措施

（1）限制版权：计算机软件的价值主要体现在其最终的工具性或者功能性上，软件处理问题的算法模型、处理过程、设计理念、运行方式等都来自于软件开发者的创作构思，因此，禁止未经软件版权所有者许可的非法复制，可以保护软件开发者的大部分利益。

（2）加强保密意识：软件开发公司在软件工程开发初期，就要向内部参与开发的工作人员强调商业机密的重要性，及时做好保密的思想工作，加强保护商业机密的意识。

（3）加强文档管理：建立必要的开发档案，对文件划分等级、建立编号、配置必要的防盗、保密设备，确保机密性较高的文件放置在安全的区域；妥善保管各阶段性开发文档，比如论证、编写、立项、调试、测试等，不同的软件版本以及终极版本的技术资料更要妥善安置。

（4）限定知情人范围：在进行软件开发时，企业可以将一个大项目分成几个小项目，再根据项目内容来分组完成，小组之间分工明确，只需完成自身的项目即可，各组之间严格把关，禁止互通有无，主要方案则由企业主管负责监控。在将项目交给相关小组人员后，要与接触、掌握该资料的小组成员签订保密协议，明确人员的泄密责任和保密义务，对于调离或离职熟悉该机密的人员，提醒他们承担泄密的法律责任，履行保密的义务。

（5）软件进入市场发行时，要及时控制和把握向他人披露信息的范围、方式和时间，必要时要与相关的批发商、供应商、转销商、转包商、律师、顾问等人员提出保密要求，或者签订保密协议。

第2章 软件保护的技术基础

软件保护技术涉及加密算法、解密算法、数字签名、数字水印、数据混淆、密钥管理等相关技术。

2.1 加密算法

2.1.1 加密算法分类

一个加密系统由以下几部分组成：

P——明文空间，表示全体可能出现的明文集合；

C——密文空间，表示全体可能出现的密文集合；

K——密钥空间，密钥是加密算法中的可变参数；

E——加密算法，由一些公式、法则或程序构成；

D——解密算法，它是 E 的逆。

当给定密钥 k∈K 时，各符号之间有如下关系：

C = Ek(P)，对明文 P 加密后得到密文 C

P = Dk(C) = Dk(Ek(P))，对密文 C 解密后得明文 P

如用 E–1 表示 E 的逆，D–1 表示 D 的逆，则有：

Ek = Dk–1 且 Dk = Ek–1

因此，加密设计主要是确定 E，D，K。

常见的加密算法有如下的分类方法：

对称加密算法（秘密钥匙加密）和非对称加密算法（公开密钥加密）是现代密码技术的两种类型[26–49]。前者是加密和解密均采用同一把秘密钥匙，而且通信双方都必须获得这把钥匙并保持其私密性。非对称密钥加密系统采用的加密钥匙（公钥）和解密钥匙（私钥）是不同的。

2.1.1.1 对称加密

对称加密指加密和解密使用相同密钥的加密算法。对称加密算法的优点在于加解密的高速度和使用长密钥时的难破解性。使用对称加密方法加密然后交换数据时，如果只是两个用户，那只需要2个密钥并交换使用，如果用户有 n 个，则总共需要 n × (n–1) 个密钥，密钥的生成和分发将成为一个困难的问题。对称加密算法的安全性取决于加密密钥的保存情况，一旦某个用户有意无意的把密钥泄漏出去，被入侵者所获得，那么入侵者就可以读取该用户密钥加密的所有文档，更糟糕的是，如果整个企业共用一个加密密钥，那整个企业文档的保密性便无从谈起。

常见的对称加密算法：DES、3DES、DESX、Blowfish、IDEA、RC2、RC4、RC5、RC6和AES

2.1.1.2 非对称加密

非对称加密也称为公私钥加密，指加密和解密使用不同密钥的加密算法。当两个用户加密交换数据时，双方只需交换公钥，使用时一方用另一方的公钥加密，另一方接收到数据后，可用自己的私钥解密获取数据。当有 n 个用户时，需要生成 n 对密钥并分发 n 个公钥。加密密钥的分发将十分简单，用户只要保管好自己的私钥即可，而公钥是可以公开的。

同时，由于每个用户的私钥是唯一的，可以确保发送者无法否认曾发送过该信息，因为其他用户除了可以通过信息发送者的公钥来验证信息的来源是否真实，还可以确保发送者无法否认曾发送过该信息。然后这种加密方式的缺点是加解密速度要远远慢于对称加密，在某些极端情况下，甚至能比非对称加密慢上1000倍。

常见的非对称加密算法：RSA、ECC（移动设备用）、Diffie-Hellman、El Gamal、DSA（数字签名用）。

2.1.1.3 对称与非对称算法比较

总体来说两种加密方法主要有下述几个方面的不同：

安全方面：公钥在破解上几乎不可能，因为密码算法基于未解决的数学难题；而私钥密码算法，虽然到了 AES 从理论来说是不可能破解的，但公钥对于计算机的长远发展更具优势。

管理方面：公钥密码算法只需要较少的资源就可以实现目的，两者在密钥的分配上相差一个指数级别（一个是 n，一个是 n^2）。由于这个差距以及私钥密码算法不支持数字签名的原因，私钥密码算法并不适合在广域网使用。

从速度上来看：AES 的软件实现速度已经达到了公钥的100倍——每秒数兆比特或数十兆比特，要是用硬件实现的话这个比值将扩大到1000倍。

2.1.2 软件保护中的加密算法

常见的加密算法分类如表 2-1 所示。

表 2-1

对称加密算法	DES、三重 DES、AES、RC2、RC4、IDEA
非对称加密算法	Diffie-Hellman 算法、RSA、ELGamal 算法

2.1.2.1 对称加密算法

1. DES 算法

DES 算法为密码体制中的对称密码体制，又被称为美国数据加密标准，是1972年美国 IBM 公司研制的对称密码体制加密算法。

数据加密标准以64比特分组加密数据，是一种分组密码。输入64 比特明文信息，输出64比特密文信息，加密和解密算法相同。

　　DES 由16 轮组成，每一轮都是一个代替—置换网络—明文比特被弄乱并与密钥混合。轮的核心是 s 盒—代替盒。在代替盒里，分组中的特定二进制数码代替了其他二进制数码。

　　全部算法安全性都取决于密钥（见图 2-1），算法的密钥长度为 56 比特，由于每个第 8 比特被用做奇偶校验而被算法略去不计，所以密钥常被表示为 64 比特的数。密钥也可以在任意时间变更，也可以是任意的 56 比特数，少量的数被认定为弱密钥，可以很容易地把它们避开。

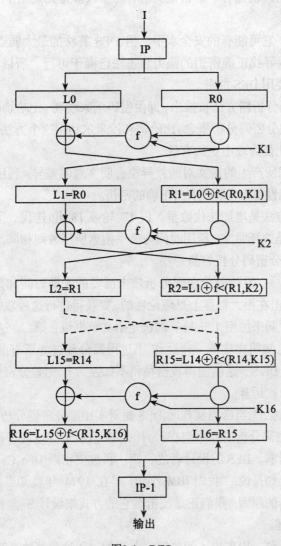

图2-1　DES

　　DES 可以按电子密本、密码分组链接、输出反馈和密文反馈四种操作模式之一使用。

　　电子密本安全性最差，它是最简单的模式；密码分组链接常在算法软件实现中使用；输出反馈和密文反馈则往往在算法硬件实现中使用。

　　1992 年, NIST(美国国家标准和技术学会) 在 "联邦年鉴" 上公开征求对 DES 未来的意

25

见，征求意见的日期于1992年12月10日截止，人们提出了三种选择方案：重新确认标准5年、撤消标准或修改标准的使用范围。虽然不知道 NIST 的最后决定，但由于缺少恰当的代替算法，所以 NIST 很可能重新确认这个标准。

人们自 1975 年算法首次公诸下世就一直对 DES 的安全性持怀疑态度，对 S 盒的设计、密钥的长度及迭代的次数众说纷纭。由于所有盒子一成不变，S 盒尤其神秘和不可思议，可是又没有为什么它们是那个样子的理由。有人担心 NSA(美国国家安全局) 在算法中嵌入"陷井门"，因此知道秘密的人就拥有了解密报文的容易手段。这无疑给了 NSA 读懂机密信息的能力。

DES 基本上达到了它可能有的安全水平，但 DES 算法的最大弱点是它的 56 比特密钥，依次检验每一个密钥以寻找正确密钥的强力攻击法已濒于可行。所以有人以为需要保密 10 年以上的数据，最好不要用 DES 加密。

1990 年，一种密码分析新方法被推出，即由密码学家埃利·比哈姆(Eli Biham) 和阿迪·沙米尔(Adj Shamir)推出差分密码分析概念。比哈姆和沙米尔利用这个方法找到了针对 DES 的选定明文攻击，这种攻击比强力攻击更加有效。

差分密码分析依据所产生的密文对的差异检查明文对的差异，利用这些差异计算出哪些密钥比其他密钥的可能性更大，最后求出正确的密钥。

改善 DES 的可能方法是增加迭代数量。以 17 轮或 18 轮(迭代、下同) DES 为目标的差分密码分析攻击(记住是选择明文) 所用时间与穷举搜索所用时间相同。在以 19 轮 DES 为目标时，穷举搜索要比差分密码分析容易一些。

需要注意的是：第一，发动差分密码分析攻击需要的大量时间和数据，几乎使每一个人可望而不可及，这种攻击在很大程度上是理论性的。要获得进行这种攻击必不可少的数据，就必须用差不多三年的时间来加密 1.5mbps 的选定明文数据流；第二，这是一种选择明文攻击，差分密码分析也会如已知明文攻击一样运作，不过得筛分和过滤所有的明文—密文对以寻找好的对。对于全 16 轮 DES，这就使得攻击稍稍不如强力有效(差分密码分析攻击需要 $2^{55.1}$ 次运算，强力需要 2^{55} 次运算)。

目前比较一致的意见是，当恰当实现时，DES 面对实用差分密码分析攻击仍然是安全的。

DES 如此抗差分密码分析的原因何在?为什么 S 盒能最佳地使这种攻击尽可能困难? 因为设计者们对它了如指掌。DES 的设计者之一唐·科波史密斯(Don Coppersmith) 在 IBM 公司的一次内部吹风会上如是说："我们(IBM 小组) 早在 1974 年就知道差分密码分析，这就是 DES 能经得往这类攻击的原因; 我们正是按击败它的方式来设计 S 盒和置换的。"

（1）DES算法描述。

算法是一门交叉学科，用来描述问题解决办法的过程称为算法，算法是多种数学知识的综合应用，用来描述问题解决办法的过程，它也是计算机科学的重要基础。

对称密码算法和非对称密码算法是现代密码算法的两大类。

对称密钥加密算法的特点是：加密密钥和解密密钥有关联，加密密钥和解密密钥可以相互推导出来。加密密钥在大多数的对称算法中和解密密钥是相同的。这类算法适用于大批量数据加密的应用场合，因为对称密钥加密算法的加密与解密速度非常快。

需要被密码保护的信息称为明文。加密后的信息称为密文，它是采用数学方法对明文进行再组织过的。密文内容对于非法接收者来说起到了一定的保护功能，可以在网络上公开传输。将密文通过解密过程得到明文。密钥可以是数字、词汇或语句，用于加、解密的一些特殊信息，它是控制明文与密文之间变换的关键。密钥分为加密密钥和解密密钥。它们的关系如图2-2所示。

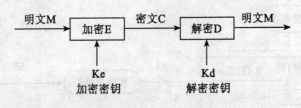

图2-2　加密解密过程

数据加密标准（DES，Data Encryption Standard）的出现是现代密码发展史上的一个非常重要的事件，它是密码学历史上第一个广泛应用于商业数据保密的密码算法，并开创了公开密码算法的先例，极大地促进了密码学的发展。由于DES算法保密性强，到目前为止，除了穷举法外，还没有找到更好的方法破解，因此DES得到了广泛的应用，并成为其他加密方法的典范。

DES算法主要研究的是加密与解密算法。解密是加密的逆过程，从加密过的信息中得到明文。密钥是一串适当长度的字符或数字串，它可以控制加密和解密过程。

（2）DES 算法原理描述。

DES 是一个对称密码体制，加密和解密使用同一密钥，有效密钥的长度为56位。与此同时，一个分组密码，分组长度为64位，明文和密文的长度相同，即64位的明文从算法的一端输入，从另一端输出64 位密文。

DES密钥初始长度是64位，第8、16、24、32 等8的倍数位的数字用于奇偶检验，所以DES密钥有效密约长度是56位。密钥可以为任意的56位的数，且根据使用情况可以随时更换，同时，所有的安全性都依赖于密钥的保密。

DES对64位的明文分组进行操作，经过一个初始转换（IP），然后将明文转换成左半部分与右半部分（L_0，R_0），各32位，再进行16轮完全相同函数的迭代运算，这些运算用函数F表示，在每一轮迭代运算过程中，R_i与密钥K_i在轮迭代的作用下，其结果与L_i做异或运算，其结果作为下一轮的R_{i+1}，而下一轮的L_{i+1}则由本轮的R_i担任，在第16轮输出结果出现后，左右半部分在一起经过一个逆初始转换（IP-1），最终产生一个64位的密文，算法完成。如图2-3 所示。

现在常用的DES算法是16轮迭代算法，在每一轮中，DES的一轮迭代运算步骤为：

①把64位输入码分成左右两组，分别用L_{i-1}和R_{i-1}来表示，每组32位比特。其中i代表第i轮F函数，$i=1,2,\cdots,16$。

②把该轮F函数输入分组的右组32位比特输出作为下一轮F函数的左32位比特分组，即$L_i=R_{i-1}$。

③输入的右组32位比特经过扩展置换（E 盒）变为48位比特码组，扩展置换有专门的置

换表可查。

④经过扩展置换（E 盒）输出的48位比特与本轮的子密钥K_i（48位比特）进行异或运算，输出的48位比特，把它们分为8 组，每组6位。

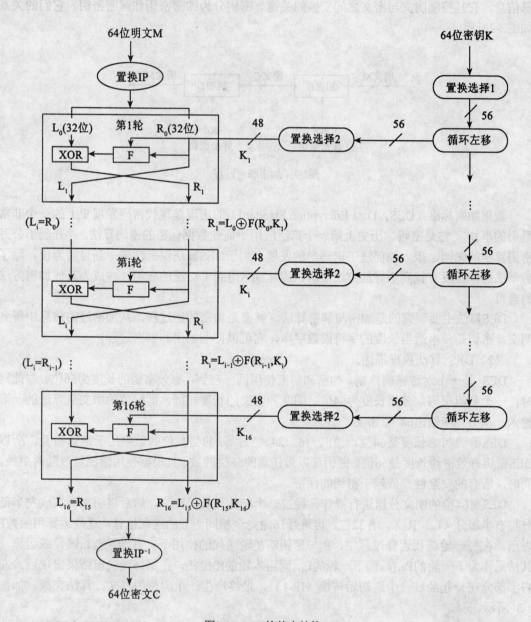

图2-3 DES的基本结构

⑤上步骤的输出按组进行密表（S盒）替代，产生每组4位比特信息，其置换法则是输入的6位比特的第1、6两位所组成一个两位数，这个数字决定密表内所要选择的行数，其余4位所组成的一个四位数，这个数字决定密表内的列数，通过这个6位输入确定的行号和列号所对应位置的值作为该组的4位输出。

⑥把上步骤的输出（8组）合并为32位比特信息，经过置换运算（P盒）的简单换位后，

得到32位比特的输出，然后与本次乘积变换输入左组进行异或运算，即可得到第i轮F函数作用的右32位输出R_i。如图2-4所示。

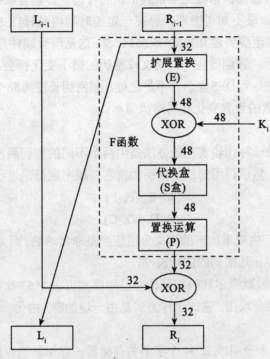

图2-4　EDS的一轮迭代过程

假设B_i是第i轮迭代的结果，L_i和R_i是B_i的左半部分和右半部分，K_i是第i轮的48位子密钥，子密钥是初始密钥经过一定算法的输出，且F 是实现扩展置换（E盒）、密表替代（S盒）及置换运算（P盒）的函数，那么每一轮算法可以简单地描述为：

$L_0R_0 \leftarrow IP$（64位明文）

对于i=1，2，…，16，

$L_i \leftarrow R_{i-1}$

$R_i \leftarrow L_{i-1} \oplus F(R_{i-1}, K_i)$

（64 位密文）$\leftarrow IP\text{-}1$（$R_{16}L_{16}$）

（3）DES解密算法。

DES的解密算法是加密算法的逆运算，数学公式表达如下：

$R_{16}L_{16} \leftarrow IP$（16位密文）

对于i=16，15，…，1，

$R_{i-1} \leftarrow L_i$

$L_{i-1} \leftarrow R_i \oplus F(L_i, K_i)$

（64 位明文）$!IP\text{-}1$（R_0L_0）

DES 算法的解密算法与加密算法相同，只是各子密钥的顺序相反，即为 K_{16}，K_{15}，…，K_1。

（4）DES算法特点及安全性。

DES 算法具有以下特点：

①DES算法公开，信息的保密性完全依赖密钥的管理、传输等保密环节。

②在目前水平下，如果不知道密钥，想在一定的时间内破译DES(即析出密钥K或明文)是不太可能的，因为破解至少要建立256个或264个表，这是现有硬件与软件资源难以实现的。

③DES显示出很强的"雪崩效应"，明文或密钥的微小变化都会导致密文的巨大变化，即使攻击者无法分而破之。而DES也总有不足之处，强密钥长度为56个，显得有些短；其次，存在弱密钥，第三，S 盒的设置变化显得略微简单。

2．三重 DES 算法

提高 DES 安全性的一种比较实在的办法是用两个不同的密钥两次加密一个分组。首先，用第一个密钥加密分组，然后再用第二个密钥加密它。脱密则是逆过程。

$$C=E_{k2}(E_{k1}P)$$

$$P=D_{k1}(D_{k2}C)$$

用穷举搜索法破译产生双重加密的密文分组应当是非常难的。因为它需要 $2n^112$ 次尝试而不是 2^56 次尝试(其中 n 是密钥的比特长度)。

这个结果是不正确的。默克尔和赫尔曼证明已知明文可在 2^57 次尝试内破译这种双重加密方案。这是一种中间相会攻击，它的运作方式是由一端加密，由另一端脱密，在中间对比结果。

这种攻击需要 2^56 个分组或 2^64 个字节的存储器—存储器的存储量大大超过了人们易于理解的地步，但却足以使多数患妄想病的密码学家承认双重加密也不是很有价值。

塔切曼是 DES 的主要研制者之一，他提出了一种较好的想法。用两个密钥三次加密一个分组。首先用第一个密钥，然后用第二个密钥，最后再用第一个密钥。他提议发方首先用第一个密钥加密，然后用第二个密钥脱密，最后用第一个密钥加密；收方则用第一个密钥脱密，然后用第二个密钥加密，最后用第一个密钥脱密。

$$C=E_{k1}(D_{k2}(E_{k1}P))$$

$$P=D_{k1}(E_{k2}(D_{k1}C))$$

这种稀奇的加密—脱密—加密方案保存了与传统算法实现的兼容性：使两个密钥彼此相等和用该密钥加密一次并无两样。在加密—脱密—加密模式中不存在内在的安全性。

虽然这种技术不容易遭受上述中间相会攻击，但默克尔(Merkle) 和赫尔曼却发现了以256 步运作的选择明文攻击。他们竭力推荐采用三个不同密钥的三重加密：

$$C=E_{k3}(D_{k2}(E_{k1}P))$$

$$P=D_{k1}(E_{k2}(D_{k3}C))$$

迄今尚无人找到针对此方案的攻击。

3．AES 算法介绍

（1）概述。

密码算法的理论与实现研究是信息安全研究的基础。对各类电子信息进行加密，在其存储、处理、传送以及交换过程中实施保护，是保证信息安全的有效措施。数据加密标准 DES

于 1977 年 1 月向社会公布，它是第一个世界公认的实用分组密码算法标准。但在经过 20 年的应用后，DES 已被认为不可靠。3DES 作为 DES 的替代，密钥长度为 168bits，可克服穷举攻击问题。同时，3DES 的底层加密算法对密码分析攻击有很强的免疫力。但由于用软件实现该算法的速度慢，使得 3DES 不能成为长期使用的加密算法标准，需要一种新的高级加密标准来替代。

AES 具有密钥灵活性及较高的可实现性，具有较高的安全性能及实现效率，其密钥建立时间极短，且灵敏性良好。Rijndeal 算法给出了最佳查分特征概率，进行了算法抵抗差分密码分析以及线性密码分析。无论 Rijndeal 使用反馈模式或无反馈模式，其硬件和软件实现性能都表现优秀。此外，Rijndeal 对内存的极低需求使其适合于在存储器受限环境下使用，并能够表现出极好的性能。

（2）AES 算法结构介绍。

AES 使用 128、192 和 256 位密钥，用 128bits 分组加密和解密数据。对称密钥密码使用相同的密钥加密和解密数据，通过分组密码返回的加密数据位数与输入数据相同。使用循环结构迭代加密，在该循环中重复置换（Permutations）和替换（Substitutions）输入数据。

图 2-5 给出了 AES 算法的总体结构。加密和解密算法的输入是一个 128 比特的分组，分组是一个字节方阵，被复制到状态数组，这个数组在加密或解密过程中的每一步都会被更改。直到最后一步结束后，状态数组将被复制到输出矩阵。类似地，128 比特的密钥也被描述为一个字节方阵。然后，密钥被扩展成为一个子密钥的数组。每个字是 4 字节，而对于 128 比特的密钥，子密钥总共有 44 个字，矩阵中字节的顺序是按列排序的。比如，128 比特的明文输入的前 4 个字节占输入矩阵的第 1 列，接下来 4 个字节占第 2 列，以此类推。

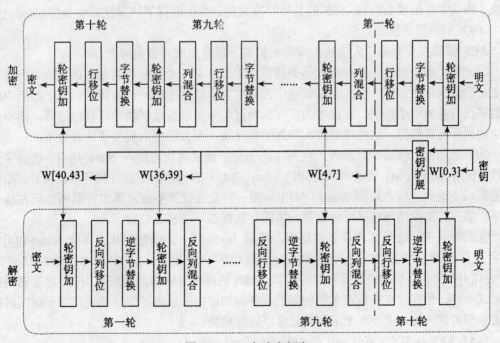

图 2-5　AES 加密和解密

（3）AES 算法步骤介绍。

AES 算法主要包括：字节替换、行移位、列混合和轮密钥加四个步骤。

①字节替换（Substitute Byte）。使用一个表（被称为 S-盒）对分组进行逐一字节替换。S-盒是 AES 定义的矩阵，把 State 中每个字节的高 4 位作为行值，低 4 位作为列值，然后取出 S-盒中对应行列的元素作为输出。这个步骤提供了 AES 加密的非线性变换能力。S-盒与有限域乘法逆元有关，具有良好的非线性特性。为了避免简单代数攻击，S-盒结合了乘法逆元及可逆的仿射变换矩阵建构而成。

②行移位（Shift Row）。每一行都向左循环位移某个偏移量。在 AES 中（区块大小 128 位），State 的第一行维持不变，State 的第二行循环左移 1 个字节。同理，State 的第三行及第四行分别循环左移 2 个字节和 3 个字节。经过 Shift Row 之后，矩阵中每一列，都是由输入矩阵中的每个不同列中的元素组成。行移位就是将某个字节从一列移到另一列中，它的线性距离是 4 字节的倍数。

③列混合（Mix Column）。每列的四个字节通过线性变换互相结合，对每列独立进行操作。每列的四个元素分别当作系数，合并后即为有限域中的一个多项式，接着将此多项式和一个固定的多项式相乘。此步骤亦可视为有限域之下的矩阵加法和乘法。矩阵的系数是基于在码字间有最大距离的线性编码，也是基于算法执行效率的考虑。Mix Column 函数接受 4 个字节的输入，输出 4 个字节，每一个输入的字节都会对输出的四个字节造成影响。因此，Shift Row 和 Mix Column 两步骤为这个密码系统提供了扩散性。经过几轮列混和变换和行移位变换后，所有的输出位均与所有的输入位相关。

④轮密钥加（Add Round Key）。在每次的加密循环中，都会由主密钥扩展产生一组轮密钥（通过 Rijndael 密钥生成方案产生），这个轮密钥大小会跟原矩阵一样，该步骤就是轮密钥与原矩阵中每个对应的字节做异或运算。轮密钥加变换非常简单，却能影响 State 中的每一位。密钥扩展的复杂性和 AES 的其他阶段的复杂性，确保了该算法的安全性。

（4）AES 算法模块介绍。

AES 算法主要分为三大模块，即密钥扩展，数据加密和数据解密。

①密钥扩展。使用 Rotword() 函数将数组中左端第一个数字移至数组的末端，而原来在它之后的数字依次前移一位，即对数组中的数字实现循环左移一位的运算。由于数组中的 4 个数字已合并为一个数字，在程序的实际执行过程中是进行数字的循环移位运算，而不是做数组的循环左移运算，这样可以大大简化运算过程，很大程度上提高了运算效率。

②数据加密。依据 S 置换表，使用 SubByte() 函数对状态矩阵 State[4][4]中的数字进行置换。使用 ShiftRow() 函数对状态矩阵 State[4][4]中的各行数据进行循环移位运算。循环移位遵循以下规则，状态矩阵 State[4][4]中的第一行数据位置不变，第二行数据循环左移一位数字，第三行数据循环左移两位数字，第四行数据循环左移三位数字。

③数据解密。依据 S 置换表的逆表，使用 InvSubByte()函数对状态矩阵 State[4][4]中的数字进行置换，置换方法与 SubByte() 函数相同。使用 InvShiftRow()函数对状态矩阵 State[4][4]中的各行数据进行循环移位运算。AES 的解密算法和加密算法不同。尽管密钥扩展的形式一样，但在解密中每轮交换步骤的顺序与加密中的顺序不同。其缺点在于对同时需要加密和解密的应用，需要两个不同的软件或固件模块。

（5）AES 与 3DES 算法的比较如表 2-2 所示。

表 2-2

算法名称	算法类型	密钥长度	速度	解密时间（建设机器每秒尝试255个密钥）	资源消耗
AES	对称 block 密码	128、192、256 位	高	1490000 亿年	低
3DES	对称 feistel 密码	112 位或 168 位	低	46 亿年	中

4. RC2 和 RC4 算法

RC2 的 RC4 是两种可变密钥长度的加密算法，由 RSA 数据安全公司的里维斯特(Ron Rivest) 设计，而且都是 RSA 数据安全公司的专有算法。有关两种算法的细节尚未公开披露。

RC2 是一种可变密钥长度的对称分组密码，打算作为 DES 的一种代替物。它以 64 比特分组加密数据。据公司声称，Rc:软件实现的速度为 D ES 的两倍。

RC4 是一种可变密钥长度的对称流密码。据公司声称，其速度为 DES 的 10~100 倍。两种算法的编码规模非常紧凑，其速度与密钥长度无关。

算法的安全性取决于所用密钥的长度。如果使用长密钥，算法比 DES 更安全；使用短密钥，算法不如 DES 安全。

不仔细研究算法，就不可能知道什么样的密钥长度最恰当。RSA 数据安全公司的首席科学家卡里斯基(Burt Kalisks) 认为 REZ 并非容易受到差分密码分析攻击；Rc:由于是一种流密码算法，所以并不适用。

美国软件出版商协会(SPA)和美国政府间的一份最新协议给予了 Rc2 和 Rc4 特殊的出口地位实现这两种算法之一的产品，只要其密钥长度少于 40 比特，其出口批准手续就要简单得多。

40 比特密钥足够了吗？有 $2^{40}(10^{12})$ 种可能密钥，如果穷举搜索是最有效的密码分析方法，假定密码分析家能 1 秒钟试验 1 百万种密钥，那么找出正确密钥需要花费 12.7 天时间；10 台机器并行工作，则可能在 3 小时之内产生出密钥。

RSA 数据安全公司坚持认为，虽然加密和脱密都很快，但穷举密钥搜索却不快。产生密钥编制方案需要花费大量的时间。尽管在加密和脱密报文时这个时间可以忽略，但在尝试每一种可能密钥时这个时间却不能忽略。

有人坚信美国政府绝不会允许出口它不能破译的任何算法，至少也是在理论上不能破译的任何算法。另一种可能性是产生用每一种可能密钥加密的明文分组的磁带。要破译已知报文，只需操作磁带，把报文中的密文分组同磁带上的密文分组比较，如果相配，则试验候选密钥，看看报文是否产生什么意义。如果选择普通明文分组(全零、某空白的 ASC 亚字符等)，这个方法应当奏效。利用所有 10^{12} 种可能密钥加密的 64 比特明文分组，存储求为 $8*10^{12}$ 字节，当然是可能的。

5. IDEA 算法

1990 年，赖学家(Xuejia Lai) 和梅西(J. Massey) 开发的一个新的加密算法，称为 PES，即"建议的加密标准"。次年，在比哈姆和沙米尔证明差分密码分析之后，作者针对差分密码分析攻击对其密码进行强化，并把经强化后的新算法叫做 IPES，即"改进的建议加密标准"。算法经过更名，成为 IDEA，即"国际数据加密标准"。有人以为它是当代公众可用的最好和最安全的分组算法。

IDEA 算法的密钥长度为 128 比特，是 DES 密钥长度的两倍多。假定强力攻击最有效，重新获得密钥则需要进行 2^{128}(10^{38}) 次加密。VLS1(超大规模集成电路) 实现的 PES 型密码以 5mbPS 速度运算。若打算用 VLSl 芯片的类似性能来破译 IDEA，则可能每秒钟处理 860000 种可能密钥。即使迪菲-赫尔曼(Diffie-Hellman) 类似的专用处理器，用 1 百万块芯片并行工作，也得花费约 10^{19} 年时间才能恢复出密钥。设计成一块每秒试验 10 亿种密钥的芯片，并把 10 亿块这样的芯片投向这个问题，仍然得花费 10^{19} 年时间——这个时间比宇宙的年纪还要大。配制 10^{24} 块这样的芯片，有可能在 1 天内找出密钥，不过宇宙间没有足够的硅原子来制造这样一台机器。说到这里，人们对 IDEA 应当有些了解，虽然还是得密切注意对这个高深问题的争论。

强力攻击 IDEA 还存在另外一大困难:每种密钥所需的产生时间。当加密或脱密某报文时，与加密或脱密报文分组的时间相比，这个时间常常可以忽略。不过，当试图用强力攻击对付密文分组时，附加时间就是很可观的了，为强力攻击所需时间(或并行处理器数量) 的两倍或三倍。

当然，除非强力不是攻击 IDEA 的最佳方式。算法对任何最后的或权威性密码分析成果而言仍然太新，设计者们已尽最大努力使算法不受差分密码分析影响。一般说来，算法的迭代轮数越多，差分密码分析越困难。在《基于分组密码的散列函数》一文中，赖学家证明 IDEA 密码在其 8 轮迭代的 4 轮之后便不受差分密码分析的影响。

IDEA 是一种新算法，迄今尚无一篇公开发表的试图对 IDEA 进行密码分析的文章。IDEA 是一个算法群吗? (赖学家认为不是。) 有些密钥比其他密钥强吗? 有无尚未发现的破译该密码的方式? 这些都还是未找到答案的问题。密文中不存在明显的模式，IDEA 看起来是安全的。算法能够抵抗差分密码分析和与密钥有关的密码分析, 应当说 IDEA 是非常安全的。然而，屡屡看起来很安全的算法往往是密码分析的重点对象，IDEA 正是若干密码分析锋芒之所向。虽然尚无一例获得成功，但谁又能知道明天会发生什么奇迹呢?！

IDEA 分组密码已在欧洲取得专利，在美国的专利悬而未决，不存在非商用所需的许可证费用问题。对发放算法许可证有意的商业用户可与瑞士 Solothurn 实验室的普罗福姆示主任(Dr. Dieter Profos) 联系。

2.1.2.2 非对称加密算法

1. Diffie-Hellman 算法

Diffie-Hellman 算法的安全性来自在有限域内计算离散对数的困难性,是发明的首例公钥算法, 这种困难性与在相同域内计算幂的容易性形成鲜明的对比。算法可用于密钥产生和交换，即使不能用来加密和脱密报文,A 方和 B 方可用这个算法通过非安全通路产生秘密密钥，他们可以把这个秘密密钥用于 Des 或他们需要的任何其它算法[50-69]。

Diffie-Hellman 密钥交换算法已取得专利权, PKP (Public Key Partners) 协会已发给这项专利许可证。

2. RSA 算法

在默克尔发明背包算法之后不久，出现了首例成熟的公钥算法——一种用于加密和数字签名的公钥算法。它是所有公钥算法中最容易理解和实现的算法, 同时也是最流行的算法。算法于 1978 年首次推出，并以三位发明者里维斯特(Rivest) 、沙米尔(Shamir) 和埃德尔曼(Adelman) 的名字命名，并在以后经受住了广泛的密码分析破译。虽然密码分析既未证明也未推翻 RsA 的安全性，但它却提出了一个算法理论基础方面的置信水平问题。RSA 算法的安全性来自分解大数因子的困难性。公用和专用密钥是一对非常大(100~200 位数字或甚至更大)素数的函数,算法由素数计算出两个密钥, 而且猜想由一个密钥确定另一个密钥相当于分解两个素数乘积的因子。RSA 算法已取得专利权,PKP 协会已发给该项专利许可证。

（1）关于 RSA 算法理论。

RSA 算法[3][4]的理论基础是一种特殊的可逆模幂运算。

设 n 是两个不同奇素数 p 和 q 的积, 即：n=p*q, ø (n) = (p-1)(q-1).

定义密钥空间 k={ (n,p ,q ,d,e) |n=p*q, p 和 q 是素数, d*e≡1 mod ! (n) ,e 为整数},对每一个 k=(n ,p ,q ,d ,e),定义加密变换为 $E_k(x)=X^b mod n$, x∈Zn。解密变换为 $D_k(x)=y^a mod n$,y∈Zn, Zn 为整数集合。公开 n 和 b, 保密 p, q 和 a。

加密过程

加密规则为: $E_k(x) =X^b mod n$, x∈Zn

加密过程的输入为：明文数据 D，模数 n，加密指数 e（公钥加密）或解密指数 d（私钥加密）。输出为密文。D 的长度不超过[log2n]-11,以确保转换为 PKCS 格式时,填充串的数目不为 0。

①格式化明文。采用 PKCS 格式：EB=00‖BT‖PS‖00‖D 其中 BT 表示块的类型，PS 为填充串, D 为明文数据。开头为 0 确保 EB 长度大于 k。对公钥加密 BT=02,对私钥解密 RT=01。当 BT=02 时, PS 为非 0 随机数; 当 BT=01, PS 值为 FF。

②明文由字符型数据转换成整型数据。

③RSA 计算。为整数加密块 x 作模幂运算：y=x^c mod n,0<=y<n, 其中 y 为密文,公钥加密时, c 为公钥加密指数 e; 私钥加密时, c 为私钥加密指数 d。

④密文由整型数据转换成字符型数据。

解密过程

解密规则为 $D_k(x) =yc mod n$, y∈Zn, Zn 为整数集合, x 为密文。解密过程的输入为：密文 ED; 模数 n; 加密指数 e（公钥解密）或解密指数 d（私钥解密），结果为明文。

①密文整型化。

②RSA 计算。对密文做模幂运算：x=y^c mod n,0<=x<n, 其中 x 为明文。

③此时明文为整型数据，转换为 ASCII 型数据，得到 PKCS 格式的明文。

④从 PKCS 格式明文中分离出原明文。从 PKCS 格式分离明文的过程也是检查数据完整性的过程。若出现以下问题解密失败：不能清楚的分割；填充字符少于 64 位或与 BT 所注明的类型不匹配；BT 与实际操作类型不符。

（2）RSA 算法的安全性。

若 n 被因式分解成功，则 RSA 便被攻破。已知 n，求得 Φ(n)(n 的欧拉函数),则 p 和 q 可以求得。因为根据欧拉定理，Φ(n) = (p- 1)(q- 1) =pq- (p+q) +1。和 (pq)^2=(p+q)^2 -4pq；据此列出方程，求得 p 和 q。

为安全起见，对 p 和 q 要求：p 和 q 的相关不大；(p-1) 和 (q-1) 有大素数因子；gcd (p-1,q-1) 很小，满足这样条件的素数称做安全素数。RSA 的出现使得大整数分解因式这一古老的问题再次被重视，近些年来出现的不少比较高级的因数分解方法使"安全素数"的概念也在不停地演化。所以，选择传统上认为是"安全素数"并不一定有效地增加安全性，比较保险的方法就是选择足够大的素数。因为数越大，对其分解因式的难度也就越大。对 n 和密钥长度的选择取决于用户保密的需要。密钥长度越大，安全性也就越高，但是相应的计算速度也就越慢。由于高速计算机的出现，以前认为已经很具安全性的 512 位密钥长度已经不再满足人们的需要。1997 年，RSA 组织公布当时密钥长度的标准：个人使用 768 位密钥，公司使用 1024 位密钥，而一些非常重要的机构使用 2048 位密钥。RSA 的安全性并不能仅靠密钥的长度来保证。在 RSA 算法中，还有一种值得注意的现象，那就是存在一些 n=pq，使得待加密消息经过若干次 RSA 变换后就会恢复成原文。这还不能不说是 RSA 本身具有的一个缺点，选择密钥时必须注意避免这种数。

（3）RSA 算法的优化。

RSA 只适合对少量的数据进行加密，这与 RSA 自身的算法有关，导致它的加密解密速度比较慢。

RSA 中加密和解密都涉及计算一个整数的幂，然后模 n。一直是制约 RSA 广泛应用的瓶颈问题是幂剩余计算耗时太多。

如果先对整数进行指数运算，然后再进行模 n 运算，那么中间结果将极其巨大。幸好可以利用取模运算的一个特性：$[(a \bmod n) \times (b \bmod n)] \bmod n = (a \times b) \bmod n$。

因此可以构造一个平方求模算法，采用的是重复平方求模和相乘后求模的迭代方法来实现，其具体的实现步骤如下：

（以 $a = g^x \bmod p$ 为例）

①将十进制数 x 表示成二进制数 $X = X_t X_{t-1} X_{t-2} \ldots X_1 X_0$

②置 a 初值为 1，$a = 1$

③对于 $i = t, t-1, t-2，1,0$ 重复执行 i 和 ii；

i：使 $a = a2 \ (\bmod \ p)$；

ii：若 $xi = 1$，则 $a = a*g \ (\bmod \ p)$

④结束。得到结果 a 。

由此可见，该算法是每一步迭代都对 p 求模，以控制中间结果数的大小，每一步迭代最多需要 2 次乘法和 2 次求模，总共需要 $\log 2x$ 次迭代。显然，$2\log 2^x$ 次乘法和 $2\log 2^x$ 次求模是影响算法实现速度的关键。为了进一步改进上述算法的速度，就将 SMM 算法与之再结合起来。基于乘同余对称特性的算法 SMM 是利用乘同余对称特性来减少 RSA 加解密计算中乘法和求模运算量的一种快速算法。RSA 加密是对明文剩余的过程：$y = \langle M^e \rangle n$

〈 〉n 表示括号内的数对 n 求模。上述的 RSA 算法是将指数 e 表示成 t 位二进制数的形式，并将幂剩余变成一系列乘同余的迭代，（仍以 $a = g^x \bmod p$ 为例），由上面的讨论知道每一步迭代必有运算：$a = a^2 \ (\bmod \ p)$ 和可能有运算 $a = a*g \ (\bmod \ p)$。SMM 算法是在每步迭代计算中对乘数和被乘数进行有条件的代换。具体代换情况如下：如果 a_{i-1} 表示第（i-1）步迭代的结果，则在进行第 i 步迭代时，若 a_{i-1} 或 $g < (n-1)/2$，则保持原数不变，但是如果 a_{i-1} 或 $g > (n-1)/2$，则使用（$n-a_{i-1}$）或（n-g） 来代替 a_{i-1} 或 g。

将上述 RSA 算法与 SMM 方法结合，虽然求乘和求模次数没有改变，但它可以减少部分乘数和被乘数的绝对值，因此使得算法得到一定的改善。

3. ElGamal 算法

ElGamal 方案的安全性来自计算离散对数的困难性。算法可用于加密和数字签名。虽然 PKP 协会声称他们的专利包括所有的公钥密码，但 ElGamal 未取得专利权。

ElGamal 签名方案是两个最重要的数字签名方案之一（另一个是 RSA），其安全性是基于有限域上离散对数的难解性。基于 ElGamal 签名方案的 DSA 是现在普遍运用的签名方案。DSA 签名方案：设 p 是大素数，q 等于 p-1 或 p-1 的大素因子，g 是 Zp 中的 q 阶元素，H 为单向无碰撞 Hash 函数，$x \in Z_q^*$ 和 $y = g^k \bmod p$ 是签名者的私钥和公钥。为了产生关于消息 m 的签名，签名者随机选取 $k \in Zq^*$，计算

$$y = g^k \bmod p , \quad s = k^{-1}(rx - H(m)) \bmod p$$

则(r,s)即为签名者对消息 m 的签名，其验证方程为

$$r^s g^{H(m)} = y^{r_j} \bmod p$$

DSA 是基于整数有限域离散对数难题的，其安全性与 RSA 相比差不多。DSA 的一个重要特点是两个素数公开，这样，当使用别人的 p 和 q 时，即使不知道私钥，你也能确认它们是否是随机产生的，还是做了手脚。RSA 算法却做不到。

DSA（Digital Signature Algorithm），数字签名算法，用做数字签名标准的一部分），它是另一种公开密钥算法，它不能用做加密，只用做数字签名。DSA 使用公开密钥，为接受者验证数据的完整性和数据发送者的身份。它也可用于由第三方去确定签名和所签数据的真实性。DSA 算法的安全性基于解离散对数的困难性，这类签字标准具有较大的兼容性和适用性，成为网络安全体系的基本构件之一。

另外，算法使用一个单向散列函数 H（m）。标准指定了安全散列算法（SHA-1）。三个参数 p，q 和 g 是公开的，且可以被网络中所有的用户公有。私人密钥是 x，公开密钥是 y。对消息 m 签名时：

（1）发送者产生一个小于 q 的随机数 k。

（2）发送者产生：r 和 s 就是发送者的签名，发送者将它们发送给接受者。

（3）接受者通过计算来验证签名：如果 v = r，则签名有效。

2.2　HASH 算法

2.2.1　HASH 算法原理

Hash 函数（也称为 Hash 算法、散列算法）在软件保护领域扮演着重要的角色。Hash 函数可以将任意长度的数据压缩成固定长度的字符串的函数，该函数的输出结果，称为 Hash 值，有的文献也称为消息摘要、数字指纹等。Hash 函数通常用于验证一个报文的唯一性，给定某一报文和对应的 Hash 值，可以判断此报文与 Hash 值是否匹配。Hash 算法与加密算法的主要区别在于它是不可逆的，明文消息通过 Hash 算法加密变成密文后，该密文不能再通过任何一种算法还原出原先的明文消息。Hash 函数主要的安全特性有：抗碰撞攻击、抗原象攻击和抗第二原象攻击。由于这些特性，Hash 函数在数字签名、身份认证、完整性检验、软件保护等领域中有着广泛的应用。目前，Hash 函数主要有 MDx 系列和 SHA 系列，这些算法体现了目前主要的 Hash 函数设计技术。

2.2.1.1　Hash 算法的基本概念

Hash，一般翻译为"散列"，有的书上或直接译为"哈希"。密码学中的 Hash 函数也称杂凑函数或杂凑算法，它是一种将任意长度的消息经过一定的算法压缩到某一固定长度的消息摘要(message digest) 的函数，也称作散列值，这种散列值的空间通常远小于输入的空间，

不同的输入可能会散列成相同的输出，而不可能从散列值来唯一的确定输入值，在密码学中这种 Hash 函数又称作单向函数(one- way- function) 。Hash 算法特别的地方在于它是一种单向算法，用户可以通过 Hash 算法对目标信息生成一段特定长度的唯一的 Hash 值，却不能通过这个 Hash 值重新获得目标信息。因此 Hash 算法常用在不可还原的密码存储、信息完整性校验等。

HASH 算法数学表述为: h = H(x) ，其中 H()表示单向散列函数, x 表示任意长度明文, h 表示固定长度散列值。这类算法具有以下特点：

（1）对于任何消息，计算 H(x)相对来说较为容易，这意味着要使用该函数，并不需要占用太多的计算时间。

（2）给定 H(x)，寻找一个消息使得其 Hash 值为 H(x)的难度与穷举所有可能的 x 并计算 H(x)的难度相比，不会有明显的差别。

（3）虽然理论上存在很多不同数值，其 Hash 值都是 H(x)，但是要找到两个 Hash 结果相同的数值，从计算的角度来说是很困难的。

2.2.1.2 Hash 算法的重要特性

Hash 函数的设计目的是为需要认证的数据产生一个消息摘要，这种消息摘要相当于一个"指纹"，它与产生消息摘要的原始输入数据密切相关的，只要原始数据更改任意一个位，其对应的消息摘要就会变为截然不同的"指纹"。在信息安全领域中应用的 Hash 算法，还需要满足以下关键特性：

（1）单向性(one- way)。对于任意给定的 x, H(x)的计算相对简单, 反方向计算却很困难。

（2）抗碰撞性(collision- resistant)。要求两个具有相同输出的不同输入在计算上是不可行的，即在统计上无法产生两个散列值相同的预映射。

①对于任意给定的块 X, 不可能找到一个 H(X)=H(Y), 这里的 X≠Y, 此谓弱抗碰撞性。

②计算上很难寻找一对任意的(X, Y), 使满足 H(X)= H(Y), 此谓强抗冲突性。要求"强抗冲突性"主要是为了防范所谓"生日攻击(birthday attack)"。例如, 在一个 10 人的团体中, 你能找到和你生日相同的人的概率是 2.4%, 而在同一团体中, 有 2 人生日相同的概率是 11.7%。类似地, 当预映射的空间很大的情况下, 算法必须有足够的强度来保证不能轻易找到"相同生日"的人, 根据今天的计算技术能力, H 的输出至少应为 128 比特长。

（3）映射分布均匀性和差分分布均匀性。散列结果中, 为 0 的 bit 和为 1 的 bit , 其总数应该大致相等; 输入中一个 bit 的变化, 散列结果中将有一半以上的 bit 改变, 这又叫做"雪崩效应(avalanche effect)"; 要实现使散列结果中出现 1bit 的变化, 则输入中至少有一半以上的 bit 必须发生变化。其实质是必须使输入中每一个 bit 的信息尽量均匀地反映到输出的每一个 bit 上去; 输出中的每一个 bit, 都是输入中尽可能多 bit 的信息一起作用的结果。

2.2.1.3 Hash 算法的实现

将一个固定长度输入，变换成较短的固定长度的输出，这是 Damgard 和 Merkle 定义了所谓"压缩函数(compression unction)"，这对密码学实践上 Hash 函数的设计产生了很大的影响。Hash 函数就是被设计为基于通过特定压缩函数的不断重复"压缩"输入的分组和前一次压缩处理的结果的过程，直到整个消息都被压缩完毕，最后的输出作为整个消息的散列值。尽管还缺乏严格的证明，但绝大多数业界的研究者都同意，如果压缩函数是安全的，那么以上述形式散列任意长度的消息也将是安全的。这就是所谓 Damgard/Merkle 结构。

一般压缩过程是这样的，任意长度的消息被分拆成符合压缩函数输入要求的分组，最后一个分组可能需要在末尾添上特定的填充字节，这些分组将被顺序处理，除了第一个消息分组将与散列初始化值一起作为压缩函数的输入外，当前分组将和前一个分组的压缩函数输出一起被作为这一次压缩的输入，而其输出又将被作为下一个分组压缩函数输入的一部分，直到最后一个压缩函数的输出，将被作为整个消息散列的结果。

2.2.1.4　常见的 Hash 算法

常见的 Hash 算法:MD2、MD4、MD5、HAVAL、SHA、SHA-1、HMAC、HMAC-MD5、HMAC-SHA1。

1. MD2、MD4、MD5 算法

MD2 (Message– Digest Algorithm 2) 算法是 Rivest 在 1989 年开发出来的。在这个算法中，首先对信息进行数据补位，使信息的字节长度是 16 的倍数，然后，以一个 16 位的检验和追加到信息末尾，并且根据这个新产生的信息计算出散列值。后来,Rogier 和 Chauvaud 发现如果忽略了检验和将产生 MD2 冲突。

为了加强算法的安全性，Rivest 在 1990 年又开发出 MD4 算法。MD4 算法同样需要填补信息以确保信息的字节长度加上 448 后能被 512 整除，即信息字节长度 mod 512 = 448。然后，一个以 64 位二进制表示的信息的最初长度被添加进来，信息被处理成 512 位 Damgrd/Merkle 迭代结构的区块，而且每个区块要通过三个不同步骤的处理。Den Boer 和 Bosselaers 等人很快地发现了攻击 MD4 版本中第一步和第三步的漏洞。Dobbertin 向大家演示了如何利用一部普通的个人电脑在几分钟内找到 MD4 完整版本中的冲突，这个冲突实际上是一种漏洞，它将导致对不同的内容进行加密却可能得到相同的加密后结果。毫无疑问，MD4 就此被淘汰掉了。

尽管 MD4 算法在安全上有个这么大的漏洞，但它对在其后才被开发出来的好几种信息安全加密算法的出现却有着不可忽视的引导作用。一年以后，Rivest 开发出技术上更为趋近成熟的 MD5 算法，经 MD2、MD3 和 MD4 发展而来。MD5 的作用是让大容量信息在用数字签名软件签署私人密匙前被"压缩"成一种保密的格式。不管是 MD2、MD4 还是 MD5，它们都需要获得一个随机长度的信息并产生一个 128 位的信息摘要。虽然这些算法的结构或多或少有些相似，但 MD2 是为 8 位机器设计优化的，而 MD4 和 MD5 却是面向 32 位的电脑。MD5 在 MD4 的基础上增加了"安全–带子"(Safety-Belts) 的概念。虽然 MD5 比 MD4 稍微慢一些，但却更为安全。在 MD5 算法中，信息– 摘要的大小和填充的必要条件与 MD4 完全相同。2004 年 8 月 7 日，在美国加州圣巴巴拉召开的国际密码学会议上，来自我国山东大学的王小云教授做了对 MD4、MD5、HAVAL-128、RIPEMD 等 HASH 函数的碰撞攻击的报告，报告称可以在一个多小时之内找到 MD5 的碰撞。也就是说，原则上可以找到两个内容不同的文件生成相同的签名，使利用 MD5 伪造一份合同成为可能，这一重要报告得到了与会专家的一致赞叹。此项成果也宣告了目前得到广泛应用的世界通用密码标准 MD5 已被攻破，从而引起了密码学界的一场轩然大波。

2. 安全的 HASH 函数—SHA-1

SHA(Secure Hash Algorithm) 算法由美国国家标准技术研究所(NIST) 开发，并在 1993 年作为联邦信息处理标准公布。在 1995 年公布了其改进版本 SHA-1。SHA-1 可以处理最大长度超过 264bit 的消息，消息按 512bit 块进行输入，但它产生 160 位的消息摘要，具有比 MD5 更强的安全性。

2.2.1.5　Hash 算法的安全性分析

有许多算法经过分析或差分攻击，在未应用前都已经夭折在实验室里了，目前流行的

Hash 算法能基本符合密码学意义上的单向性和抗冲突性, 所以只有穷举才是破坏 Hash 运算安全特性的唯一方法。为了对抗弱抗冲突性, 我们可能要穷举个数和散列值空间长度一样大的输入, 即尝试 2128 个或 2160 个不同的输入, 目前一台高档个人电脑可能需要 1025 年才能完成这一艰巨的工作, 即使是最高端的并行系统。虽然我们运用各种方法降低了需要穷举的空间, 但这也不是在几千年里干得完的事, 所以,强抗冲突性是决定 Hash 算法安全性的关键。

美国 NIST 在新的 AES 中使用了长度为 128bit、192bit、256bit 的密钥, 设计出了 SHA-256、SHA-384、SHA-512, 它们将提供更好的安全性。

2.2.2 SHA 算法

1993 年美国国家标准局 (NIST) 公布了安全散列算法 SHA, SHA 已经被美国政府核准作为标准, 即 FIPS 180 Secure Hash Standard (SHS), FIPS 规定必须用 SHS 实施数字签名算法, 该算法主要是和数字签名算法 (DSA) 配合的。很快 SHA 在算法中发现了弱点, 1994 年 NIST 公布了 SHA 的改进版 SHA-1, 即 FIPS 180-1 Secure Hash Standard (SHS), 取代了 SHA。SHA-1 的设计思想基于 MD4, 因此在很多方面与 MD5 算法有相似之处。SHA-1 对任意长度的明文可以生成 160bits 的消息摘要。

2.2.2.1 SHA-1 算法

SHA-1 描述

SHA-1 对明文的处理和 MD5 相同, 第一个填充位为 "1", 其余填充位均为 "0", 然后将原始明文的真实长度表示为 64bits 附加在填充结果后面。填充后明文的长度为 512 的整数倍。填充完毕后, 明文被按照 512bits 分组(Block)。

SHA-1 操作的循环次数为明文的分组数, 对每一个明文分组的操作有 4 轮,每轮 20 个步骤, 共 80 个步骤。每一步操作对 5 个 32bits 的寄存器(记录单元)进行。这 5 个工作变量(记录单元、链接变量)的初始值为:

H_0=0x67452301 H_1=0xEFCDAB89 H_2=0x98BADCFE

H_3=0x10325476 H_4=0xC3D2E1F0

SHA-1 中使用了一组逻辑函数 f_t (t 表示操作的步骤数, 0≤t≤79)。每个逻辑函数均对三个 32bits 的变量 B、C、D 进行操作, 产生一个 32bits 的输出。逻辑函数 f_t(B,C,D)定义如下:

f_t(B,C,D) = (B and C) or(not(B) and D)   (0≤t≤19)

f_t(B,C,D) = B xor C xor D   (20≤t≤39)

f_t(B,C,D) = (B and C) or (B and D) or (C and D)   (40≤t≤59)

f_t(B,C,D) = B xor C xor D   (60≤t≤79)

SHA-1 中同时用到了一组常数 K_t (t 表示操作的步骤数, 0≤t≤79), 每个步骤使用一个。这一组常数的定义为:

K_t = 0x 5A827999 (0≤t≤19) K_t =0x 6ED9EBA1   (20≤t≤39)

K_t =0x 8F1BBCDC (40≤t≤59) K_t =0x CA62C1D6   (60≤t ≤79)

将明文按照规则填充, 然后按照 512bits 分组为 M(1), M(2), … , M(n), 对每个 512bits 的明文分组 M(i)操作的步骤如下:

a. 将 512bits 的一个明文分组又分成 16 个 32bits 的子分组, M_0, M_1, …,M_{15}, M_0 为最左边的一个子分组;

b. 再按照以下法则将 16 个子分组变换成 80 个 32bits 的分组 $W_0,W_1,\cdots,W_{79}$:

$W_t = M_t$, $0 \leq t \leq 15$

$W_t = W_{t-3} \ xor \ W_{t-8} \ xor \ W_{t-14} \ xor \ W_{t-16}$, $16 \leq t \leq 79$;

c. 将五个工作变量中的数据复制到另外五个记录单元中:

令 $A = H_0, B = H_1, C = H_2, D = H_3, E = H_4$;

d. 进行 4 轮共 80 个步骤的操作, t 表示操作的步骤数, $0 \leq t \leq 79$:

$$TEMP = A <<< 5 + f_t(B,C,D) + E + W_t + K_t$$

$$E = D$$

$$D = C$$

$$C = B <<< 30$$

$$B = A$$

$$A = TEMP;$$

e. 第 4 轮的最后一步完成后, 再作运算:

$H_0 = H_0 + A$　$H_1 = H_1 + B$　$H_2 = H_2 + C$

$H_3 = H_3 + D$　$H_4 = H_4 + E$

以上 "+" 均指 $mod2^{32}$ 的加运算。

所得到的五个记录单元中的 H_0, H_1, H_2, H_3, H_4, 成为下一个分组处理时的初始值。

最后一个明文分组处理完毕时, 五个工作中的数值级联成为最终的散列值。如图2-6所示。

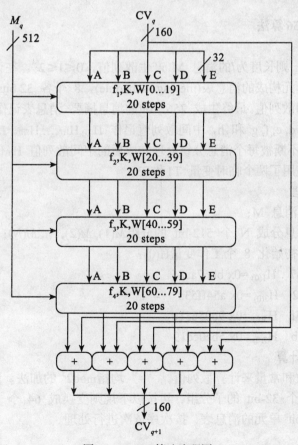

图2-6　SHA-1算法流程图

SHA其他散列函数简介

美国NIST在2002年8月1日发布了FIPS PUB 180-2，在2003年1月替换原来的FIPS PUB 180-1。在该标准中，详细描述了SHA系列算法，包括SHA-1、SHA-256、SHA-384和SHA-512。

FIPS 180-2(SHA-2)替换了FIPS 180-1(SHA-1)，并附加三个可以产生较大长度消息摘要的算法。SHA-1算法在FIPS 180-2中的描述和FIPS 180-1中相同，为和SHA-256、SHA-384、SHA-512保持一致，只做了一些符号的改动。FIPS 180-2 中的四个算法都是能够产生消息摘要的循环、单向散列函数。这些算法与通常的散列算法一样，能够用以判定消息的完整性。

四个算法在明文分组的长度和计算过程中的使用的基本单元数方面有所不同。如表2-3所示。

表2-3　　　　　　　　　　　　　　　SHA算法对照表

算法	消息长度 (bits)	分组长度 (bites)	字长 (bits)	消息摘要长度 (bits)	安全性 2^ (bits)
SHA-1	$<2^{64}$	512	32	160	80
SHA-256	$<2^{64}$	512	32	256	128
SHA-384	$<2^{128}$	1024	64	384	192
SHA-512	$<2^{128}$	1024	64	512	256

2.2.2.2　SHA-256算法

SHA-256介绍

SHA-256能够对一则长度为l的消息 M 产生散列值，$0 \leq l \leq 2^{64}$。在该算法中，使用了一个由 64 个 32-bit 单元构成的消息表(message schedule)，8 个各 32 bits 的工作变量，8 个 32-bit字长组成的中间散列值。最终生成 256－bit 的消息摘要。消息表记作W_0, W_1, ..., W_{63}，8 个工作变量记作 a, b, c, d, e, f, g 和 h，中间散列值记作 $H_{0(i)}$,$H_{1(i)}$,...,$H_{7(i)}$。$H_{(0)}$要用固定的数值来初始化，运算过程中不断被每个消息分组处理完成后的中间散列值 $H_{(i)}$代替，最终被最后$H_{(i)}$代替，SHA-256 也使用了两个临时变量 T1和T2。

SHA-256 的预处理

a. 按照规则填充消息 M；

b. 将填充后的消息分成 N 个 512-bit 的分组$M(1)$, $M(2)$, ..., $M(N)$；

c. 用 16 进制数初始化 8 个工作变量H(0)：

$H_{0(0)}$ =0x 6a09e667　　$H_{1(0)}$ =0x bb67ae85

$H_{2(0)}$ =0x 3c6ef372　　$H_{3(0)}$ =0x a54ff53a

$H_{4(0)}$ =0x 510e527f　　$H_{5(0)}$ =0x 9b05688c

$H_{6(0)}$ =0x 1f83d9ab　　$H_{7(0)}$ =0x 5be0cd19

SHA-256 的散列计算

SHA-256 用函数和常量来计算散列值，"+"均指mod2^{32}的加法。预处理完成后，将每个消息分组分成 16 个 32-bit 的子分组，再按以下规则变换成 64 个 32-bit 的子分组，组成一个有 64 个 32-bit 单元的消息表，按次序依次进行处理。

For i = 1 to N:

{ 1. 计算产生消息表$\{W\}$：

$$W_t = M_t(i) \qquad 0 \le t \le 15$$

$$W_t = \mid \sigma_1^{\{256\}}(w_{t-2}) + w_{t-7} + \sigma_0^{\{256\}}(w_{t-15}) + w_{t-16} \qquad 16 \le t \le 63$$

2. 以第 i-1 圈的散列值初始化 8 个工作变量 a, b, c, d, e, f, g 和 h：

$$a = H_{0(i-1)} \qquad b = H_{1(i-1)}$$
$$c = H_{2(i-1)} \qquad d = H_{3(i-1)}$$
$$e = H_{4(i-1)} \qquad f = H_{5(i-1)}$$
$$g = H_{6(i-1)} \qquad h = H_{7(i-1)}$$

3. For $t = 0$ to 63：

$$\{\, T_1 = h + \sum_1^{\{256\}}(e) + Ch(e,f,g) + K_t^{\{256\}} + W_t$$

$$T_2 = \sum_0^{\{256\}}(a) + Maj(a,b,c)$$

$$h = g$$
$$g = f$$
$$f = e$$
$$e = d + T_1$$
$$d = c$$
$$c = b$$
$$b = a$$
$$a = T_1 + T_2$$

}

4. 计算第 i 圈的中间散列值 $H_{(i)}$：

$$H_{0(i)} = a + H_{0(i-1)} \qquad H_{1(i)} = b + H_{1(i-1)}$$
$$H_{2(i)} = c + H_{2(i-1)} \qquad H_{3(i)} = d + H_{3(i-1)}$$
$$H_{4(i)} = e + H_{4(i-1)} \qquad H_{5(i)} = f + H_{5(i-1)}$$
$$H_{6(i)} = g + H_{6(i-1)} \qquad H_{7(i)} = h + H_{7(i-1)}$$

}

经过 N 圈循环之后，消息 M 最终的 256-bit 的消息摘要是 8 个工作变量中数据的级联：

$$H_{0(N)} \parallel H_{1(N)} \parallel H_{2(N)} \parallel H_{3(N)} \parallel H_{4(N)} \parallel H_{5(N)} \parallel H_{6(N)} \parallel H_{7(N)}$$

2.2.2.3 SHA-512 算法

SHA-512 介绍

SHA-512 能够对一则长度为 1 的消息 M 产生散列值，$0 \le l < 2^{128}$。在该算法中，使用了一个由 80 个 64-bit 单元构成的消息表 (message schedule)，8 个各 64 bits 的工作变量，8 个 64-bit 字长组成的中间散列值。最终生成 512-bit 的消息摘要。消息表记作 W0, W1, …, W79，8 个工作变量记作 a, b, c, d, e, f, g 和 h，中间散列值记作 H0(i), H1(i), …, H7(i)。H(0) 要用固定的数值来初始化，运算过程中不断被每个消息分组处理完成后的中间散列值 H(i) 代替，最终被最后 H(i) 代替，SHA-512 使用了两个临时变量 T1 和 T2。

SHA-512 明文预处理

a. 按照规则填充消息 M；

b. 将填充后的消息分成 N 个 1024-bit 的分组 $M_{(1)}, M_{(2)}, …, M_{(N)}$；

c. 用 16 进制数初始化 8 个工作变量 H(0)：

$H_{0(0)}$=0x 6a09e667 f3bcc908 $\qquad$ $H_{1(0)}$=0x bb67ae85 84caa73b

$H_{2(0)}$=0x 3c6ef372 fe94f82b $\qquad$ $H_{3(0)}$=0x a54ff53a 5f1d36f1

$H_{4(0)}$=0x 510e527f ade682d1 $\qquad$ $H_{5(0)}$=0x 9b05688c 2b3e6c1f

$H_{6(0)}$=0x 1f83d9ab fb41bd6b $\qquad$ $H_{7(0)}$=0x 5be0cd19 137e2179.

SHA-512 的散列计算

SHA-512 的散列计算用到函数和常量。以下的"+"都是mod 2^{64}的加法。预处理完成后，将每个消息分组成16 个64-bit 的子分组，再按以下规则变换成80 个64-bit 的子分组，组成一个有80 个64-bit 单元的消息表，按次序依次进行处理。

For i = 1 to N:

{

1. 对预处理后的消息产生消息表$\{W_t\}$：

$W_t = M_{t(i)}$ $0 \leqslant t \leqslant 15$

$W_t = \sigma_1^{\{256\}}(w_{t-2}) + w_{t-7} + \sigma_0^{\{256\}}(w_{t-15}) + w_{t-16}$ $16 \leqslant t \leqslant 79$

2. 用第i-1 圈的中间散列值初始化8 个工作变量a, b, c, d, e, f, g 和h：

$a=H_{0(i-1)}$ $b=H_{1(i-1)}$

$c=H_{2(i-1)}$ $d=H_{3(i-1)}$

$e=H_{4(i-1)}$ $f=H_{5(i-1)}$

$g=H_{6(i-1)}$ $h=H_{7(i-1)}$

3. For t = 0 to 79:

$\{ T_1 = h + \sum_1^{\{256\}}(e) + Ch(e,f,g) + K_t^{\{256\}} + W_t$

$T_2 = \sum_0^{\{256\}}(a) + Maj(a,b,c)$

$h=g$

$g=f$

$f=e$

$e=d+T_1$

$d=c$

$c=b$

$b=a$

$a=T_1+T_2$

}

4. 计算第i 圈的中间散列值$H_{(i)}$：

$H_{0(i)} = a + H_{0(i-1)}$ $H_{1(i)} = b + H_{1(i-1)}$

$H_{2(i)} = c + H_{2(i-1)}$ $H_{3(i)} = d + H_{3(i-1)}$

$H_{4(i)} = e + H_{4(i-1)}$ $H_{5(i)} = f + H_{5(i-1)}$

$H_{6(i)} = g + H_{6(i-1)}$ $H_{7(i)} = h + H_{7(i-1)}$

经过 N 圈循环之后，消息M 最终的512-bit 的消息摘要是8 个工作变量中数据的级联：

$H_{0(N)} \| H_{1(N)} \| H_{2(N)} \| H_{3(N)} \| H_{4(N)} \| H_{5(N)} \| H_{6(N)} \| H_{7(N)}$

2.2.2.4　SHA-384算法

SHA-384 能够对一则长度为 l 的消息 M 产生散列值，$0 \leqslant l < 2^{128}$。该算法除以下两点

外，其余均与 SHA-512 的定义相同。

　　a. 工作变量 H(0) 按照以下值进行初始化：

$H_{0(0)}$ =0x cbbb9d5d c1059ed8　　$H_{1(0)}$ =0x 629a292a 367cd507

$H_{2(0)}$ =0x 9159015a 3070dd17　　$H_{3(0)}$ =0x 152fecd8 f70e5939

$H_{4(0)}$ =0x 67332667 ffc00b31　　$H_{5(0)}$ =0x 8eb44a87 68581511

$H_{6(0)}$ =0x db0c2e0d 64f98fa7　　$H_{7(0)}$ =0x 47b5481d befa4fa4.

　　b. 最终得到的散列值是最后一圈中间散列值 H(N) 最左端的 384 bits：

$H_0(N) \| H_1(N) \| H_2(N) \| H_3(N) \| H_4(N) \| H_5(N)$

SHA-1

SHA-1（"12345678901234567890123456789012345678901234567890123456789012345678 901234567890"）=50abf5706a150990a08b2c5ea40fa0e585554732

SHA-1（"网络与信息系统安全"）=420a84e3e9421da425c35f09919c996f97f92017

2.2.3　MD5 算法

　　MD5 算法采用常见的迭代型 Hash 函数进行构造，算法的输入为任意长度的消息，甚至输入的空消息，将输入的消息分为 512 比特长的消息分组，算法的输出为 128 比特的消息摘要。MD5 算法如图 2-7 所示。

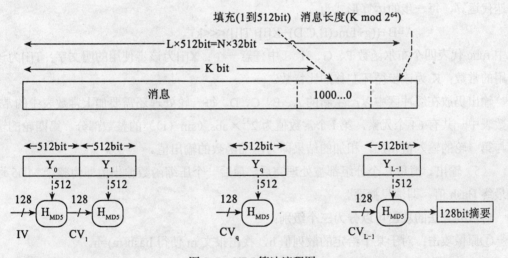

图 2-7　MD5 算法流程图

　　MD5 算法处理过程如下：

　　（1）原始消息的填充。

　　对原始消息进行填充的方法是：第 1 位为 1，后面的位数都是 0，即在原始消息后面填充 1000…000，填充的比特数大于等于 1，小于等于 512。填充后的消息长度为 R*512+448 位，R=0，1，2…

　　（2）充填消息的长度。

　　在第一步中到底充填了多少位的 1000…000？用 64 比特的数据来表示，并将这 64 比特

45

的数据放置在充填后的消息之后，这样处理后的消息长度为 512 的倍数（设为 L 倍），因此可将消息切割为长度为 512 比特的一系列分组 $M_0,M_1,\cdots M_{L-1}$。

（3）对 MD 缓冲区初始化。MD5 算法选择 128 比特长的缓冲区用来存储中间结果和最终 Hash 值，缓冲区可以表示为 4 个 32 比特长的初始化变量(A, B ,C ,D)，其初值为：

A=0X 67452301

B=0X EFCDAB89

C=0X 98BADCFE

D=0X 10325476。

这四个变量也称为链接变量(Chaining Variable)。

（4）主循环算法。每一分组 $M_0,M_1,\cdots M_{L-1}$ 都经压缩函数处理，压缩函数是整个 MD5 算法的核心，共有 4 个不同的布尔函数，分别为 F 函数、G 函数、H 函数、I 函数。

$F(X,Y,Z)=(X\wedge Y)\vee(\neg X\wedge Z)$

$G(X,Y,Z)=(X\wedge Z)\vee(Y\wedge\neg Z)$

$H(X,Y,Z)=X\oplus Y\oplus Z$

$I(X,Y,Z)=Y\oplus(X\vee\neg Z)$

每一轮的输入为当前处理的消息分组 M_j 和缓冲区当前值，每一轮都对 A、B、C、D 进行 16 步迭代运算，每一步的运算形式为：

$$A=B+((g+func(B,C,D)+X[i]+T[i])<<<k)$$

其中 func 代表四个布尔函数 F、G、H、I 中任意一个；X[i]为该步使用的明文字；T[i]为该步使用的常数；K 为该步循环左移的比特数。

输出仍放在缓冲区中以产生新的 A、B、C、D。每一轮处理还需要加上常数表中的常数。常数表中一共有 64 个元素，第 i 个常数值为 $2^{32}\times abs（sin（i））$ 的整数部分。第四轮的输出再与第一轮的输入值相加，相加的结果即为压缩函数的输出值。

（5）输出。消息 L 个分组都被处理完后，最后一个压缩函数输出值即为整个 MD5 运算的最终 Hash 值，即消息摘要。

对散列算法的攻击可以分为三个级别：

①原像攻击：对于某个给定的散列值 h，找出报文 m 使得 hash(m)=h。

②次原像攻击：对于某个给定的报文 m1，找出另一个报文 m2 使得 hash(m1)=hash(m2)。

③碰撞攻击：找出一对报文 m1 及 m2 使得 hash(m1)=hash(m2)。

以上三种攻击方法按难度从高到低排列。针对 MD5 的原像攻击基本上是通过穷举法实现的，但是当报文超过一定长度时，穷举法将无法实施。例如对于一个 128 位的报文，其计算复杂度就达到 2^{128} 次 MD5 计算，这远远超过了目前计算机的计算能力。现在针对 MDS 算法的攻击研究主要是碰撞攻击。在对 MD5 算法进行碰撞攻击的过程中，必须考虑移位对整个差分路径的影响。在碰撞攻击过程中，明文字的编排顺序是差分引入的重要考虑因素之一；在原像攻击过程中，明文字的编排顺序很大程度上确定了初始结构和过渡结构的位置。

2.3　签名算法

2.3.1　签名算法概述

在对加解密算法有了一定理解的基础上，可以进一步讨论"数字签名"的问题了，即如何给一个计算机文件进行签字。数字签字可以用非对称（公钥）算法实现，也可以用对称算法实现。但后者除了文件签字者和文件接受者双方，还需要第三方认证，较麻烦；通过公钥加密算法的实现方法，由于用秘密密钥加密的文件，需要靠公开密钥来解密，因此这可以作为数字签名，签名者用秘密密钥加密一个签名（可以包括姓名、证件号码、短信息等信息），接收人可以用公开的、自己的公开密钥来解密，如果成功，就能确保信息来自该公开密钥的所有人[70-97]。

2.3.2　数字签名原理

（1）公钥密码体制实现数字签名的基本原理很简单，假设 A 要发送一个电子文件给 B，A、B 双方只需经过下面三个步骤即可：

①A 用其私钥加密文件，这便是签字过程；

②A 将加密的文件送到 B；

③B 用 A 的公钥解开 A 送来的文件。

数字签名的具体过程如图 2-8 所示。

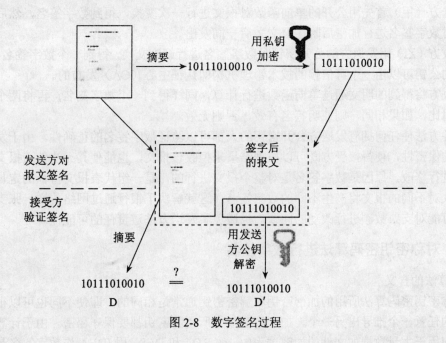

图 2-8　数字签名过程

这样的签名方法是符合可靠性原则的。即：

①签字是可以被确认的；

②签字是无法被伪造的；

③签字是无法重复使用的；

④文件被签字以后是无法被篡改的；

⑤签字具有无可否认性。

数字签名就是通过一个单向函数对要传送的报文进行处理得到的用以认证报文来源并核实报文是否发生变化的一个字母数字串。用这几个字符串来代替书写签名或印章，起到与书写签名或印章同样的法律效用。国际社会已开始制定相应的法律、法规，把数字签名作为执法的依据。

（2）数字签名的实现方法。实现数字签名有很多方法，目前数字签名采用较多的是公钥加密技术，如基于 RSA Data Security 公司的 PKCS（Public Key Cryptography Standards）、DSA（Digital Signature Algorithm）、x.509、PGP（Pretty Good Privacy）。1994 年美国标准与技术协会公布了数字签名标准（DSS）而使公钥加密技术广泛应用。同时应用散列算法（Hash）也是实现数字签名的一种方法。

2.3.3 非对称密钥密码算法进行数字签名

1. 算法的含义

公开密钥和私有密钥是非对称密钥密码算法使用两个密钥，分别用于对数据的加密和解密。如果用私有密钥对数据进行加密，则只有用对应的公开密钥才能解密。即如果用公开密钥对数据进行加密，只有用对应的私有密钥才能进行解密。

使用公钥密码算法进行数字签名通用的加密标准有：RSA，DSA，Diffie-Hellman 等。

2. 签名和验证过程

发送方（甲）首先用公开的单向函数对报文进行一次变换，得到数字签名，然后利用私有密钥对数字签名进行加密后附在报文之后一同发出。

接收方（乙）用发送方的公开密钥对数字签名进行解密交换，得到一个数字签名的明文。发送方的公钥可以由一个可信赖的技术管理机构即认证中心（CA）发布的。

接收方将得到的明文通过单向函数进行计算，同样得到一个数字签名，再将两个数字签名进行对比，如果相同，则证明签名有效，否则无效。

这种方法使任何拥有发送方公开密钥的人都可以验证数字签名的正确性。由于发送方私有密钥的保密性，使得接受方既可以根据结果来拒收该报文，也能使其无法伪造报文签名及对报文进行修改，原因是数字签名是对整个报文进行的，是一组代表报文特征的定长代码，同一个人对不同的报文将产生不同的数字签名。这就解决了银行通过网络传送一张支票，而接收方可能对支票数额进行改动的问题，也避免了发送方逃避责任的可能性。

2.3.4 对称密钥密码算法进行数字签名

1. 算法的含义

对称密钥密码算法所用的加密密钥和解密密钥通常是相同的，即使不同也可以很容易地由其中的任意一个推导出另一个。加、解密双方所用的密钥都要保守秘密。由于计算机速度而广泛应用于大量数据如文件的加密过程中，如 RD4 和 DES，用 IDEA 作数字签名是不提倡的。

使用分组密码算法数字签名通用的加密标准有：DES，Tripl-DES, RC2, RC4, CAST 等。

2. 签名和验证过程

Lamport 发明了称为 Lamport-Diffle 的对称算法：利用一组长度是报文的比特数（n）两

倍的密钥 A，来产生对签名的验证信息，即随机选择 2n 个数 B，由签名密钥对这 2n 个数 B 进行一次加密交换，得到另一组 2n 个数 C。

发送方从报文分组 M 的第一位开始，依次检查 M 的第 I 位，若为 0 时，取密钥 A 的第 i 位，若为 1 则取密钥 A 的第 i+1 位；直至报文全部检查完毕。所选取的 n 个密钥位形成了最后的签名。

接受方对签名进行验证时，也是首先从第一位开始依次检查报文 M，如果 M 的第 i 位为 0 时，它就认为签名中的第 i 组信息是密钥 A 的第 i 位，若为 1 则为密钥 A 的第 i+1 位；直至报文全部验证完毕后，就得到了 n 个密钥，由于接受方具有发送方的验证信息 C，所以可以利用得到的 n 个密钥检验验证信息，从而确认报文是否是由发送方所发送。

这种方法安全性较好，因为它是逐位进行签名的，只要有一位被改动过，接受方就得不到正确的数字签名，因此其安全性较好，其缺点是：签名太长（对报文先进行压缩再签名，可以减少签名的长度）；签名密钥及相应的验证信息不能重复使用，否则极不安全。

2.3.5　Hash 算法进行数字签名

结合对称与非对称算法的各自的优缺点进行改进，可以用下面的模块进行说明：Hash 算法进行数字签名[98-120]。

数字签名和哈希函数如图 2-9 所示。

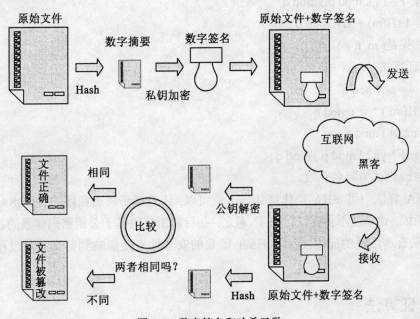

图 2-9　数字签名和哈希函数

数字签名(digital signature) 它是利用数学方法和密码算法对该文档进行关键信息的提取进行加密的，用于标识签发者身份及对电子文档的不可抵赖性，并能被接收者用来验证该电子文档传输过程中是否被篡改或伪造,它是指附加在某种电子文档中的一组特定符号或代码。

由于现代密码学使用的都是公钥密码技术, 而且这种非对称算法的运算速度较慢, 所以对消息在传输前都要进行一定的压缩计算, 这样签名方案几乎总是用一种快速的公钥密码系统和 HASH 函数结合使用。假设 Alice 要对消息 x 签名，她首先要生成消息摘要 z=H(X)，然后计算 z 的签名，即 y=SIGK (z)。然后她将有序对(x, y) 在信道上传输。验证者首先通过公开 Hash 函数 h 重构消息摘要 z=H(x)，然后检查 verk(z, y)=true。必须认识到 HASH 函数的使用并不削弱签名方案的安全性，因为签名的是消息摘要而非消息本身。有必要使 H 满足一定的属性以便阻止各种各样的攻击。

数字签名算法 (DSA) 是基于整数有限域离散对数难题的,DSA 的一个重要特点是两个素数公开，这样，当使用别人的 p 和 q 时，即使不知道私钥，你也能确认它们是随机产生的，还是做了手脚。具体算法如下：

1．参数生成

p: L bits 长的素数。L 是 64 的倍数，范围是 512≤L≤1024

q: p - 1 的 160bits 的素因子

g: g = h ((p- 1)/q) mod p, h 满足 h < p - 1, h((p- 1)/q) mod p> 1;

x: x < q, x 为私钥;

y: y =g^{x}mod p (p, q, g, y)为公钥;

p, q, g 可由一组用户共享，但在实际应用中，使用公共模数可能会带来一定的威胁。

2．签名及验证协议

P 产生随机数 k, k < q;

P 计算 r = (gk mod p) mod q

s = (k- 1 (H(m) + xr)) mod q

签名结果是(m, r, s)。

3．验证算法

计算 w = s- 1mod q

u1 = (H(m) * w) mod q

u2 = (r * w) mod q

v = ((gu1 * yu2) mod p) mod q

若 v = r，则认为签名有效。

在 SHA 算法中用 SHA-1 代替 H(m) 就可以，还有基于椭圆曲线的 ECDSA 签名算法，由于篇幅原因，这里就不再详细讨论了。总之，在目前所有的基于公钥密码体系的签名算法中，HASH 算法有着广泛的应用，因此 Hash 函数的安全性直接影响到整个签名过程的安全与否。

2.4 认证算法

认证功能：在公开的信道上进行敏感信息的传输，采用签名技术实现对消息的真实性、完整性进行验证，通过验证公钥证书实现对通信主体的身份验证[123-126]。

2.4.1 口令共享认证算法

一个新的基于离散对数问题门限共享验证签名方案，该方案是 ElGamal 签名方案和

Shamir 门限方案的结合。在该方案中，n 个验证者中任意 t 个可以验证签名的有效性，而 t-1 个或更少的验证者不能验证签名的有效性。伪造该方案的签名等价于伪造 ElGamal 签名。下面，详细的介绍这个算法。

2.4.1.1　算法概述

1. 参数设置

设 p, q, g, H 同上，PGC 选择 $x \in Z_q^*$ 以及 $x_v \in Z_q^*$ 作为 PGC 和认证系统的密钥，相对应的公钥分别是

$$y_v = g^{x_v} \bmod p, y = g^x \bmod p \tag{2-1}$$

共享密钥：假设 n 个系统管理员的集合为 G=(V_1, V_2, $\cdots$, V_n)，PGC 随机生成一个 t-1 次多项式

$$f(x) = x_v + a_1 x + \cdots + a_{t-1} x^{t-1} \bmod q, a_i \in Z_q^* (i = 1, 2, \cdots, t-1) \tag{2-2}$$

对每个系统管理员 V_i，PGC 计算 $x_i = f(u_i) \bmod q$ 其中 u_i 是 V_i 的公开信息。最后 PGC 公开 y，y_v，并把 x_i 分别秘密地发送给 $V_i (i=1, 2, \cdots, n)$。

2. 口令

用户 U_j 在向 PGC 提交 ID_j 并注册后，PGC 将本文提出的门限共享验证签名中的消息 m 用用户身份值 ID_j 代换，随机选取 $k_j \in Z_q^*$，计算

$$r_j = g^{k_j} \bmod p, r_j' = y_v^{k_j} \bmod p, s_j = k_j^{-1}(r_j' x - H(ID_j)) \bmod q \tag{2-3}$$

则 $PW_j = (r_j, s_j)$ 即为用户 U_j 的口令，且 (ID_j, PW_j) 满足方程

$$r_j^{s_j} g^{H(ID_j)} = y^{r_j' x_v \bmod p} \bmod p \tag{2-4}$$

用户访问：用户 U_j 在访问系统时，先用智能卡计算

$$A = r_j^{t_j} \bmod p, B = t_j + s_j H(A, T) \bmod q \tag{2-5}$$

其中随机数 $t_j \in Z_q^*$，T 是用户访问系统的时间。然后将 $C_j = (ID_j, r_j, A, B, T)$ 送系统认证。

3. 共享认证

设 T' 是系统收到 C_j 的时间，如果 $\Delta T = T' - T$ 不超过规定值，并且经 n 个管理员中至少 t 个同意后，不妨设这 t 个管理员为 $G' = (V_1, V_2, \cdots, V_t)$，则 V_i 计算 $F_i = r_j^{J_i} \bmod p$，其中

$$J_i = x_i \prod_{j=1, j \neq i}^{t} \frac{-u_j}{u_i - u_j} \bmod q \tag{2-6}$$

最后系统验证

$$A = r_j^B (g^{-H(m)} y^{\prod_{i=1}^{t} F_i})^{-H(A,T)} \bmod p \tag{2-7}$$

如果上式成立，则系统接受用户的访问要求。

2.4.1.2　算法的正确性安全性分析

1. 正确性分析

证明：由公式（2-3）有

$$r_j' = y_v^{k_j} \bmod p$$
$$= g^{x_v^{k_j}} \bmod p$$
$$= g^{k_j^{x_v}} \bmod p$$
$$= r_j^{x_v} \bmod p$$

由公式

$$K = \sum_{t=1}^{t} f(u_i) \prod_{j=1; j \neq i}^{t} \frac{-u_j}{u_i - u_j} \tag{2-8}$$

和公式（2-6）有

$$\sum_{i=1}^{t} J_i = \sum_{i=1}^{t} x_i \prod_{j=1, j \neq i}^{t} \frac{-u_j}{u_i - u_j} \bmod q = x_v$$

所以

$$F = \prod_{i=1}^{t} F_i \bmod p = r_j^{\sum_{i=1}^{t} J_i} \bmod p = r_j^{x_v} \bmod p = r_j' \bmod p$$

由公式（2-3），得

$$r_j^{s_j} g^{H(m)} = y^{r_j'} \bmod p = y^F \bmod p$$

$$r_j^B (g^{-H(m)} y^{\prod_{i=1}^{t} F_i})^{-H(A,T)} \bmod p = r_j^B (g^{-H(m)} y^F)^{-H(A,T)} \bmod p$$
$$= r_j^B g^{H(m)*H(A,T)} y^{-F*H(A,T)} \bmod p$$
$$= r_j^{t_j} * r_j^{s_j*H(A,T)} * g^{H(m)*H(A,T)} y^{-F*H(A,T)} \bmod p$$
$$= r_j^{t_j} (y^{r_j'})^{H(A,T)} y^{-F*H(A,T)} \bmod p$$
$$= r_j^{t_j} (y^F)^{H(A,T)} y^{-F*H(A,T)} \bmod p$$
$$= r_j^{t_j} \bmod p$$
$$= A$$

2．安全性分析

我们首先讨论伪造签名的困难性。

攻击者与 t 个验证者合谋可以求出验证密钥 x_v，注意到(r_j, s_j)是签名者对消息 m 的门限共享验证签名当且仅当$(r_j^{x_v}, s_j x_v^{-1})$ 是签名者对消息 m 的 ElGamal 签名。因此攻击者伪造方案的签名等价于伪造 ElGamal 签名。

由于方案利用了 Shamir 门限方案，少于 t 个验证者无法重构 $r_j^{x_v}$，从而不能直接验证签名的有效性。攻击者还可能试图通过判断(r_j, y)相对于 $r_j^s g^{H(m)}$ 的双重离散对数是否等于 g 相

对于 y_v 的离散对数，以验证签名的有效性，但这也是个困难问题。由式(2-4)和式(2-5)，签名的验证过程中求出验证者的秘密份额等价于求解离散对数问题。攻击者根据截获的登录信息 $C_j = (ID_j , r_j , A , B , T)$ 通过求解 s_j 等价于求解离散对数问题。攻击者试图改变时间标记 T 以通过验证将面临离散对数问题或单向函数的求逆问题。少于 t 个验证者无法重构 $r_j^{x_v}$，从而不能验证口令的正确性。由于用户口令的认证必须得到系统的 n 个管理员中的至少 t 个同意，因此系统的安全性级别得到提高。

2.4.1.3 算法的效率分析

设 TE,TM 和 TI 分别是模指数，模乘和模求逆运算的计算时间。方案中生成签名的时间复杂性是 $2TE+2TM+TI$,这取决于式(2-3)的计算量。该方案签名产生的时间复杂性要优于文献的方案，文献的方案签名产生的时间复杂性是 $3TE+3TM$。该方案与文献的方案签名验证的时间复杂性基本相同。

2.4.1.4 算法的缺陷分析

口令共享认证的作用不仅在于防止系统内部个别管理人员对认证数据的截留和滥用，而且对涉及多个团体和行业的敏感数据的访问，必须经过若干管理人员的同意方可实施，从而可以控制和提高系统的安全等级。从这个角度讲，该方案在安全性方面还存在以下问题：

（1）在共享密钥阶段，管理员无法识别 PGC(口令产生中心)所给秘密份额 x_i 的正确性；如果 PGC 恶意地向管理员提供假的秘密份额，那么会造成正确口令的认证失败，另外，如果攻击者在截获 PGC 发送给管理员的秘密份额后，用随机选取的整数 x_t 替换 x_i 发给系统管理员，当管理员收到 x_t 后，无法识别这一秘密份额是否遭到了替换攻击。

（2）在共享认证阶段，口令验证组无法识别某一管理员是否提供了假的秘密份额 F'，一旦某个管理员恶意提供假的秘密份额，就会阻止合法用户访问系统。

（3）用户无法验证收到的口令 $PW_j=(r_j , s_j)$ 是否正确。如果用户不掌握系统的秘密密钥 x_v，他就不可能利用方程（2-4）检验所收到口令是否正确，但是一旦他知道了 x_v，他就可以和任何一个管理员合谋，达到非法访问系统的目的。反之，用户根本无法识别所给口令的有效性，从而给 PGC 的恶意欺骗和外部的替换攻击提供了机会。

2.4.2 基于散列树的广播认证

广播认证在软件分发、软件升级等方面有着特殊的应用，这里的散列树是一棵完全二叉树，Hash 值分布在其每个节点上。

2.4.2.1 认证原理

把需要认证的数据项通过 Hash 函数产生的 Hash 值放置在散列树的每个叶子节点中，然后将左右子节点的值串联，通过 Hash 函数传给他们的父节点。如图 2-10 所示，图 2-10 的例子有 8 个叶子节点。叶子节点的 Hash 值是通过 Hash 函数 $F(n_i)$ 计算而得来的；然后将左右子节点的值串联，通过 Hash 函数 $F(\cdot)$ 传给他们的父节点，例如，$F(3,4)=F(F(n_3)\|F(n_4))$。从叶子节点到根节点的路径的长度是散列树的深度，为 $\log_2 N$，叶子节点的数目为 N。

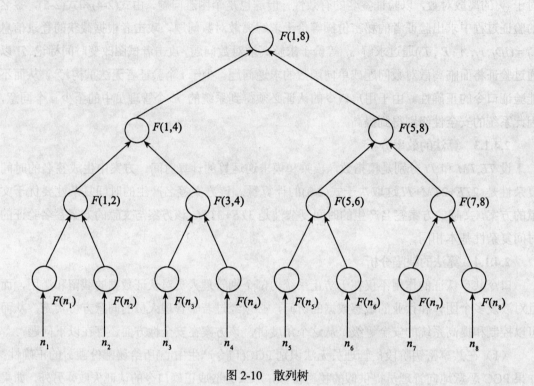

图 2-10　散列树

　　树的根节点的内容和辅助认证信息(AAI, Auxiliary Authentication Information)合并在一起通过认证组成数据项。数据接收方根据已接收到的数据项和对应的 AAI 重建散列树根节点的值，然后比较已经存储的 Hash 值与计算出来的根节点值，确定上述两个值是否是相同的，以此类推可以判断出每个数据信息的真实性。

　　一般情况下，需要获取 $\log_2 N$ 个中间节点来组成 AAI，从而验证一个叶子节点的真实性。

　　如表 2-4 所示，散列树有八个叶子节点。

表 2-4　　　　　　　　　　　　　　散列树的辅助认证信息（N=8）

数据项	辅助认证信息	根植
n_1	$F(5, 8)$, $F(3, 4)$, $F(n_2)$	
n_2	$F(5, 8)$, $F(3, 4)$, $F(n_1)$	
n_3	$F(5, 8)$, $F(1, 2)$, $F(n_4)$	
n_4	$F(5, 8)$, $F(1, 2)$, $F(n_3)$	$F(1, 8)$
n_5	$F(1, 4)$, $F(7, 8)$, $F(n_6)$	
n_6	$F(1, 4)$, $F(7, 8)$, $F(n_5)$	
n_7	$F(1, 4)$, $F(5, 6)$, $F(n_8)$	
n_8	$F(1, 4)$, $F(5, 6)$, $F(n_7)$	

2.4.2.2　认证步骤

1. 初始化阶段

构建散列树：汇聚节点（如：软件发行商）首先需要构建一棵散列树，首先收集软件分发渠道中所有的节点所的公共密钥。软件的最终用户就充当叶子节点。用户的 ID 值加上哈希产生的公共密钥值构成对应叶子节点的值，即 $F(UID, PK_{UID})$。然后按照散列树构造的过程来计算每个中间节点的数值。最后计算出根节点的数值，记为 Hr。汇聚节点用自己的私钥 PK_{sink} 对 Hr 签名后将 Hr 广播出去，每个节点接收到汇聚节点的信息后将用汇聚节点的公共密钥 PK_{sink} 对这些信息进行正确性验证。

获取 AAI：通过查看自己在散列树中的位置中的信息，每个用户节点可以获取自己在其中的 AAI，每个 AAI 中含有的信息数目是 $\log_2 N$。

2. 消息认证阶段

用户的消息的广播形式为：

$<M,time,SIG_{SK_{uid}}\{UID\|time\|M\},UID,PK_{UID},AAI_{UID}>$

time 为当前时间。

节点通过以下步骤来验证消息的正确性：

首先要验证 PK_{UID}，节点通过使用 Hr(节点保存的)和 AAI_{UID}(附带在用户的消息后面)。节点要验证消息的正确性可以通过以下的步骤，首先计算出 $F(UID，PK_{UID})$，然后重构散列树(用 $F(UID，PK_{UID})$ 和已经接收到的 AAI_{UID})，然后计算散列树根节点的数值，最后与 Hr 比较，如果比较结果是相等的，则说明公共密钥是正确的，否则认为其是错误的。

然后，要验证签名消息 $SIG_{SK_{uid}}\{UID\|time\|M\}$ 的正确性，这里要使用 PK_{UID}(验证后正确的公钥)来验证。其认证过程如下：

（1）首先，要验证 time，即检查当前已经接收到的消息包是否为最新的消息。如果验证后是则进行继续第 2 步。否则丢弃该消息。

（2）计算 $F(UID，PK_{UID})$。

（3）结合 AAI_{UID} 重构散列树，并计算出散列根节点的数值 Hr'，检验 Hr' 是否等于 Hr。是则转第 4 步。否则退出。

（4）用公钥 PK 验证签名消息 $SIG_{SK_{uid}}\{UID\|time\|M\}$ 的正确性。

第3章 软件中的数据保护

软件中的数据保护主要是指软件所携带的核心数据（如关键的数据结构、关键的变量的值）的保护，防止未经许可使用造成不必要的数据损失和泄露。随着网络技术的发展，越来越多的用户可以得到共享数据。在一些重要的数据库里，甚至存储了国家部门，企业工厂以及用户的大量信息数据，这些数据中甚至涉及国家机密和个人隐私。如果不能使数据的安全性得到保障，就会造成数据的泄漏甚至破坏，这也将大大制约数据库的发展。

由此可知，要想对软件中的数据进行共享，就必须设立统一的数据控制机制。也就是对数据实施安全性保护，通过对用户进行授权，从而使用被授权的用户具有数据的使用权和操作权。数据保护的技术包含以下几个方面：数据保护的类型、数据加密的算法以及数据混淆等。

3.1 数据保护的任务

随着互联网技术的迅速发展，数据的保护也显得越发重要[127-131]。对于一些关键性的数据来说，数据保护显得尤为重要。但是现实中总是不可避免性地出现人为操作失误、系统和应用错误、硬件损坏等一系列的原因导致数据的损失或损坏，因此，数据的备份与保护技术则显得尤其重要。连续数据保护（CDP）是对现有备份技术的一项技术革新，它使得数据恢复点目标和恢复时间得到进一步的提高，因此说是一次革命性的飞跃。

3.1.1 数据保护定义

通常的数据保护是指通过确定和跟踪数据的操作变化，并将其在原始数据外部进行存储，这样就可以保证数据恢复到过去的任意的某个时间点。像这种连续的数据保护系统既可以通过块和文件实现，也可以通过应用来是实现，其恢复时间点可以达到无限多个。要想实现对数据任意一个时间点的恢复，关键是对数据变化的记录工作和保存。目前主要通过以下三种方式来实现，第一种是基准参考数据模式，第二种是复制参考数据模式，第三种是合成参考数据模式。这三种方式对已经进行的文件操作分别通过正向、逆向、正逆向的方式来记录和保存实现。本文中的数据保护则侧重于保护软件中的关键数据，而不是存储介质上的关键数据，主要是利用数据混淆技术保护软件中的关键数据。

3.1.2 存储介质上数据保护分类

数据保护并不是简单的对数据变化进行分类，而是建立一个日志或者索引来记录数据的每一个变化。当数据每进行一次变化时，CDP 都会进行一个备份，所以数据恢复可以到任意一个时间点。同时，为了能够对数据的变化实现连续的捕捉，一般的方法是在磁盘写进时，通过比较备份和目标数据，这种比较既可以是档级的，也可以是块级的，甚至可以使更小级别的。其中，数据对比的精度越大，对系统所占的资源越小，但相应的备份和目标数据之间的差异越大，需要传输的数据量也会相应变大；相反，数据对比的精度越小，对系统所占的资源越大，但相应的备份和目标数据之间的差异越小，需要传输的数据量也会相应的变小，此种适合于远程备份。

当然，数据保护有多种模式实现，不同的厂商其连续数据保护模型是不同的，通过 SNIA 的数据共享模型，数据保护一般分为以下几类：

1．基于应用实现连续数据保护

我们可以通过在一些关键应用程序中直接嵌入 CDP 来对其进行保护。这种保护方式不但能够和应用程序进行整合，而且还能保证数据在连续性保护中的统一性。CDP 既可以由软件厂商提供相应的 API 接口，并由第三方软件开发商开发，也可以通过整合直接嵌入在软件产品中，无论是哪种形式，都能提供连续的数据保护。

基于应用的连续数据保护最大的好处就是通过与应用程序的紧密结合，从而使用户管理比较方便，也易于用户在其他地方的部署和实施。

目前基于应用程序的数据保护大多都是针对一些已经比较成熟的应用来开发的。例如微软公司的 Office、Exchange 和 Oracle 数据库等都可以和 CPD 紧密地结合起来。

2．基于文件实现连续数据保护

作用在文件系统上的 CDP 是基于文件实现连续性数据保护的，它不但可以对文件系统数据和元数据操作和变化事件进行跟踪和捕捉，而且可以记录文件的变动，使得任意点的时间恢复得以实现。

目前基于文件实现连续数据保护的例子有 IBM 公司的 VitalFile、Storactive 公司的 LiveBackup for Desktop/Laptops、TimeSpring 公司的 TimeData 等产品。其中微软公司开发的一款基于操作系统的一项 CDP 功能实现模块式 VSS，VSS 提供了强大的 API 接口，支持包括第三方软件在内的开发。

3．基于数据块实现连续数据保护

基于数据块的连续数据保护主要工作区位于物理的存储设备或者是数据传输层上。当存储设备开始写入数据块时，CDP 可以通过对数据的跟踪和捕获将其拷贝复制到另一个存储设备中。

基于数据块实现连续数据保护按照其实现方式可分为基于主机层、基于传输层和基于存储层。通常来说，除了在主机层实现较多以外，其他方式由于技术和成本相对较高，一般只适合于有需求的大中型企业。

4．基于数据库中的数据保护

一些常见的数据库（如 Oracle 或 Microsoft SQL）都支持数据连续性保护。这里的支持仅仅是指 CDP 方案已经经过厂商的全面检测和认证。下面具体来看下在关系数据库中的数据保护：

在关系数据库汇总，DBMS 主要是通过提供统一的数据保护来是实现数据的安全性和完整性的。这里的安全性是指保护数据不受不合法的使用而造成数据的更改，破坏以及泄漏；完整性则是指数据的正确性和相容性，防止不正确的数据存在。

在 DBMS 中，提供了对数据的完整性定义、检查以及违约处理的机制，而且用户定义的数据完整性约束条件也可以作为模式的一部分存入数据字典当中。DBMS 数据完整性检查主要是指对数据库中的数据进行增、删、改后进行检查，检查执行操作后的数据是否违背数据完整性约束条件。一旦发现不符，则采取一定的措施，如拒绝执行该操作或执行其他操作，以此来保证数据的完整性。

实体完整性、参照完整性和用户自定义完整性这三类都属于关系数据库的完整性控制。实体完整性要求数据关系中的主码非空并且去取值唯一；参照完整性规定数据关系外码的取值为被参照关系主码的值或者为空值。

CDP 技术在数据保护和数据恢复中的优势和特点，决定了在未来的连续数据保护发展上，将会有越来越多的用户加入其中，而且随着连续数据保护的方案和产品的不断出现，用户将会具有更多的选择。

3.1.3 数据保护应用

作为数据保护的一种高级形式，CDP 技术已经成为存储行业关注的焦点，由其产生的应用也越来越多。数据保护应用根据不同的角度划分，主要可分为以下几种不同的形式。

1. 从应用范围角度

（1）为数据中心内的文件服务器提供普通的数据保护。

以前那种夜间的存储介质的备份任务将逐渐被持续的数据保护所取代。尽管持续数据保护用于关键的数据备份，但是有些持续数据保护产品要比那些传统的备份方法来得更为简单，效果也更好。因此也可以用于普通的文件服务器的备份。

（2）进行集中化备份远程的分支机构的数据保护。

这种应用备份的最大好处就是不需要进行远距离转移磁带介质的风险，从而提高了安全性。我们使用同总部一样的复制技术将分支机构的备份数据同步传输回来；同时集中化的控制也可以让异地之间的数据安全管理工作变得更加主动、高效。

（3）对笔记本电脑上的数据备份。

当今很多用来保护笔记本电脑数据的方法，效果都不尽人意。如今，人们可以使用连续数据保护来将数据的变化统统保留在笔记本电脑自带的硬盘上，然后在连接办公室网络的时候，自动地将它们发送到远端的中心服务器。不过，从技术定义上讲，这并不能称为持续数据保护。因为这类产品只有在笔记本电脑与网络连接的时候，才能上传改变的数据。不过，像 IBM Tivoli CDP 这样的产品，即使在没有连接网络的情况下，依然可以很好地对数据进行保护。

2. 从应用架构角度

（1）存储网络式(storage network-base)。

存储网络式 CDP 架构是一种有软、硬件的整体解决方案，其主要硬件为一台 CDP 服务器，以动态逻辑磁盘卷的形式呈现给受保护的主机。用户通过主机的逻辑磁盘卷管理软件(LVM)将其加入到主机的一个镜像动态逻辑磁盘中，这样，当主机将数据写入原来的存储设备时，同时也会同步复制传输一份到 CDP 服务器，这样无需部署代理程序，有多种实现的变形方式。

（2）主机式(host-base)。

主机式的 CDP 架构则与常用的备份软件相类似，采用的是主/从式架构。系统硬件包括一台独立的 CDP 备份主机，受保护主机上包括安装代理组件(CDP Agent)。这样，CDP Agent 会监控受保护主机上的磁盘 I/O 运作，忽略读出的数据而只捕捉写入的数据。写入数据时，实际是写入磁盘之前就被 CDP Agent 捕获并复制一份，当更新的数据块被写入外存储器时，

CDP Agent 将写入数据的副本通过网络发送到 CDP 主机,CDP 系统会记录每一次写操作以及精确的顺序和发生时间,并以特定的方式写进 CDP 主机磁盘中一个独立的区域。主机式 CDP 是目前技术比较成熟的 CDP 技术。

传统的灾难备份与恢复技术已经发展得较为成熟,与连续数据保护技术相比较,在对特定应用环境的适应性、性价比等方面,也具有自身不可替代的作用,而对于有些特殊的要求,CDP 设备也难以满足,因此,将连续数据保护技术产品与传统灾难备份与恢复方案相整合,与此同时,使连续数据保护和传统灾难备份与恢复技术相互吸收融合,取长补短,将可以形成更为完善的灾难备份与恢复解决方案,能最大限度满足客户需求。

灾难备份与恢复技术一直是信息技术行业关注的焦点,连续数据保护技术则是这个领域的一个新兴的技术,其产品正在各个行业快速普及,这种思想新颖、特点鲜明的灾难备份与恢复技术为用户宝贵的信息资源提供了前所未有的保护与恢复能力。这种思想新颖、特点鲜明的数据保护技术为用户提供了保护信息资源的利器。

3.2 数据混淆

3.2.1 数据混淆原理

起源于 20 世纪 90 年代末的代码混淆技术是一种软件安全保护技术。它的基本保护方法就是利用代码混淆算法对软件的代码部分进行变换,使得对变换后的混淆代码的分析难度增加,从而阻止对软件的攻击[132-160]。第一次对代码混淆技术进行系统的研究开始于 20 世纪 90 年代末,Java 语言的迅速发展引起了对混淆技术的研究热潮。这是因为 Java 目标代码,字节码很容易被反编译为 Java 源代码,而代码混淆技术的优势使得它很适合于 Java 程序的安全保护。

Collberg 最先对代码混淆技术进行了详细的介绍与分析,对主要的混淆算法进行了总结和分类,也首次提出了混淆算法的有效性与性能的评价标准等相关概念。他将混淆转换分为四类,词法混淆转换、控制混淆转换、数据混淆转换以及预防性混淆转换。词法混淆转换目的是改变源程序的格式信息,包括混乱变量名、去除注释以及改变程序文本格式; 控制流混淆转换包括增加混淆控制分支以及控制流重组; 数据混淆转换包括存储与编码转换、聚集转换(将多个变量或对象组织在一起)、次序转换。预防性混淆转换被设计为使用添加别名等方法抵抗反混淆器的攻击。所有的这些算法普遍适用于高级语言。

Chenxi Wang 经过努力,已经实现了在 C 语言源代码上的若干种控制混淆转换与数据混淆转换。在系统中实现了控制流整合算法以及间接控制流跳转,来防止静态分析。Wang 还给出了混淆转换造成的性能过载以及混淆转换对静态分析工具 IBM NPIC tool 以及 3Rutger PAF toolkit 的有效性。

Hohl 为了保护移动代理提出了用带有时间限制的黑盒方法来保护。其中,混淆转换过的代理程序。对移动代理进行逆向工程,发现或修改软件中的关键信息需要一定的时间,据此在派发移动代理之前,对其进行混淆转换能有效限制移动代理在目的主机上运行的时间,增加逆向工程的代价,从而延长在目的主机上的运行时间。包括移动代理在内的程序都可能受到黑盒测试攻击。Hohl 提出了一个协议用来检测移动代理的运行。另外,提出了针对可执行代码和汇编指令的混淆技术。

Collberg 关于代码混淆技术研究的理论基础来源于软件复杂度理论,其中关于混淆算法复杂度以及抗攻击性能评价指标方面的理论缺乏定量的描述方法,只能通过定性方式描述。进入21 世纪之后,代码混淆技术研究的重点集中于利用数学语言描述的理论领域,利用密码学等数学理论研究代码混淆技术的成果不断涌现。Appeal 利用密码学理论提出了对混淆算法的攻击是 NP 复杂度的。Barak 证明了某些类型的函数无法进行有效的混淆,Lynn 提出了一种利用形式化证明来研究混淆技术的数学方法。目前软件工程学与密码学是代码混淆技术的两个最主要的研究方向。

在国内目前关于代码混淆技术的研究基本上处于初始阶段,一般关于代码混淆技术方面的研究成果多集中于综述领域。

3.2.1.1 数据混淆的定义

软件混淆通常是指为了确保变换后的软件以进行静态分析和逆向工程对拟发布的软件进行语意等价变换,使得变换之后的软件和原来的软件在功能上完全相同,但更难以被静态分析和逆向工程。软件混淆模型如图 3-1 所示。

图 3-1　混淆变换的原理示意图

这里我们定义一个原始程序 P、策略 K,经过混淆变换后得到程序 P_E。P_E 和 P 是语意等价的,但 P_E 难以被逆向工程攻击,即使反编译后得到的源码也难以被人阅读和理解。这里的语意等价是指:

①如果 P 终止时发生错误或不能够正常终止,则 P_E 或者终止,或者继续执行;

②否则,P_E 必须终止,而且产生与 P 相同的执行结果。

软件混淆依赖于混淆算法而不像加密依赖于密钥一样,二者的目标不同,相互补充。

根据混淆原理和对象的不同,可将软件混淆技术分为布局混淆(Layout Obfuscation)、控制流混淆(Control Obfuscation)、数据混淆(Data Obfuscation)、预防混淆(Preventive Obfuscation)等几种。

3.2.1.2 数据混淆的分类

根据混淆的原理以及所需要进行混淆处理对象的不同选择,可以将代码混淆技术分为布局混淆、控制流混淆、数据混淆、预防混淆等几种。

（1）布局混淆。

布局混淆是指对代码中可供攻击者理解软件的有用信息进行更改,其改变的内容对于程序执行没有任何影响。对于可执行程序来说,布局混淆的常用方法包括指令重排、等价指令替换、垃圾指令插入等,如图 3-2 所示。

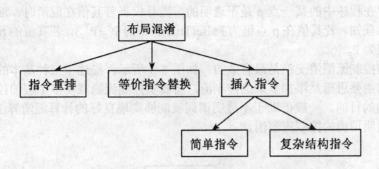

图 3-2　可执行程序布局混淆的常用方法

指令重排是指将一些不存在控制依赖关系的指令之间的位置对换，在保证代码语义不便的前提下，给汇编指令的理解造成困难。这种方法比较常见，且使用简单。简单指令的插入一般是在某些指令后插入新的与程序的数据处理没有关系的指令，以此来混淆程序原有的控制流，改变程序的控制转移关系。而复杂指令的插入则要考虑程序执行的上下文环境、分析程序语义等准备工作，这能够起到比较理想的效果，但插入指令的复杂度也大大增加。等价指令替换也被认为是一种布局混淆，常见的等价指令如表 3-1 所示。

表 3-1　常见的等价指令

指令 I	指令 II
mov eax,0	xor eax,eax　或 sub eax,eax
xchg eax,ebx	mov edx,eax; mov eax,ebx; mov ebx,edx
ret	pop eax; jmp eax

通过将指令 I 替换为指令 II，增加指令的常用形式增加来实现迷糊函数结束的目的。

（2）控制流混淆。

控制流混淆是指采用各种技术手段来隐藏或修改程序真正的控制流程，达到阻止攻击者分析的目的。控制流混淆是一种基本的混淆方式，应用最为广泛。由于在恶意的软件逆向人员分析目标程序时，程序的控制流图对理解程序结构、算法实现细节和数据处理流程具有至关重要的作用。因此，对程序控制流进行混淆变换能够有效地增加对程序逆向的难度。

程序的控制流图(Control Flow Graph)是制流信息的图形化表示，其基本组成单位是基本块(Basic Block)。基本块是顺序执行语句的最大集合，必须满足以下两个条件：

①控制只能从第一条语句开始进入；

②控制只能从最后一条语句转出。

由于控制流混淆大都用到不透明结构和不透明谓词[14,15]，在此首先给出这两个概念的描述。

①不透明结构(Opaque Constructs)。

一个变量 V 在程序中的某一点 p 是不透明的，当且仅当 V 在 p 点有性质 q，该性质在混淆时混淆者可知，对混淆器而言是先验知识，但反混淆者却难以推出它，记为 V_p^q，若 p 在上下文中是显然的，则简记为 V^q。

②不透明谓词(Opaque Predicates)。

一个谓词尸在程序中的某一点 p 是不透明的,当且仅当若其值在混淆时,混淆者可知而反混淆者却难以获知。若其值在 p 点恒为 False(True),记为 $P^F_p(P^T_p)$,若其值的 p 点有时为真有时为假,则记为 P_p。

对于程序的控制流混淆变换是最有效的,如图 3-3 所示,描述了三种基本的控制混淆方法。计算混淆的主要思想是添加多余的控制流,将真实控制流隐藏在多个假的控制流中,实现隐藏控制结构的目的。一般借助于不透明谓词就能够实现良好的计算混淆算法。如图 3-4 所示为添加不透明谓词的控制流混淆。

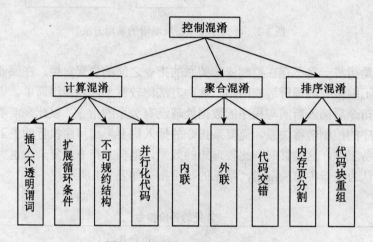

图 3-3 控制流混淆的常用方法

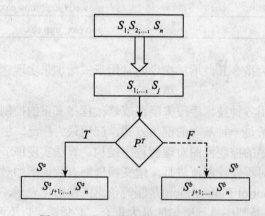

图 3-4 添加不透明谓词的控制流混淆

聚合混淆一般借助于编译优化技术,主要思想是将相互之间具有逻辑关系且聚集在一起的代码分散到程序的多个地方;将相互之间没有逻辑关系且比较分散的代码聚集到同一个函数或过程中。

排序混淆与聚合混淆的思想类似,但会考虑内存管理技术的影响,如把不相关代码组合在一个页中等。

(3)数据混淆。

数据混淆是指通过对程序中的数据部分进行变换,使其失去原来直观的表达形式,分裂或合并为较难理解的形式。在源码和字节码程序的混淆过程中，数据混淆是最常用也是最有效的混淆方法，常用的混淆方法有标量提升、类结构融合与分割、数组重构以及数据类型隐藏等。

在可执行程序的混淆过程中，数据混淆一般包括对字符串常量的加密、数字常量的等价形式替换等，如将指令 mov eax，1 中的常量 1 替换为经过函数实现的表达式 $\sin(x)+\cos(x)$，即某个数值正弦值和余弦值的和。由于可执行程序中的数据只有缓冲区形式存在，没有类型信息，故其可用的数据混淆方法较少。

（4）预防混淆。

预防性混淆是针对特定反汇编器的混淆方法，通过考察各类反汇编器使用的反汇编算法和工具实现的特点,利用这些已知的弱点有针对性地设计混淆方法达到迷糊反汇编器的目的。如采用线性扫描的反汇编器具有的缺点是不能识别数据，可能将代码段中的数据识别为指令，针对这个缺点，设计一种不完整指令的混淆方法，误导反汇编器出错。而采用递归下降的反汇编器的出错缺点是不能识别隐含控制流，所以我们可以将不透明结构作为分支指令的目标使这类反汇编器。

3.2.2 数据混淆方法

代码混淆技术可视为一种高效的编译技术，它通过代码转换将原程序 P 转换成新的程序 O (P)。O (P)与 P 相比具有相同的外部行为，并且代码安全性能更强。对混淆转换，其形式化定义如下,设 T 是从原程序 P 到目标程序 O (P)的一个变换,如果 P 和 O (P)具有相同的可观测行为，并且满足以下两个条件：①如果 P 无法中止或者以错误的状态中止,则 P 中止或不中止都是合法的结果; ②否则 O (P)必须中止并且产生和 P 相同的输出结果。则称 T 为一个从 P 到 O (P)的混淆变换。

3.2.2.1 混淆算法评价指标

在对混淆算法进行实现之前，需要对其性能进行评估。Collberg 提出了 3 个对混淆算法进行评价的指标，它们分别代表了算法为程序增加的复杂度，算法抗机器攻击的能力以及由于对代码转换而带来的额外开销。代码混淆技术的核心在于设计各个混淆算法，使其 3 项评价指标的性能都尽可能最佳。在文献中又增加了隐蔽性(Stealth)。表 3-2 列出了代码混淆的四个指标。

表 3-2	混淆变换的评价指标
概念	描述
强度	混淆变换给变换前的程序增加了多大的复杂度
弹性	程序经过混淆后对反混淆工具攻击的抵抗力
耗费	混淆后的程序在执行时间上和空间上所需要的额外开销
隐蔽性	程序混淆前与混淆后的相似度

强度（Potency）指标表示混淆算法为程序所增加的复杂度。程序主要有 7 类属性决定它的复杂程度，分别是程序长度，谓词个数，分支与循环的层次，引用的个数，方法参数的个数，继承树深度，我们分别用 $u_1 \cdots\cdots u_7$ 代表这七类属性。混淆算法对程序这些属性的值提升

越多，表明它的强度性能越好。该指标的形式化定义为，设 T 是一个行为保持的变换，P，P′ 分别表示原程序与混淆后的程序，则有 $P \xrightarrow{T} P'$。设 E(P) 为 P 的复杂度，该复杂度由程序长度，圈复杂度，嵌套复杂度，数据流复杂度，扇入/扇出复杂度，数据结构复杂度和面向对象度量等特征定义。令 T 对程序 P 的强度 $T_{pot}(P) = E(P')/E(P) - 1$，当且仅当 $T_{pot}(P) > 0$ 时，T 是对 P 的一个有效的(potent)混淆变换。根据 $T_{pot}(P)$ 值的大小就能评估算法强度性能的强弱。

尽管关于软件复杂性方面的论述已经比较丰富，但目前尚未有针对混淆算法力量度量的详细规范可供遵循，在实际应用中比较难取得量化的结果。

弹性（Resilience）表征混淆算法抵抗攻击的能力。它由 2 个部分组成，一部分行为保持的变换，P，P′ 分别表示原程序与混淆后的程序，则有 $P \xrightarrow{T} P'$。令 T 对程序 P 的弹性 $T_{res}(P) = Re\ silience(T_{De}, T_{pe})$。其中 T_{De} 和 T_{Pe} 分别为反混淆器的开销和反混淆器开发的代价。表 3-3 所示的是弹性度量。

代价 I	代价 II	
	多项式时间复杂度	指数时间复杂度
局部	完全	完全
全局	强	完全
过程间	弱	强
进程间	平凡	弱

表 3-3　弹性度量表

规定 T 是对 P 的一个单向的混淆变换当且仅当从原始程序 P 中除去某些信息后无法通过混淆后的程序 P′ 恢复出 P。对于设计者编写程序而言，由于开发反混淆程序时算法的设计难以用量化指标进行估计，故弹性指标有待改进。

开销（Cost）说明混淆算法给程序带来的额外开销。它包括有两个方面，一个是在对程序混淆时所花费的开销，另一个是混淆后的程序相对于原程序执行时所增加的时间复杂度以及空间复杂度。其形式化定义为，设 T 是行为保持的变换，P，P′ 分别表示原程序与混淆后的程序，则有 $P \xrightarrow{T} P'$，算法开销 $T_{res}(P) = Re\ silience(T_{De}, T_{pe})$。

相对于前两种度量，耗费的度量比较容易取得定量的评判值并且作出定性的评价（见表 3-4）。

表 3-4　耗费度量表

耗费	额外消耗的资源情况
非常高昂	当且仅当 P' 的执行代价较之 P 需要额外消耗的资源为指数级别
昂贵	当且仅当 P' 的执行代价较之 P 需要额外消耗的资源为一次以上的多项式级别
低廉	当且仅当 P' 的执行代价较之 P 需要额外消耗的资源为一次多项式级别
无代价	当且仅当 P' 的执行代价较之 P 需要额外消耗的资源为零次多项式级别

由于耗费的度量给出了较为准确的描述，所以我们可以更准确地评价某个混淆变换算法的耗费时可以准确确定其耗费情况。

隐蔽性用来度量程序混淆前后的相似程度，与弹性相比，隐蔽性主要是针对人工分析，而弹性是针对自动反混淆工具的攻击。从定义可以看出，隐蔽性与具体的程序相关，不同的程序形态其隐蔽性的度量完全不一样，故没有一个形式化的描述。

混淆算法强度与弹性评价指标理论基础是软件工程领域的软件复杂度理论。而软件复杂度理论的研究还处于经验研究阶段，无法利用数学工具进行量化的评价。因此与能利用时间复杂度与空间复杂度量化评价开销性能相比，强度性能与弹性性能只能作定性的评价。对混淆算法质量的评价，应当是以上 3 个指标的综合评价，即 $T_{qual}(P) = ((T_{pot}(P), T_{res}(P)), T_{cost}(P))$。通常算法在增加程序强度性能与弹性性能的同时也增加了额外开销，因此不存在通用的最佳算法，需要针对不同的应用需要来选择合适的混淆算法。

代码混淆技术的核心在于设计各个混淆算法，使算法的各项性能指标尽可能的最佳。各类程序的性质不尽相同，一种算法无法满足各种应用需求，需要针对不同的应用选择合适的算法组合使用。下文将分别介绍词法转换，流程转换和数据转换等几类混淆算法。

3.2.2.2　混淆算法的分类

1. 词法转换

词法转换算法是一类原理简单，实现容易的转换算法。在程序设计与实现中，设计者使用通用，易懂的命名原则对程序中用到的对象，函数与变量进行命名。在方便了阅读和设计的同时给攻击者提供了分析的资源和线索。词法变换的原理就是通过对函数和变量名称进行变换,使其违背见名知意的软件工程原则，从而达到增大攻击难度的目的。常用的变换规则有标识符交换，随机字符串替换等。Retrologic Systems 公司的 RetroGuard, EastrigeTM 公司的 Jshrink 和 CodingArtTM 公司的 26CodeShield 等产品都是基于词法转换算法开发的[19]。

就算法的性能而言，词法转换算法为程序增加的混淆度有限，算法的强度性能比较低，然而这类算法具有高度单向性，将有序的名称通过随机数据替换后无法通过机器攻击还原，其弹性性能可达到单向混淆，同时算法没有给程序带来额外的开销,算法实现也比较容易。因此得到了广泛的应用，目前大多数混淆器都支持词法变换。

2. 流程转换

流程转换算法对程序的运行流程进行转换，使攻击者无法掌握程序真正的运行流程，从而达到混淆目的。流程转换算法的设计包括两个部分，一部分是设计不透明谓词，一部分是设计改变程序流程的方法。流程转换算法关键在于不透明谓词的设计。

不透明谓词 P 是一种其值在点 p 混淆者可知然而攻击者却难以判断其值的结构。当其值在点 p 恒为 False(True),则记为 $P^{F(T)}_p$，若其在 p 点有时为真有时为假,则记为 $P^?_p$。由于攻击者无法获知 P 在 p 点的值，通过不透明谓词这种结构，能方便有效地构造转换算法来对程序的流程进行混淆。如图 3-5 所示，对顺序语句 S_1; S_2; S_3; 在其中插入不透明谓词后，并插入适当的代码，就能将顺序结构转化为分支结构或循环结构。将不透明谓词插入至分支结构或者循环结构时，就能提升分支与循环的层次。流程转换的主要方法包括分支插入变换，循环插入变换以及将可化简控制流转换为不可化简控制流等。

对于流程转换算法，构造高性能的不透明谓词是算法的关键。目前构造不透明谓词主要的方法是使用别名以及利用并行技术等。利用别名构造不透明谓词的基本思想是构造一些复杂的动态结构 S_1, S_2, $\cdots S_n$，并生成一系列指针 P_1, P_2, $\cdots P_n$ 指向它们。插入代码来更新这些结构并保持一定的不变量，利用这些不变量来生成所需要的不透明谓词。利用并行技术构造不透明谓词的基本思想就是创建一个全局数据结构 Q，Q 偶尔被一组并行的程序所改变,但保持在一个可以用于不透明谓词的状态中。流程转换算法增加了程序的 1235u，u,u,u 复杂度，其抵抗攻击的能力非常强，同时带来的开销也很大。

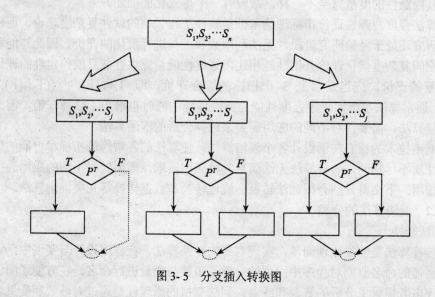

图 3-5　分支插入转换图

流程转换算法增加了程序的 u_1，u_2，u_3，u_5 复杂度，其抵抗攻击的能力非常强，同时带来的开销也很大。

3．数据转换

程序以符合逻辑的方式来组织数据，数据转换算法对程序中的数据结构进行转换，以非常规的方式组织数据，增加攻击者获取有效信息的难度，实现对程序的有效混淆。常用的转换方法有静态数据动态生成，数组结构转换，类继承转换，数据存储空间转换等。

（1）静态数据动态生成。

静态数据，尤其是字符串数据，包含大量攻击者需要的信息，利用函数或子程序对静态数据进行动态生成的方式混淆，能增加程序 u_1，u_2 复杂度。将需要混淆的静态数据利用函数或者子程序替代并分散嵌入各控制块后，算法的强度与弹性能大大提升。如果对程序中所有静态数据混淆，算法开销将显著增加，然而仅对关键数据混淆又给攻击者提供关键数据的有效提示。所以在应用中适当地选择混淆数据能有效增强算法性能。

（2）数组结构转换。

数组是程序中最基本的数据结构，对数组的混淆方式包括将数组拆分为几个子数组，合并几个数组为一个，增加或减少数组的维度等。合并数组增加了程序 u_1，u_2 复杂度，拆分数组在合并数组的基础上还增加了 u_6 复杂度，而改变数组维度在这两者之上还增加了 u_3 复杂度。单独使用一种转换方式抵抗攻击的性能较弱，将上述有效组合能大大加强抵抗攻击的强度。

（3）类继承转换。

在以面向对象语言为基础编写的程序中，类是最重要的模块化与抽象化概念。类的设计结构以及类之间的继承关系有效地反映了程序的设计思路。通过对类设计结构以及类继承关系进行混淆，能有效达到抵抗攻击的目的。类继承转换方法主要有合并类，分割类以及类型隐藏等。类继承转换提高了程序的 u_1，u_7 复杂度，给程序带来的额外开销也很小。

（4）存储空间转换。

程序设计者将数据以符合逻辑方式存储，这给攻击者提供了攻击程序的线索与资源。逻辑上相关的数据其定义及存储位置也相近，对数据空间位置的随机化增加了攻击者获取有效信息的难度。这类转换算法增加的复杂度较少，但抵抗攻击的能力很强，性能具有单向性。同时算法开销很小，通常与其他的混淆算法组合使用。

数据转换算法与流程转换算法相比弹性性能与强度性能较弱，但是算法实现简单，同时算法的开销也较流程转换算法小。与流程转换算法组合使用能有效增强算法总体性能。

3.2.3　数据混淆实现

在进行混淆处理过程中，我们所需要处理的对象主要是 Java 字节码，所以我们可以直接利用 BCEL(ByteCodeEngineeringLibra 所拥有的特殊功能来解析 Java 字节码。当 BcEL 解析完 Java 字节码后，它会将分析的内容保存为其自身所拥有的特殊形式，然后将一些重要信息反馈给用户。BCEL 分析 Java 字节码的常用步骤如下所示:

```
PublicelassJavaClassTest{·
    Publicstatievoidmain(String[] args){
    JavaClassTestjct=newJavaClassTest();
 StringPath=  " ";
jet.forConts(Path+" Hellowbrid，， );
}
   Public String   classPath(){
 uRLpath=JavaelassTest.class.gctResouree(""):)://elass 文件
所在路径
 intlength=Path.getPath().length():
 retumpath.getPath().substring(l， lengtll):
}
    publievoidforConts(Stringelassname){
 Stringen=elassname:
 org.aPaehe.beel.elassfile.JavaClassclazz;
try{
clazz=RePository.lookuPClass(cn);
//获取该类的句柄
 ClassGenegen= newClassGen(clazz);
cgen·getClassName():
//获取该类的常量池的句柄
 ConstantP0olGencPg=egen.getConstantPool():
 Int size=cpg.getsize();
for(inti=0;i<size;i++){
cPg·getConstant(i);
```

```
}
}eatch(ClassNotFoundExcePtione){
e.PrintstaekTraee();
}
}
}
```

以上程序段主要说明了 BCEL 是如何去解析 Java 字节码的，其具体解析过程可以这样描述：首先根据给定的文件路径去寻找 Javaclass 文件，如果找到了我们所需要的 Javaclass 文件，则生成该类的句柄，然后生成常量池的句柄。如果没有找到我们所需要的 Javadass 文件，则上述程序段就会抛出相应的异常或者终止。我们在对应用程序进行混淆处理之前，首先得确定好需要被进行混淆处理的对象、其次就是要对应用程序进行怎样的转换，最后就是对应用程序要进行几次转换。被混淆处理的对象都是在进行混淆处理之前就由用户已经选择好了，用户可以根据自己的需要去选择，例如：用户可以对整个应用程序进行混淆也可以选取其中的几个类或者变量去进行混淆处理。一般情况下，对整个应用程序进行混淆处理是一种非常不明智的选择，因为这将对程序的性能会造成非常大的影响。

对应用程序进行怎样的转换是混淆转换的重点核心内容，其主要是根据具体的混淆算法来确定的。混淆算法的好坏可以直接影响到混淆转换的结果。对应用程序进行几次混淆转换也是由用户来确定的，如果用户认为一次混淆转换之后的结果不是特别理想，则用户可以对应用程序进行多次混淆转换。虽然，对应用程序进行多次混淆转换后，应用程序的安全性得到了很大的提高，但是这种做法也会对应用程序的性能造成很大的影响。因为混淆次数太多了，程序的结构就会变的非常复杂，这样会直接影响到程序执行的效率，严重情况下可能会让应用程序不能正常执行。所以鉴于实际情况考虑，我们必须根据自身的需要选取合适的混淆次数。混淆转换的过程一般包括以下三个步骤：

①首先是输入所需要被混淆转换的对象，然后确定对应用程序进行怎样的转换。
②对应用程序进行混淆处理。
③将经过混淆处理后的程序输出。

当确定好我们所需要混淆处理的对象之后，我们再去确定如何对这些混淆对象进行混淆处理，我们可以根据自己的需要选择一种合适的混淆算法或者是多种混淆算法进行混淆处理。当这两者确定好了之后，我们就可以直接对我们的应用程序进行混淆处理了。当混淆处理过程结束后，我们就可以得到通过混淆转换后的混淆程序了。在进行混淆处理过程中，程序性能过载的问题也是非常值得我们关注的。我们不能为了使应用程序更加安全而实施多次混淆，这样的话会使得程序在时间和空间上都会出现严重的性能过载。所以我们必须得在保障程序安全性的情况下也能保证程序的性能不会过载很严重。

3.3 同态数据混淆

结合同态加密的特性和数据混淆的需求，利用同态技术来进行数据混淆是可行的。同态数据混淆的基本思路是：将程序中的变量全部以数组的形式表示，单个的变量可以看作是仅含有一个元素的数组，根据安全需求可以对数组进行不同形式的混淆：数组索引变换、数组折叠变换、数组展平变换。

1．数组索引变换

数组的索引号都是整数，而整数环上的普通加法和普通乘法都满足同态性质。对数组的索引进行同态变换可以达到混淆数组的目的。对于数组 $A[n]$ 进行索引变换的具体方法如下：

（1）找一个与 n 互素的正整数 m，且 $m>n$。

（2）定义一个与数组 $A[n]$ 大小和类型都相同的数组 $B[n]$。

（3）将数组 $A[n]$ 中的任意一个元素 $A[i]$ 都用数组元素 $B[i×m \bmod n]$ 来表示。

这样数组 $B[n]$ 中包含数组 $A[n]$ 的所有信息，但 $B[n]$ 的索引顺序相对于 $A[n]$ 来说进行了混淆。例如：程序中的一段混淆之前的代码如下：

```
float Sum,A[50]
…;
Sum = 0;
For(int i=0;i<50;i++)
    Sum =   Sum + A[i];
…;
```

混淆之后的代码如下：

```
float Sum,B[50]
…;
Sum = 0;
For(int i=0;i<50;i++)
    Sum =   Sum + B[i*57 mod 50];
…;
```

在进行索引混淆的时候还可以改变数组的长度，即对将数组 $A[n]$ 中的任意一个元素 $A[i]$ 都用数组元素 $B[i×n \bmod m]$ 来表示。当然，数组 $B[m]$ 中的多余的元素可以用特定的值来初始化，在代码中对多余的元素不进行处理。

2．数组折叠变换

数组折叠变换就是增加数组的维数以达到数据混淆的目的。对数组 $A[n]$ 进行折叠变换的方法如下（这里 $n>2$）：

（1）选取一个正整数 m，使得：

$$m=\begin{cases} n \\ n+1 & n \text{ 为素数} \end{cases}$$

并将 m 进行因式分解为 m_1 和 m_2，即 $m=m_1×m_2$。

（2）定义一个临时数组 $C[m]$，使得任意的 $C[i]$ 满足：

$$C[i]=\begin{cases} A[i] & 0 \leqslant i<n \\ 0 & 0 \leqslant i<m \end{cases}$$

（3）定义一个二维数组 $B[m_1,m_2]$，将临时≤数组 $C[m]$ 中的任意元素 $C[i]$ 都存放在二维数组 $B[i \bmod m_1, i \bmod m_2]$ 处。

这样任意的一维的 $A[i]$ 都可以混淆为二维的 $B[i \bmod m_1, i \bmod m_2]$。

3. 数组平展变换

数组平展变换用于减少数组的维数，和数组的折叠变换是互逆的变换。对于一个二维数组 $A[n_1, n_2]$ 进行平展变换的过程如下：

（1）找到两个互素的正整数 m_1 和 m_2，且 $m_1 \geq n_1$，$m_2 \geq n_2$，计算 $m = m_1 \times m_2$。

（2）将二维数组 $A[n_1, n_2]$ 存放在一个同类型的临时二维数组 $C[m_1, m_2]$ 中，

$$C[i, j] = \begin{cases} A[i, j] & 0 \leq i < m_1, 0 \leq j < m_2 \\ 0 & \text{其他} \end{cases}$$

（3）找两个整数 k_1 和 k_2，使得 k_1、k_2 满足：$k_1 \times m_1 + k_2 \times m_2 = 1$。

（4）将二维数组 $C[n_1, n_2]$ 按如下方法转换成一维数组 $B[m]$：$B[i] = C[i \bmod m_1, j \bmod m_2]$ $0 < = i < m$。

任意的二维数组元素 $A[i, j]$ 都可以用一维的元素 $B[(i \times k_1 + j \times k_2) \bmod m]$ 来混淆，这里 $0 \leq i < n_1$，$0 \leq j < n_2$。

4. 同态数据隐藏

利用前面所讨论的同态加密和同态数据混淆，就可以提出一种同态数据隐藏方法。同态数据隐藏的基本思路是：将程序中的变量全部以数组的形式表示，单个的变量可以看做是仅含有一个元素的数组，根据安全需求可以对数组进行不同形式的同态数据混淆；对于程序中的关键数据，可以采用同态加密的方法进行加密，用密文数据直接参与计算，计算结果自动加密。同态数据隐藏的基本模型如图 3-6 所示。

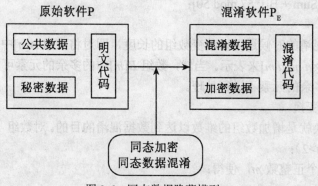

图 3-6　同态数据隐藏模型

在同态数据隐藏中，将软件抽象为两部分：数据和代码。同态数据隐藏主要是对数据部分进行处理，根据前文所讨论的同态加密和同态数据混淆很方便地实现数据隐藏。由于在进行数据加密或数据混淆过程中需要是代码部分进行适当的修改，故进行数据隐藏之后的代码我们称为混淆代码。当然，根据安全需求的不同，可以在混淆代码中进行嵌入软件水印或用"盲计算"以进一步提高软件的安全性。

第4章 ⊕ 软件中的计算保护

4.1 计算保护的任务

对于一个软件而言，并不是所有的代码和数据都是隐私，人们可能只对保护其中的关键数据和算法感兴趣。因此，只要保护软件中的部分关键数据和算法即可，如对某个计算函数进行加密，使攻击者无法了解函数的内部逻辑，就是一种计算保护。计算保护是一种保护程序中的算法能被正确无误地执行并不被轻易分析出来的软件保护技术，分为计算完整性保护和计算机密性保护，前者主要保障算法能被正确无误地执行而不被篡改，后者主要防止攻击者逆向分析得到算法。

1. 计算机密性保护

机密性攻击是指资源和私密信息被非法存取和操纵，它包括窃听、窃取和逆向工程三个子类。窃听是指主机为了自己的利益，暗中监视程序并收集其中的信息，但不修改程序。窃取是指恶意主机不但暗中监视程序，还移走程序的信息，甚至"偷"程序为己用。逆向工程是指恶意主机捕获程序，为了操控程序，分析它的数据、状态和代码，构造相似的程序。

机密性保护是指对程序逻辑和携带的秘密信息的保护，保护程序免受窃听、窃取和逆向工程，防止入侵者针对程序的内容，包括可执行代码、数据，以及状态进行分析代理以得到决策逻辑信息、途中的信息以及执行流信息。对计算机密性攻击的形式有程序理解和黑盒测试：程序理解，为了获得利益，恶意主机会去理解程序的数据和逻辑。黑盒测试，通过指定输入并观察输出的结果来进行攻击。相应的解决方案：可信的执行环境；加密；环境密钥生成；防篡改硬件；滑动加密；时间敏感代理；针对程序理解用加密函数计算和代码混淆的方法。

2. 计算完整性保护

完整性攻击是指对代码、状态和数据被非授权篡改，可能是出于恶意的动机或意外。它包括完整性干扰和信息篡改两个子类。完整性干扰是指执行主机干扰程序执行任务但不修改程序的任何信息。如主机对程序的不完全执行和任意执行，或把程序传输到不在巡回路径上的主机。信息篡改是指对程序的代码、数据、控制流和状态进行非授权的修改、破坏、操纵、删除、误译或不正确的执行，另一个例子是干预并修改程序间的通信。

完整性保护是指保护程序避免非授权的修改，保护方案应该拥有防止程序相关信息或通信被修改以及一旦任何修改发生后进行检测的机制。它包括程序的静态信息、动态执行、输入输出的完整性。相应的解决方案：防篡改硬件、可信的执行环境、检测对象、巡回路径记录、匿名巡回、参考状态、通知发起者、加密踪迹、加密、环境密钥生成、部分结果封装和验证，数字签名、动态软件水印、加密函数计算等方法。

代码静态信息的完整性应用目前的密码学技术很容易实现，如数字签名。但程序的动态完整性即执行完整性是很难解决的。可信的执行环境实际上限制了代码的移动性,参考状态易被删除。加密踪迹的验证和通信开销较大。要在开放的网络环境进行分布式应用,设计一个不易被删除、实现和验证简单、通信开销低、不限制移动性和自治性的执行完整性检测算法是目前研究的一个方向和难点,也是重点。

4.2 计算保护技术

4.2.1 防篡改硬件

基于防篡改硬件的方法目前主要有 TPE,Secure CoProcessor,Smartcard 等研究。

Wilhelm 提出了应用一个防篡改的硬件环境(Tamper-proof Enviroment)的方法。这种环境具有防篡改功能,安装它的主机不能窥探和篡改在该环境中运行的移动代理。这种环境拥有自己的公钥,私钥和数字证书中心,用于加密通信、将移动代理在各主机的防篡改硬件之间迁移。一般由有声望的第三方生产这种防篡改的硬件环境。但这种方法的问题在于:首先 Wilhelm 没有提出实际的构建防篡改硬件环境的方案; 其次是防篡改硬件制造的成本;第三是第三方生产商的监督和控制;第四是防篡改硬件的功能无法扩缩[161-163]。

Yee 提出了具体的防篡改硬件环境的构建方案。它的方案是一块防篡改的板卡,板卡整体被一物理材料层所包裹,该材料层中含有密集的感应电路以检测对该物理层的破坏和入侵,一旦发现此类行为,感应电路会立刻启动相应动作擦除甚至销毁存储体的所有内容;板卡配置有 CPU, 启动 ROM, 永久性存储体, DES 加密芯片和长命电池。板卡拥有一对公钥/私钥,利用非对称加密方法传送加密通讯的对称秘钥,然后用该密钥对称加密通讯。

Funrfocken 提出了应用一种现成的防篡改硬件即智能卡的方法。具体采用的是支持 SUN 公司 Javacard 技术的智能卡。这种方法解决了防篡改硬件的构建问题,而且生产成本很低;但是引入了一个新的问题: 由于智能卡的系统资源有限,例如内存是 64K,如何实现一个在如此有限的资源之上的移动代理系统。

4.2.2 环境密钥生成

Riodan 和 Schneier 提出了许多生成用于代理静态部分的加密和解密[164-165]的密钥的方法。为了有条件地隐藏静态部分,除非主机得到许可否则将不暴露加密部分。解密密钥是基于时间、空间或操作因子的。例如,代理请求与数据库里匹配的一字符串,如果字符串匹配则生成解密密钥。代理为一特别的关键字轮询新闻组,部分代码将解密以便主机执行。环境因子决定加密部分什么时候以及是否暴露给主机。密钥在置信第三方帮助下在特定时间之前或之后有效。前者称为向前时间构造,后者称为向后时间构造。它们也可以嵌套以确保密钥在特定时间段内有效。通过使用面有用的密钥,代理私有部分有条件地隐藏和暴露。然而加密的代理偏向于代理的安全,如果当加密的代理事实上是个被控制的病毒时,主机也许会发生危险。此外,该方案存在边际效应,例如代理到第三方的显式通信将消耗网络和计算资源。

4.2.3 黑箱安全

Hohl 提出的时间受限黑箱安全是保护移动代理不受窃听的一种方法。基于源代码的混淆它假设存在一个最容易理解移动代理源码的心智模型。如果破坏了该模型,入侵者将需要更多的时间来理解,于是取得了保密的效果[166-170]。为破坏该模型,该方法以特殊的方式混乱代码，使得没有人能够对完整地理解它的功能。在转化后，变得更加难以解码和分析。Hohl 也建议在代理里放置时间因子，使其变成时间受限。这意味着代理携带的计算只在一定时期内有效。如果入侵者不能在该时间间隔内理解黑箱，攻击就宣告无效。可以看出，这是提供保密性的一种软方法。然而这种方法并不十分完善，因为应用在代理上的混淆无法自动化，并且安全性无法证实和度量。此外，时间受限需要主机遵循同步时钟。

4.2.4 加密函数计算

Sander 和 Tschudin 提出的加密函数计算是保护移动代理不受窃听的密码学方法。该方法加密移动代理的函数。这跟加密被动数据的传统加密不同，传统加密算法加密后的数据是无意义的，而函数加密后数据仍然能使用。代理与主机的关系建模为 Alice 和 Bob 之间的交互。假设 Alice 有一算法计算函数 f，Bob 有输入 x 并愿意为 Alice 计算 f(x)。然而 Alice 不希望 Bob 知道有关函数 f 的任何实质性东西。Alice 把原来的函数 f 转换成加密函数 E(f)并把它发送给 Bob。输入 x 并把计算结果发给 Alice。Alice 通过同态从 E(f(x))中提取出 f(x)。Bob 收到的是函数 f 的加密版本，他不知道函数做的是什么。如果函数 f 原来是个带嵌入密钥的签名算法，代理就可以远程签署信息而不用暴露它的私钥。许多研究者指出这个方法很有前途，因为它在代理上系统地应用了密码学原语，此外它的强度也很容易度量。然而这个方法目前只支持多项式函数和有理函数。如果程序里实现了多项式和有理函数以外的安全敏感函数，那么目前还无法加密该程序。

另一个使用加密的类似方法由 Loureiro 和 Molva 提出。该方法使用了基于编码理论困难假设的另一个加密法。首先，代理里的函数建模为表示成矩阵的布尔电路，该矩阵的行数等于输入的个数，列数等于输出的个数。假设矩阵记为 F。通过把 F 转换成 F′ 来完成加密，其中 F′ 等于 FGP+E。G 是一[n, k, d]Goppa 码 C 的生成矩阵。P 是随机置换矩阵，而 E 是为以后解码用的随机空列矩阵。Alice 保持 G、P、E 的秘密。P 发送给 Bob，Bob 输入他的数据 x。Alice 得到返回的矩阵 xF′，并乘以 P^{-1}，接收的 y 变成 xFG+xEP^{-1}，并且后面一项在编码理论中是 correctable。这样，只有 xFG 仍然未解决。知道 G 的逆矩阵后，Alice 最终得到 xF。这个方法也提供了可度量的安全强度，因为加密基于 McElieee 安全方案。然而没有已知方法把程序里的函数与等价布尔电路相关联起来。

4.2.5 滑动加密

Young 和 Yung 提出的滑动加密对少量的明文提供加密，产生少量的密文。代理携带所有者的公钥，沿着路径加密收集的任何信息。当代理返回时，信息用私钥解密。通过特殊数据结构，代理的旅行路线可以部分地被隐藏，代理变得更难以追踪一些。该方法对收集的数据提供了保密性，但不能应用于代码的执行，因为代码为了执行的需要得暴露给主机。

4.2.6 代码混淆

代码混淆主要有布局混淆，控制流混淆，预防混淆等 [171-179]。

1. 布局混淆

布局混淆主要是将应用程序中那些无关紧要的信息进行删除或者是对程序中的类名、方法名等进行替换。对于那些被删除的信息，虽然它们对程序的运行不会起到任何作用，但是它们可以帮助人们去理解程序，对于攻击者来说是非常有用的，他们可以根据这些信息对程序进行调试和分析，从而修改数据或者破坏程序。一般来说，删除这些与程序执行无关的信息之后，程序的大小可以减少，可以提高程序的执行效率。而对程序中的变量或者类进行方法替换也是为了增加程序的复杂性和理解程度，防止攻击者破坏系统。由于布局混淆只是简单的对程序中的信息进行删除或者是对变量、类名等做替换，所以它的安全性不高，抵抗攻击的能力比较差，但是该算法实现起来非常容易，也不会给程序带来多余的开销，所以该算法还是很受人们的青睐，并得到了广泛的应用。

2. 控制流混淆

控制流混淆主要是建立程序的流程图。一般都是从一个基本块开始着手。基本块包含了很多指令。它的执行顺序一般是从第一条开始执行，最后一条指令是一个条跳转指令。只要条件得到满足，通过这条跳转指令，基本块之间可以进行互相跳转。控制流程图主要是由节点和有向边组成的。一个节点代表一个基本块，有向边代表了基本块之间的关系。通过控制流程图，人们可以更好地理解系统的总体架构，从而可以对系统进行进一步的更改。对于控制流混淆的攻击，攻击者主要是通过分析程度控制指令，根据分析结果去寻找程序中最为敏感的数据，然后对它们进行修改，破坏程序的完整性。

3. 预防混淆

预防混淆主要是针对目前存在的一些反编译软件进行预防。它主要是对反编译软件的漏洞或者是它们自身带有的缺陷进行分析，然后设计出方案进行预防。

在经典数据安全里，只要两个终端参与者被确认为是可信任的就可以暴露任何东西。在程序安全里，并不存在双向端到端信任关系假设。人们希望程序在远程主机执行，然而却不希望主机知道程序的任何重要东西，特别是非静态部分。

时间受限黑箱安全简单地混乱程序，使用加密函数计算(CEF)的方法把原来的程序转换为可执行的加密程序，意图收缩和扩展则通过混淆意图谱来达到隐藏程序意图的目的。这些方案都适用于代理的非静态部分，但它们在不同方面均有自己的限制。

4.3 基于 RSA 同态加密函数计算

4.3.1 整数环上的同态加密机制

本节将提出的同态加密是基于全同态的概念，是全同态的一个子集。全同态允许直接计算加密数据而不需要将数据解密之后再进行计算，它已经被证明是安全的[180-211]。由 Rivest, Adleman 和 Dertouzos 提出的全同态简单描述如下：

设 S 是一个集合，S′ 是和 S 具有相同基数的另一个集合。D: S→S′ 是双射。D 将作为解密函数。用如下的代数系统来描述对明文的操作：

$$U = < S; f_1, \ldots f_k; p_1, \ldots p_l; s_1, \ldots s_m >$$

这里 f_i: $S^{g_i} \to S$ 是以 g_i 为参数的函数，p_i 是以 n_i 为参数的谓词，s_i 是区分常数。对 U 的逆运算可以描述如下：

$$C = < S'; f_1', \ldots f_k'; p_1', \ldots p_l'; s_1', \ldots s_m' >$$

映射 D 如果满足如下条件则被称为全同态：

(1) $\forall i(a, b, c, ...)(f_i{}'(a, b, ...) = c \Rightarrow f_i(D(a), D(b), ...) = D(c))$

(2) $\forall i(a, b, ...)(P_i{}'(a, b, ...) \equiv P_i(D(a), D(b), ...))$

(3) $D(s_i{}') = s_i$

为了将 C 和 D 应用到更多的加密系统中，下列附加的限制条件也需满足：

①D 和 D^{-1} 是容易计算的。

②在 C 中，f_i 和 p_i 是有效的，可计算的。

③D^{-1} 是一个非扩张的密文，或者是一个比相应的明文更大的可扩张的密文。

④在 C 中的运算和谓词不应产生一个有效的 D 的运算。

此外，D 和 D^{-1} 必须抵抗得了仅知密文攻击和有选择的明文攻击。如果这样的一个密码系统存在，它将能够解决安全多方计算中的许多问题。全同态早期的构想是用来处理加密数据，最近它发展为加密计算的基本原则。

Sander 和 Tschudin 定义了整数环（Integral Ring）上的加法、乘法同态加密机制（Homomorphic Encryption Scheme，HES），加法乘法同态确保两个变量加密后的计算结果与加密前的计算结果相同。Sander 和 Tschudin 用 HES 提出了移动密码系统，但移动密码系统也有些不足：第一，没有一个密码系统用加法同态、乘法同态或混合乘法同态建立。第二，仅仅一些受限制的函数被证明适合 HES，如有理多项式函数。这里给出一类 HES 的描述：

设 R，S 是两个环，我们给出如下定义 EI: R→S。

(1)加法同态

如果从 $EI(M_1)$ 和 EI (M_2)通过加法计算可以计算出 EI (M_1+M_2)，而不需要知道 M_1, M_2 的值。

(2)乘法同态

如果从 EI (M_1)和 EI (M_2)通过乘法计算可以计算出 EI (M_1M_2)，而不需要知道 M_1, M_2 的值。

(3)混合乘法同态

如果从 EI (M_1)和 EI (M_2)通过混合乘法计算可以计算出 EI (M_1M_2)，而不需要知道 M_1, M_2 的值。

分为三类的 HES 仅仅有两种操作：加法和乘法。需要指出的是：第一，明文 M 和密文 EI (M) 之间是一个一对多的关系（也就是：对明文 M，虽然 $EI_1(M) \neq EI_2(M)$，但 $D(EI1(M))=D(EI2(M))$）。第二，仅仅有一些元素满足混合乘法同态，否则混合乘法同态和乘法同态产生异常。这样，对于整数集，仅仅有一个整数(M=1)可以满足混合乘法同态，EI (M_1M_2)= EI (M_1) M_2。

由于整数范围上普通的加法和乘法都同态，所以整数范围上的同态加密就显得非常简单。设 R 和 S 为整数集，用 R 表示明文空间，S 表示密文空间。a，b∈R，E 是 R→S 上的加密函数。如果存在算法 PLUS 和 MULT，使其满足：

$$EI (M_1 + M_2) = PLUS(EI (M_1), \ EI (M_2))$$

$$EI (M_1 \times M_2) = MULT(EI (M_1), \ EI (M_2))$$

这样我们可以利用 EI (M_1) 和 EI (M_2)的值计算出 EI ($M_1+ M_2$) 和 EI ($M_1 \times M_2$)，而不需要

知道 M_1, M_2 的值。我们称其分别满足加法同态和乘法同态。具体的计算过程如下：

对原来代码 P 中的加法运算调用算法 PLUS，乘法运算调用算法 MULT，需要保密的数据用 EI 进行加密，得到一个新的程序 PE。将 PE 迁移到别的主机上去执行，PE 的计算结果将自动加密，经过解密后可以得到真实的结果。

利用整数范围上的加法乘法同构可以采用以下算法进行加密计算：令 $U=EI(M)=(M+r\times p) \bmod (p\times q)$，这里 p，q 是两个大的安全素数，r 是一个随机整数，PLUS 是普通的加法，MULT 是普通的乘法，解密算法为：$M=DI(U)=U \bmod p$。

例如：$M_1=8$，$M_2=7$，需要计算 $U_1=M_1+M_2$，$U_2=M_1*M_2$。

令 p=73，q=67，n=p×q=4891

则有 $EI(M_1)=(8+82\times 73) \bmod n = 1103$

$EI(M_2)=(7+107\times 73) \bmod n = 2927$

$EI(M_1+M_2)=PLUS(EI(M_1), EI(M_2))= EI(M_1)+ EI(M_2)=1103+2927=4030$

$EI(M_1\times M_2)= MULT(EI(M_1), EI(M_2))= EI(M_1)\times EI(M_2)=1103\times 2927=3228481$。

对两个加密的结果进行解密即可得到真实的值。

$U1=DI(EI(M_1+M_2))=4030 \bmod 73 =15$；$U2=DI(EI(M_1\times M_2))= 3228481 \bmod 73 =56$。

4.3.2 基于 RSA 的幂同态

公钥算法 RSA 既可用于数字签名又可用于加密。RSA 的安全基于大数分解的难度。其公开密钥和私人密钥是一对大素数的函数。从一个公开密钥和密文中恢复出明文的难度等价于分解两个大素数之积。为了产生两个密钥，选取两个大的素数 p 和 q。为了获得最大程度的安全性，两数的长度一样。计算乘积 n=pq，$\phi(n)=(p-1)(q-1)$。

然后随机选取加密密钥 e，使 $gcd(e,\phi(n))=1$。然后计算 e 关于模 $\phi(n)$ 的乘法逆元 d，即 $ed\equiv 1 \bmod \phi(n)$，$d=e^{-1} \bmod \phi(n)$。公钥为(n,e)，私钥为 d。

明文消息为 m，加密后的密文 c，则加密算法为：

c=me mod n。

解密算法为：

m=cd mod n。

RSA 具有乘法同态加密特性，加密消息 m_1，m_2。$c_1=m_1^e \bmod n$，$c_2=m_2^e \bmod n$。$c_1 c_2 = m_1^e m_2^e \bmod n=(m_1 m_2)e \bmod n$，即 $E(m_1)E(m_2)=E(m_1 m_2)$。

当前，加密函数计算通过加密多项式的常系数，例如，$E(ax^4+bx^5)=E(a)x^4+E(b)x^5$。会泄漏多项式的骨架信息，即被加密的函数是 ax^4+bx^5 的形式。通过增加冗余项 E(0) 在一定程度上使敌手得到错误的骨架信息，如 $E(ax^2+bx^3)=E(0)x+E(a)x^2+E(b)x^3+E(0)x^4$。敌手会认为被加密的函数是 $dx+ax^2+bx^3+cx^4$，但真实的多项式骨架(ax^2+bx^3)仍包含在其中。对指数信息进行加密，才能真正隐藏多项式骨架信息。因此，提出了幂同态的概念和幂同态加密算法，可以实现指数信息的加密。

定义 1：加密函数 E，相应的解密函数 D。如果存在一个加密函数 EC，使得 $E(x^m)=x^{E_C(m)}$

或者 $D(E(x^m))=D(x^{E_C(m)})$ 成立，并且不泄漏 m，则称 E 为幂同态加密算法。

算法 PHEAR：基于 RSA 建立了幂同态加密算法(Power Homomorphic Encryption Algorithm Based on RAS，PHEAR)：

①选取三个大的素数 p，q 和 s。设 n=pq，N=ns=pqs。

②随机选取加密密钥 e，使 e 和(p-1)(q-1)互素。用欧几里得扩展算法计算解密密钥 d,以满足：

ed≡1 mod (p-1)(q-1)。则 d≡e-1 mod (p-1)(q-1)。N 公开，e, d, n 是私人密钥。

③k∈z+，m^k<n 且，m 与 n 互素，加密算法 E：C=E(m^k)=(m^k m^{ed-1}) mod N。

④解密算法 D：D(C)=C mod n。

算法 1 的正确性证明：D(E(m^k))=(($m^k$$m^{ed-1}$) mod N) mod n,因为，N=nr 所以，D(E(m^k))=(($m^k$$m^{ed-1}$) mod N) mod n =($m^k$$m^{ed-1}$) mod n=$m^k$$m^{k1(p-1)(q-1)}$ mod n=$m^{k×1}$=m^k。

算法 PHEAR 的安全性基于大数分解的难度。因为 e,d 是不公开的，又由于公开的大数 N=pqr 分解的困难性可知，敌手无法分解 N 也就无法推导 ed。因而无法推导 k，即没有泄漏 k。但对小指数存在穷举攻击的安全问题。

性质 1：设 x, k∈z+，k<min(p, q, r)，xk<n 且与 n 互素，与 N 互素，算法 PHEAR 的加密算法 E 是幂同态加密算法。

证明：由算法 PHEAR 可得，E(x^k)=x^k · x^{ed-1} mod N=x^{k+ed-1} mod N=$x^{E1(k)}$ mod N，其中，E1(k)=k+ed-1。

D($x^{E_C(k)}$ mod N)=($x^{E_C(m)}$ mod N) mod n=(x^{k+ed-1} mod N) mod n。因为，N=nr。所以前式变为：

D($x^{E_C(m)}$)=x^{k+ed-1} mod n=$x^k$$x^{k1(p-1)(q-1)}$ mod n=x^k×1=x^k。又由算法 PHEAR 可知 D(E(x^k))=x^k。

所以，D(E(x^k))=D($x^{E_C(m)}$)=x^k。由定义 1 可得：算法 PHEAR 的加密算法 E()是幂同态加密算法。

4.3.3 同态加密函数计算 CHEF

目前，对多项式函数：$f(x)=\sum_{i=0}^{m} a_i x^i$ 已有的加密计算都是针对函数的系数进行加密，没有考虑函数骨架信息泄露的问题。一个可行的方案是对函数的系数和多项式的指数同时进行同态加密[212-220]。根据前面的叙述，我们提出利用同态加密和幂同态对函数的不同部分进行加密变换，以实现加密函数计算。具体思路是：利用同态加密机制对函数的系数进行加密，根据需要适当地增加系数为 0 的函数项，利用幂同态对指数部分进行加密，以隐藏函数的骨架信息。

我们所提出的同态加密函数计算（Computing with Homomorphic Encrypted Functions，CHEF）的具体算法如下：

step1：选取三个安全素数 p, q, s，计算 n=pq, N=pqs，Φ(n)=(p-1)(q-1)，公开 N。

step2：随机选取加密密钥 e，使 e 和(p-1)(q-1)互素。用扩展的欧几里得算法计算解密密

钥 d,以满足：ed$\equiv$1 mod (p-1)(q-1)。

step3：对函数项 $a_i x^i$ 的系数 a_i 和 x^i 分别调用 HES 算法和 PHEAR 算法进行加密。必要时添加 a_i =0 的函数项，对 a_i =0 的函数项也调用 HES 算法和 PHEAR 算法进行加密。得到加密后的多项式函数 $E(f(x))=\sum E(a^i)x^{E_C(i)}$ 。

step4：解密算法是：f(x)=E(f(x)) mod n。

下面给出一个利用同态加密函数计算算法的实例。假设 Alice 拥有多项式函数 f(x)=3x2+5x3,x$\in$z+,Bob 拥有计算资源，并且愿意为 Alice 计算 f(x)，但 Alice 不想向 Bob 泄露 f(x)的任何内容。

①Alice 首先选择三个素数 p=71,q=97,s=107, 则 n=pq=6887,N=ns=pqs=736909, φ(n)=(p-1)(q-1)=70*96=6720,利用扩展的欧几里得算法，选取 e1=11,则对应的 d1=611, 选取 e2=31,则对应的 d2=1951, 选取 e3=29,则对应的 d3=2549。

②Alice 为了更好地隐藏 f(x)的信息，可以引入系数为 0 的函数项，即 $f(x)=3x^2+5x^3+0x^4$。

③Alice 对系数 c_1=3, c_2=5, c_3=0 调用 HES 算法进行加密，则：

EI (c_1)=$(c_1+r\times n)$ mod N=(3+267×6887) mod 736909=365014;

EI (c_2)= (5+345×6887) mod 736909=165293;

EI (c_3)= (0+414×6887) mod 736909=640491.

④Alice 对指数 k_1=2, k_2=3, k_3=4 调用 PHEAR 算法进行加密,则：

$E_K(k_1)=k_1+e_1 d_1-1$=6722;

$E_K(k_2)=k_2+e_2 d_2-1$=60483;

$E_K(k_3)=k_3+e_3 d_3-1$=73924,

则 Alice 得到一个加密后的函数 $E(f(x))=365014x^{6722}+165293x^{60483}+640491x^{73924}$。

⑤Alice 将加密后的函数 F(f(x))发送给 Bob,假设 Bob 选择 x=3,则 Bob 计算 $E(f(3))$=($365014x^{6722}+165293x^{60483}+640491x^{73924}$) mod N=165450

⑥Bob 将 E(f(3))=165450 发送给 Alice

⑦Alice 解密 E(f(3)),f(3)= E(f(3)) mod n=165450 mod 6887=162. $f(3)=3x^2+5x^3=3\times 32+5\times 33$=162，与加密后计算再解密得到的值是相等的。

同态加密函数计算（CHEF）算法适合将加密后的函数发送到远方的主机进行运算，运算结果返回之后再进行解密，这样以实现非交互式的加密函数计算。特别是 0 系数项的添加，更好地隐藏了多项式骨架信息。对于初等函数的加密计算，可以在初等函数的收敛区间内展开为泰勒级数，对系数为实数的泰勒级数，可以对实数系数进行加密。

4.3.4 CHEF 小结

CHEF 算法的安全性依赖于大整数的因式分解这一难题，CHEF 算法的安全性最高级别为 IND-CPA，EI ()中的随机数 r 的引入，使得 HES 的算法可以抵抗已知明文攻击。利用 CHEF 算法和泰勒级数可以实现实数定义域的非交互初等函数加密计算。CHEF 在多方计算、电子投票、移动密码领域具有较好的应用前景，对移动代码提供很好的保护，但它在以下几方面还有待进一步的研究：

①CHEF 是一个部分安全的加密机制，还需要做许多工作开发具有完全的安全分析的加密机制。

②同态加密机制有着诱人的应用前景，我们需要更多的努力才能在此基础上构造出更有效的、严谨的安全分析和证明的加密系统。

4.4　基于 ElGamal 算法的同态加密函数计算

4.4.1　ElGamal 加密

ElGamal 于 1985 年基于离散对数问题提出了既可用于数据加密又可用于数字签名的概率密码体制。后来，Schnorr 提出了 ElGamal 签名体制的一个变型，在方案中使用杂凑函数，极大地缩短素数域的元素的表示[221-239]。其修正形式已被美国 NIST 作为数字签名标准 DSS。

要使用 ElGamal 算法，需要预先生成一对密钥，即公开密钥和秘密密钥。首先选择一素数 p，两个随机数 g 和 x，g 和 x 都要小于 p，g 是 GF(p) 的本根。然后在有限域 GF(p) 上计算：

$y=g^x \bmod p$。

公钥是：(y, g, p)，g 和 p 在一组用户之间共享，私钥是：x。设要被加密消息为 M，这里要求：M<p。选择一个随机数 k<p，要求 gcd(k, p-1) = 1，然后计算：

$a=g^k \bmod p$ 及 $b=y^k \bmod p$，则密文 $E(M)=(a, b)=(g^k \bmod p, y^k M \bmod p)$

所有的计算都在有限域 GF(p) 上的。

解密时计算：

$M=b \times (a^x)^{-1} (\bmod p)$

式中 $(a^x)^{-1}$ 为 a^x 在 GF(p) 上的逆元。

4.4.2　基于更新的 ElGamal 的代数同态加密机制（AHEE）

基于更新的 ElGamal 的代数同态加密机制（Algebra Homomorphism Encryption Scheme Base on Updated ElGamal，AHEE）描述如下：

①选取两个大的安全素数 p、q，令 N=pq，p、q 保密，N 公开。

②选择 GF(p) 的一个本根 g 以及一个随机数 x，g 和 x 都小于 p，计算：$y=g^x \bmod p$。

③选取一个随机正整数 r，对于明文消息 M，做如下同态加密：

$$EI(M)=(M+r \times p) \bmod N。$$

④选取一个随机整数 k，则加密算法为：$Eg(M)=(a,b)=(g^k \bmod p, y^k EI(M) \bmod p)$。

⑤解密算法 Dg()：$M=b \times (a^x)-1 (\bmod p)$ 。

乘法同态：设有明文消息 M_1, M_2，定义 $Eg(M_1) \cdot Eg(M_2)=(a_1 a_2, b_1 b_2)$，则 AHEE 满足乘法同态，即：$Eg(M_1 M_2) = Eg(M_1) \cdot Eg(M_2)$，或者 $M_1 M_2=Dg(Eg(M_1) \cdot Eg(M_2))$。

证明：$c_{M1} = Eg(M_1) = (a_{M1}, b_{M1}) = (g^{k1} \bmod p, y^{k1} EI(M_1) \bmod p)$

$c_{M2} = Eg(M_2) = (a_{M2}, b_{M2}) = (g^{k2} \bmod p, y^{k2} EI(M_2) \bmod p)$

由于 EI() 自身也满足乘法同态，所以有：

$Dg(Eg(M_1) \cdot Eg(M_2)) = Dg(a_{M1} a_{M2}, b_{M1} b_{M2})$

$= Dg(g^{k1+k2} \bmod p, y^{k1+k2} EI(M_1) EI(M_2) \bmod p)$

$= (y^{k1+k2} EI(M_1) EI(M_2) \bmod p) \times ((g^{k1+k2} \bmod p)x)^{-1} \bmod p$

$= EI(M_1) EI(M_2) \bmod p$

$= M_1 M_2$

所以，AHEE 满足乘法同态。

加法同态：设有明文消息 M_1，M_2，定义 $Eg(M_1) \oplus Eg(M_2) = (a, b_1 + b_2)$，则 AHEE 满足加法同态，即：$Eg(M_1 + M_2) = Eg(M_1) \oplus Eg(M_2)$，或者 $M_1 + M_2 = Dg(Eg(M_1) \oplus Eg(M_2))$。

证明：$c_{M1} = Eg(M_1) = (a_{M1}, b_{M1}) = (g^k \bmod p, y^k EI(M_1) \bmod p)$

$c_{M2} = Eg(M_2) = (a_{M2}, b_{M2}) = (g^k \bmod p, y^k EI(M_2) \bmod p)$

由于 EI() 自身也满足加法同态，所以有：

$Dg(Eg(M_1) \oplus Eg(M_2)) = Dg(a_{M1}, b_{M1} + b_{M2})$

$= Dg(g^k \bmod p, y^k(EI(M_1) + EI(M_2)) \bmod p)$

$= (y^k(EI(M_1) + EI(M_2)) \bmod p) \times ((g^k \bmod p)x) - 1) \bmod p$

$= (EI(M_1) + EI(M_2)) \bmod p$

$= M_1 + M_2$

所以，AHEE 满足加法同态。

下面给出一个简单的实例，以验证 AHEE 的代数同态性质。

选取 p=79,q=97,则 N=pq=7663,GF(p)的一个本根 g=3,选取私钥 x=11,则 $y=g^x \bmod p = 3^{11}$ mod 79 = 29.

对于明文 $M_1 = 5$，$M_2 = 7$

随机选取 $r_1 = 103$,则 $EI(M_1) = (M_1 + r_1 \times p) \bmod N = (5 + 103*79) \bmod 7663 = 479$

随机选取 $r_2 = 101$,则 $EI(M_2) = (M_2 + r_2 \times p) \bmod N = (7 + 101*79) \bmod 7663 = 323$

随机选取 $k_1 = 13$,则 $Eg(M_1) = (a_{M1}, b_{M1}) = (g^{k1} \bmod p, y^{k1} EI(M_1) \bmod p) = (24,43)$

随机选取 $k_2 = 17$,则 $Eg(M_2) = (a_{M2}, b_{M2}) = (g^{k2} \bmod p, y^{k2} EI(M_2) \bmod p) = (48,18)$

$Dg(Eg(M_1) \cdot Eg(M_2)) = Dg(a_{M1} a_{M2}, b_{M1} b_{M2}) = Dg(24 \times 48 \bmod p, 43 \times 18 \bmod p)$

$= Dg(46,63) = 63 \times (46x) - 1 \bmod p = 63 \times 65 - 1 \bmod p = 63 \times 62 \bmod p = 35 = M_1 \times M_2$

AHEE 的乘法同态得以验证。

随机选取 $k_2=k_1=13$,则 $Eg(M_2)=(a_{M2}, b_{M2})=(g^{k2} \bmod p, y^{k2} EI(M_2) \bmod p)=(24,76)$

$Dg(Eg(M_1) \oplus Eg(M_2))= Dg(a_{M1}, b_{M1}+b_{M2})= Dg(24, 43+76 \bmod p)=Dg(24, 40)$

$=40 \times (24x)\text{-}1 \bmod p= 40 \times 56\text{-}1 \bmod p=40 \times 103 \bmod p =12= M_1+M_2$

AHEE 的加法同态得以验证。

4.4.3 AHEE 小结

本文所提出的 AHEE 算法的安全性依赖于计算有限域上离散对数这一难题以及大数分解的难题，AHEE 算法有许多较好的性质，由于加密过程中用到两个随机数 k 和 r，这样对于同一个明文 x，两次加密时结果不一样，即 $E1(x) \neq E2(x)$，但 $D(E1(x))=D(E2(x))$。该性质保证恶意用户无法通过统计规律推断出原始数据。AHEE 算法的安全性最高级别为 IND-CPA，AHEE 算法的加法同态使用相同的 k 进行加密，但 EI() 中的随机数 r 的引入，使得 AHEE 的算法可以抵抗已知明文攻击。

AHEE 在多方计算、电子投票、移动密码领域具有较好的应用前景，对移动代码提供很好的保护，但它在以下几方面还有待进一步的研究：

①AHEE 是一个部分安全的加密机制，还需要做许多工作开发具有完全的安全分析的加密机制。

②结合 AHEE 算法，如何构造更有效的算法实现"加密函数计算"。

代数同态加密机制有着诱人的应用前景，我们需要更多的努力才能在此基础上构造出更有效的、严谨的安全分析和证明的加密系统。

4.5 计算保护在移动代理中的应用

4.5.1 移动代理概述

移动代理（Mobile Agent，MA）是一类特殊的代理，是一个应用程序，它由某个联网服务器启动，在各联网服务器间自主地移动并运行，完成事先预定的任务。移动代理模型如图 4-1 所示：

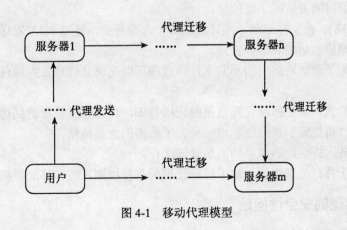

图 4-1 移动代理模型

由于可以将个性化的计算移动到资源一端的服务器上来运行，并自主迁移，所以移动代理具有以下优点:开放性，灵活性，健壮性，扩缩性，经济性，以及支持移动客户。正是由于这些优点的存在，使得移动代理可以作为一个提供个性化网络服务的统一框架，作为一种分布计算和移动计算的支撑技术，得到了广泛的关注和研究。移动代理在远程实时控制，移动客户支持，信息查询，电子商务，网络管理和控制，远程信息处理，个性化网络服务，分布科学计算等方面都有很好的应用前景。但由于它的移动性，移动代理系统的安全性一直是移动代理系统走向实际应用的最大障碍。

移动代理的研究起源于人工智能领域。Agent 是指模拟人类行为与关系、具有一定智能并能够自主运行和提供相应服务的程序[240-247]。与现在流行的软件实体(如对象、构件)相比，Agent 的力度更大，智能化程度更高。随着网络技术的发展，可以让 Ageat 在网络中移动并执行，完成某些功能，这就是移动代理的思想。

移动代理具有如下一些优点，使其具有广泛的应用价值。

①减少网络带宽和时延，当移动代理迁移到它计算所需资源的主机上运行时，它能方便地存取它所需要的资源，避免了中间数据在网络上传输，减少了网络带宽和时延。同样，让移动代理迁移到用户所在位置，能提高用户与系统交互的速度。并且在上述情况下，如果网络出现中断或者带宽很低，都不会影响用户的使用，因为移动代理是在远端运行，在任务未完成前，是不需要与其主机交互的。这在移动网络中，其优点尤其突出，因为移动网络的带宽、服务质量均不是很好，并且时延比较大。

②移动代理能够使传统的客户/服务器计算模式下的计算任务更动态均匀地分布。因为它能根据环境、负载的变化动态迁移移动代理，以期达到一个理想的计算效果。

③在分布环境下，移动代理系统能实现较好的并行性，因为移动代理能自由地在主机间迁移并能派生许多子移动代理来共同完成任务，并由父移动代理将结果整理后最终返回给主人。

④基于移动 agent 的分布式系统具有更好的可理解性。因为代理是一种更高层次的抽象(相对于 RPC，CORBA，DCOM 等而言)，更加接近于人的思维习惯，更能描述客观世界。

移动代理的应用主要有下述几个领域:

电子商务:传统电子贸易常常需要在两地通过互联网作多次信息交换，采用移动代理技术，由买方程序负责发送一个代理到卖方主机，在卖方本地与卖方程序进行直接交互，从而节省了大量的通信时间并缩减了通信量。

个人助理(PDA):在安排旅游、预订酒店等个人事务中，通过 PDA 发送移动代理到远地主机，与其他代理协商后完成事务安排。

安全代理:为了防止网络中的不安全性，程序可以先派其代理去完成任务，而不至于太危险。

分布式信息检索:这是移动代理常见的应用领域，代理可以被派遣到远地去搜索信息，并创建搜索索引，再把索引返回到本地，免去了数据的大量传输。

电信网络服务:提供动态网络的高级管理工作。

另外还应用于并行处理系统、基于移动代理的入侵检测系统、移动数据库系统等。

4.5.2 移动代理的安全性问题

我们把移动代理系统的安全问题归结于三个方面，依次是:移动代理迁移及通信的安全，保护主机平台免受恶意代理的入侵，以及恶意主机攻击移动代理问题。对于第三种安全性问题具体表述如下。

移动代理程序必须在服务器上运行，因此，其代码和数据对于服务器主机来说都是暴露的。当一个服务器是恶意的，或是被攻击者侵占或伪装的时候，它可能对代理程序进行如下几种攻击：

恶意主机可以仅仅破坏或终止代理程序，从而阻止该代理执行任务；恶意主机可以偷窃该代理携带的有用信息，如代理程序在迁移过程中所搜集的中间信息等；恶意主机可以修改代理所携带的数据，如当一个代理负责为用户收集某种商品的最佳报价时，该主机通过篡改代理程序所收集的先前的服务器的报价，以欺骗用户误以为其提供的报价为最佳价格。

更为复杂且危害更大的攻击是，攻击者通过改写部分代理程序的代码，使其在返回用户主机或漫游到其他服务器后执行一些恶意攻击操作。在通常情况下，用户将其所发出的代理看作是可信的，其接入本地资源的权限也更大，因而这类攻击代理的危害也更大。

一般来说，对移动代理进行完备的保护(不论程序或数据)是较为困难的，因为服务器必须访问代理程序码及其状态才能运行该代理，而且，由于存储计算结果或响应结果，代理的部分数据和状态通常是变化的.通常的方案都是由派出代理的宿主机提供机制以发现该类修改，从而确定所发出的代理是否受到攻击，并给出相应策略。

4.5.3 基于计算保护的移动代理的安全

要保护移动代理免受攻击不是一件容易的事，因为移动代理完全暴露在运行环境中，运行环境对其代码和数据有完全的控制权。下面从被动检测和主动保护两个方面对已有的一些方法进行详细分析。

1. 基于检测的安全性措施

通过对运行环境进行检测来判断其是否安全，以及通过对移动代理的运行结果作检测来判断其是否受到了攻击。不让移动代理到不被信任的运行环境中去执行任务：一个移动代理要前往某台主机时，首先判断该主机是否值得信赖。如是，则出发，反之放弃。问题是很难预先知道哪个主机值得信赖。一个解决办法是：建立一个封闭式的运行环境，禁止不被信赖的主机加入这个运行环境，从而，在这个运行环境中，每一台主机均是可以信赖的。Internet 可以说是这一方面的典型应用。

在移动代理中加入一个状态评价函数，移动代理根据该函数的运算结果决定下一步的行动。但是，该函数也是由运行环境执行的，所以运算结果的可靠性仍然值得怀疑。

通过执行跟踪和加密来保护移动代理(加密跟踪法)。该方法能检测到恶意主机对移动代理的数据、代码、状态和控制流的攻击，其基本思想如下：执行移动代理的主机(设为 B)将移动代理执行的步骤和状态保存下来，加密之后传给其主人(设为 A)。A 按照 B 传过来的执行步骤和状态来重新执行移动代理，并将执行结果与 B 的计算结果作比较，如果两者不相等，则证明 B 有欺骗行为。A 一旦确定移动代理受到攻击就将抛弃它的执行结果。这种方法不可应用到每一个移动代理，因为既然移动代理的主人要重新计算一遍，就没有必要让移动代理到别的主机上去运行移动代理系统安全问题的研究，那样只会浪费时间和计算资源。使用这种方法的目的是为移动代理的主人提供一种检测和评价各个主机可信任程度的手段，通过不定期的检测来起到一个监督作用。事实上还存在一个如何惩罚检测出的恶意主机的问题。有人提出在整个系统中为每一个主机建立可信度档案，以自动维护各主机的声望，确保移动代理不到声望低的主机上去执行任务，就如同顾客不到信誉差的商店购物一样。

2. 主动的保护措施

基于检测的方式是被动的。它只能检测到主机对移动代理的攻击，并不能真正保护移动代理免受破坏，不能保证移动代理在不信任的运行环境中安全运行。虽然要让移动代理在不信任的站点上绝对安全、没有一点问题是很难或者根本无法实现的，但部分解决方案还是存在的。

（1）加密函数

在移动代理中，并不是所有的代码和数据都是隐私，人们可能只对保护其中的关键数据和算法感兴趣。因此，只要保护移动代理中部分关键数据和算法即可，如对某个计算函数进行加密，使攻击者无法了解函数的内部逻辑。

Sande 和 Tschudin 提出了一个加密函数计算 CEF(Computing with Encrypted Function)方法。假设其要解决的问题描述如下：A 用一个程序来计算函数 f，B 有一个输入 x，并希望为 A 计算 f(x)，但是 A 不希望 B 了解函数 f 的逻辑，B 也不希望 A 了解 x 的内容，并且要求 B 在执行 f(x)时不需要与 A 打交道，则解决问题的方法见图 4-2。设函数 f 被加密成函数 E(f0，P(f)表示执行函数 f 的程序。

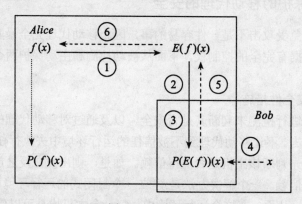

图 4-2 加密函数

其具体的工作流程如下：

Step 1: Alice 加密函数 f，得 E(f)；

Step 2: Alice 创建运行 E(f)的程序 P(E(f))；

Step 3: Alice 将 P(E(f))发送给 Bob；

Step 4: Bob 计算 P(E(f))(x)；

Step 5: Bob 将计算结果 P(E(f))(x)传给 Alice；

Step 6: Alice 解密 P(E(f))(x)，最终获得 f(x)；

（2）有限黑匣子安全法

既然可对函数进行加密，那么应该可以对整个移动代理进行加密。因此 s 加 Lttg 大学的 Hohi 提出了黑匣子的思想，用黑匣子来防御恶意主机对移动代理的攻击。其核心是从一个给定的代理规范来产生可执行的代理，并且产生的代理是不可被攻击和修改的，如图 4-3 所示。

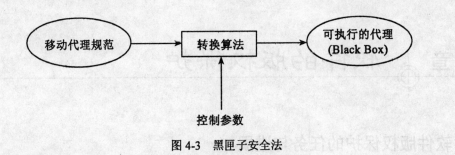

图 4-3　黑匣子安全法

移动代理的其他安全措施，请考阅相关文献。

第5章 软件的版权保护

5.1 软件版权保护的任务与进展

5.1.1 软件版权保护的任务

软件版权保护主要是保护软件开发者、软件发行者、软件使用者等合法的权益不受到恶意的或非法的伤害,常常采取的各种技术的、管理的措施或方法。软件版权保护在软件生命周期的多个环节都有直接或间接的体现。

5.1.2 研究进展

软件保护技术中的自检测防篡改技术,在国内外都有飞速的发展,并产生了较为成熟的基础理论研究,尽管只有短短十年多的时间,但已经出现了动态完整性检测、软件岗哨、遗态 Hash、基于加密的完整性检测等典型的软件防篡改技术方案[248-285],协同多种软件保护技术有效地提高了客户端软件自身完整性的安全保护能力。

5.1.2.1 动态完整性检测

自检测(self-checking),也叫防篡改检测或完整性检测防篡改技术,是一种有效抵御软件代码和指令篡改攻击的认证检测技术。自检测防篡改技术监视软件在运行过程中的代码或指令的变化,并且通过调用相应的自定义检测函数来对软件中的篡改异常进行处理。这种方法不仅能够阻止软件被滥用,还可以防止软件被多次的做反编译试验和恶意攻击。通过嵌入代码段对程序的完整性进行自我检测,被嵌入的代码段即完整性校验核 IVK(Integrity Verification Kernels)检验运行中的程序是否被篡改,甚至是一个字节的变化。

动态自检测防篡改技术,在软件代码中嵌入大量的检测器 Tester,尽最大的努力对代码在执行过程中的变化进行检测,然后报告篡改行为,并针对篡改行为执行预定的异常处理函数。该方法除了可以方便地和其他的软件保护方法相融合,而且增加了检测器自身的隐蔽性。它通过 Tester 在程序执行过程中检测软件代码自身是否被篡改。动态自检测在程序执行过程中多次重叠的检测软件的完整性。多个 Tester 均匀地分布在源程序之中,相邻的两个 Tester 检测代码的范围有一个交集,后面的 Tester 检测的范围和在前面一个 Tester 检测的代码范围存在一个交集,检测的范围包括前面一个 Tester 检测的部分对象。如此就能够保证绝大多数的代码被多于一个 Tester 检测,绝大多数的软件代码能够受到多重保护,避免了某一个检测点失效而导致它检测的代码对象无法被检测。

5.1.2.2 软件岗哨

2002 年 Chang 和 Atallah 在 Aucsmith 研究的基础上提出了一种软件岗哨方法,它通过一系列的岗哨 Guard 来保护软件代码的完整性安全,每一个 Guard 都将执行一定的计算工作，这些 Guard 不仅可以计算代码校验和，判断软件的代码是否被篡改，还能在被篡改的代码执行前修复被篡改的代码区域。

软件岗哨技术方案研究的重点是能够在系统中自动的放置 Guard，并且允许用户指定在 Guard 和代码中哪些需要防护。多个 Guard 分布在整个软件之中，有机的组成一个软件完整性保护网，互相加强保护，整个保护模式交叉联系，形成一个软件完整性保护网。软件岗哨是一些非常小的程序，它们运行在软件片段中，执行不同的任务（如代码模糊、加密、检测校验和、反汇编等），以帮助维持它们所嵌入软件的完整性和安全。一个软件所拥有的岗哨数量可从少数几个到几百个不等，它们位于软件的位置不同，其作用也不相同。

如果使用了软件岗哨，则攻击者在访问和篡改软件前，必须绕过或去除每一个 Guard。即使攻击者绕过或去除了某些 Guard，剩下的 Guard 将发现这种篡改，并阻止程序的运行。由于 Guard 能设置监视软件代码的某块区域，这使得篡改更加困难。另外，一旦 Guard 发现代码被修改，能立即将代码修改回来，变成一种能自我修复的软件形式。因此，如果软件中嵌入了许多 Guard，则攻击者即使能绕过每一个 Guard，也需要大量时间。而 Guard 的自我修复能力，将使得攻击者的篡改变得几乎不可能实现。

5.1.2.3   遗忘 Hash

Yuqun Chen 于 2003 年提出的一种遗忘 Hash 机制来保护软件。攻击者很容易忽略在正常的运行过程中还要计算软件的计算行为，所以称为遗忘 Hash。主要思想是通过对一段代码的执行路径的复述，从而允许对可能的或者确定的软件行为进行检验。实现这种机制是通过在主机运行的代码段中嵌入额外的具有计算功能的散列代码完成的。

这些散列代码段从动态执行的代码段中准确地计算出一个 Hash 值。这个 Hash 值可以看作一段代码的短消息摘要或者软件指纹，通过对软件行为指纹的动态检测和校验判断软件是否被篡改。

检测代码通过获取指令的输入输出、运算操作等相关信息，通过 Hash 函数计算得到一个简短的数值，并将这个值作为额外参数的形式，隐蔽的进行检测。在软件正常执行情况下，在不影响程序的运行结果的基础上，透明的检测了代码的完整性。如果正常的程序指令被篡改，或者产生了读写或者运算的异常，那么在执行其他函数的时候，因为隐式参数的不正确而导致程序产生错误，无法继续运行，从而在执行的过程中透明的保护了软件的完整性。此外他首次提出了检测软件指令的部分动态行为防篡改的思想，有效地保护了软件抵抗部分行为篡改攻击。

5.1.2.4   加密防篡改技术

Jaewon Lee 和 Heeyoul Kim 在 2004 年提出了基于完整性检测的加密防篡改技术。主要包括两个主要思想：第一，通过完整性检测得到一个短消息摘要，并将这个值作为加密和解密代码段的密钥；第二，通过链状的结构也就是保护链来，加强自检测代码自身的安全。

他们提出的解密运行的思想，能够有效地防止静态代码分析和代码反编译攻击，而且将校验值隐式的作为解密密钥来处理，避免的解密密钥的安全存储的难题，此外链状的保护结构，增加了检测的不确定性，既是链式检测技术的改进，也更加符合程序执行的特性，是当前研究的热点和难点。

2005 年 IBM Almaden 研究中心的 Hongxia Jin、Ginger Myles 和 Jeffery Lotspiech 在加密防篡改基础上，提出了一种改进的方案。每一次完成解密后都将使用新的密钥重新加密软件，通过完整性检测的结果和上一次的密钥一起生成新的解密密钥。此种方法存在密钥安全存储的问题。但是对于在线软件，能够将每一次进入的密钥存储在网络服务器端，所以比较使用于在线软件（见图5-1）。

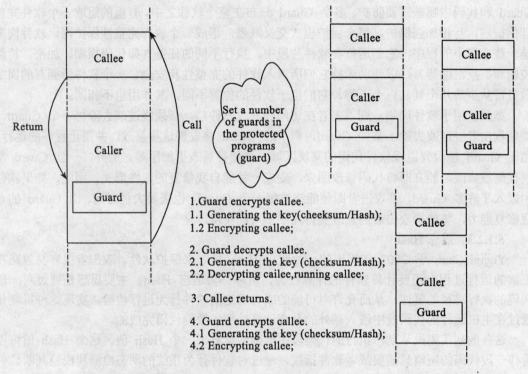

1.Guard encrypts callee.
1.1 Generating the key(cheeksum/Hash);
1.2 Encrypting callee;

2. Guard decrypts callee.
2.1 Generating the key (checksum/Hash);
2.2 Decrypting cailee,running callee;

3. Callee returns.

4. Guard enerypts callee.
4.1 Generating the key (checksum/Hash);
4.2 Encrypting callee;

图 5-1　自我加密程度的防篡改机制（"Callee"是被调用函数方，"Caller"是函数调用方）

此种技术主要使用密码学技术，对加密和解密的密钥进行软件自动生成和自动更新，保护密钥的安全性。而且可以有效地应用到网络软件，或者服务器平台、客户端软件上，而且实现起来比较简单方便。

2004 年 Wang Ping 在他的博士毕业论文中提出的一种软件防篡改技术。他将软件分成多个相对独立的代码段，并使用软件自检测的结果作为加密和解密的密钥，每一段都使用不同的加密算法和密钥进行加密。

该技术是以上技术的综合运用，但是降低了算法的复杂度，将自检测算法和加密解密算法统一处理，避免了应用上的异构性，然而大大地降低了破解的复杂度。适用于较低安全级别要求的软件保护中。这种技术是当前软件防篡改技术研究的热点和难点[3]。

5.1.2.5　基于hash函数的软件防篡改技术

孙宗姚在 2009 年提出基于 Hash 函数的软件防篡改技术，研究并设计了两种基于 Hash 函数的软件防篡改方法，都能够成功地抵制静态分析。首先，研究了一种有效的篡改抵抗机制，不被察觉的哈希函数(Oblivious Hashing)，这种机制主要通过跟踪指令对内存的操作，记录指令序列和内存变化，通过 Hash 函数记录摘要值，这样就可以通过运行时的比对验证程序是否被篡改。这种技术应用到 Java 字节码，通过字节码针对栈操作的特性，设计并实现了针对常量和变量的篡改抵抗方法。接下来，又对基于完整性的多块加密的防篡改机制进行了设计和实现。在设计过程中，通过把基本块 bi 的摘要值作为基本块 bi+1 的加密密钥和解密密

88

钥实现了完整性的链式保护，如果被保护的块被篡改，程序将无法继续执行，并且使用了 C++ 实现了这种机制。

5.1.2.6　基于白盒加密算法的软件防篡改技术研究

软件防篡改技术可以有效地阻止程序中关键信息被非法修改或使用。加密算法作为软件防篡改技术的核心，其自身的安全性将直接影响到软件防篡改技术的可靠程度。但是在白盒攻击环境下，攻击者很容易通过观察密码软件的执行过程从而提取密钥信息。白盒密码的提出正是为了在白盒攻击环境下保护密钥信息不被攻击者窃取。白盒密码通过将密钥信息隐藏在密码算法中，然后利用混乱技术将密钥信息混乱到整个密码算法上，很好地防止了攻击者对密钥信息的窃取。

在现有白盒密码设计中，主要有两种设计思路：由 Chow 等人提出利用查找表来实现密码算法，并利用编码对查找表进行保护并对内容结构进行隐藏；由 Bringer 等人提出通过引入额外的混乱项和利用多项式特性的方法，使得攻击者无法分析整个算法的代数结构。但是因为在两种设计中都有各自设计的不足，两种白盒实现的实例都被攻破了。

卢致旭在 2012 提出基于白盒加密算法的软件防篡改技术，尝试利用 Xiao 白盒实现为基础，通过修改白盒实现中查找表的构造方法和查找表系统的设计，设计并实现了一种基于白盒密码算法的软件防篡改技术。该白盒实现可以在不改变白盒实现的功能前提下，巧妙地将软件的完整性信息嵌入到白盒实现的执行过程中。之后设计实现一种基于白盒实现的软件哨兵，并利用哨兵网络来防止软件篡改。如果软件被非法篡改，则白盒实现将无法正确执行加解密操作，程序会因此异常退出。

5.2　软件防篡改

5.2.1　软件防篡改的任务

软件防篡改技术是通过软件或硬件措施防止程序被非法修改的软件保护技术的统称，属于软件保护领域中的主动防御范畴。

现有的软件防篡改技术分为两大类：一类是静态防篡改技术，基于代码变换(混淆)思想；另一类是动态防篡改技术，基于检测响应的思想。

静态软件防篡改技术指的是通过代码变换降低程序可理解性，增加被篡改或非法复用的难度的一类技术，以下简称静态防篡改技术，也称为代码混淆技术。

动态软件防篡改技术指的是通过软件或硬件措施阻止被非法修改后的程序正常运行的一类技术，以下简称动态防篡改技术。添加的软硬件措施必须具有以下性质：能够检测出程序被修改；能够在发现程序被篡改后作出响应，如终止程序运行、删除软件或是输出无效结果。

当前软件防篡改技术的研究热点在于如何保护可信软件在不可信的软件宿主上的安全。有如下三种软件篡改攻击模型：

（1）获取非授权访问，攻击者绕过软件中的访问控制机制，重新分发非法的软件副本从而获利。

（2）逆向工程，攻击者通过反编译、反汇编技术，获得软件的全部或部分源代码，从而获取关键信息如核心算法、秘密信息等为自己所用。

（3）破坏代码完整性，攻击者向软件代码中嵌入恶意代码或修改删除部分代码以达到自己的目的，如扰乱程序功能、绕过一些模块从而获利。

5.2.2　评价指标

软件防篡改技术的主要评价指标包括下述三点：

1．隐秘性

隐秘性原则要求经过防篡改处理(添加或变换)的代码应该与原有代码具有高度相似性，不易被攻击者探测，避免被攻击者定位从而移除或绕过。在基于代码变换的静态防篡改方案中，如果对需要保护的部分模块代码进行变换，导致其与未被变换的代码很容易区分，则违背了隐秘性原则。在基于检测响应的动态软件防篡改技术中，除了添加的代码应与原有代码具有高度相似性之外，"响应"与"程序故障"在时间和空间上还应该分离。在空间上，"响应"代码与引发程序故障的代码位于程序中的不同模块内，攻击者无法通过程序故障点跟踪至响应位置；在时间上，检测出程序被篡改后不立即作出响应，而是等待一个时间间隔再响应，使攻击者不易感知程序对其篡改行为给出应对措施。

2．弹性

弹性表征了防篡改方案抵抗攻击者攻击的能力，即依据该方案添加在原有程序中的防篡改代码模块受到部分破坏时，其防御功能受到影响的程度。良好的防篡改方案应该能在一定程度上抵御攻击者实施的攻击，例如，在基于多点设计的哨兵防篡改方案中，当某些哨兵受到攻击时，其他哨兵仍然能正常工作；只有所有哨兵都被攻击者成功移除，该哨兵防篡改机制才被解除。

3．开销

开销包括两个方面。一方面是实施软件防篡改方案需要的开销，例如通过硬件方式实现的防篡改机制往往成本较高。另一方面是添加软件防篡改方案后软件运行时的开销。例如，需要考虑添加防篡改保护方案后的程序相对于原始程序在执行时的时间复杂度以及空间复杂度。

5.2.3　软件防篡改技术分类

5.2.3.1　基于软件的防篡改技术

软件篡改攻击及防篡改技术机制如图 5-2 所示。

主要是通过软件机制来达到防篡改的目的，主要方法有：校验和、软件哨兵、断言检查、密码技术等。

1．校验和

一种直观的防篡改技术，就是通过检验校验和(checksums)是否一致。其实现方式是:将正常文件的内容，计算其校验和，将该校验和写入文件中或写入别的文件中保存。在文件使用过程中，定期地或每次使用文件前，检查文件现在内容算出的校验和与原来保存的校验和是否一致，如果不一致，则说明文件被篡改。这种技术也是发现病毒的有效方法。但是，这种方法很难隐藏校验的性质，一旦被发现，攻击者容易去除它或修改它，或者通过伪造校验码来防止自己的非法入侵行为被发现。

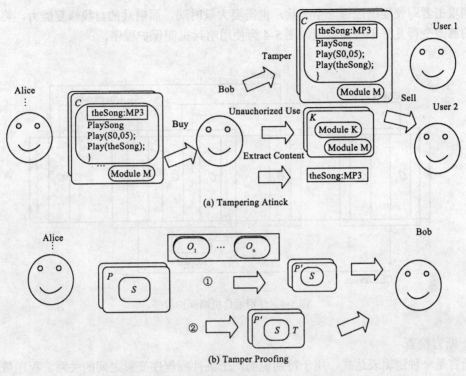

(a) Tampering Atinck

(b) Tamper Proofing

图 5-2　软件篡改攻击及防篡改技术机制示意图

2. 软件哨兵

软件哨兵是一些非常小的程序，它们运行在软件片段中，执行不同的任务(如代码模糊、加密、检测校验和、反汇编等)，以帮助维持它们所嵌入软件的完整性和安全性。一个软件所拥有的哨兵数量可从少数几个到几百个不等，它们位于软件的位置不同，其作用也不相同。哨兵机制系统如图 5-3 所示。

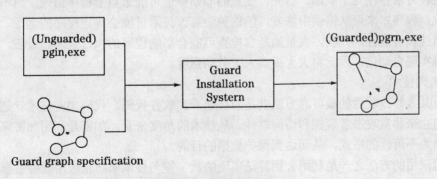

图 5-3　哨兵机制系统

如果使用了软件哨兵，则攻击者在访问和篡改软件前，必须绕过或去除每一个哨兵。即使攻击者绕过或去除了某些哨兵，剩下的哨兵将发现这种篡改，并阻止程序的运行。由于哨兵能设置监视软件代码的某块区域，这使得篡改更加困难。另外，一旦哨兵发现代码被修改，能立即将代码修改回来，变成一种能自我修复的软件形式。因此，如果软件中嵌入了许多哨兵，则攻击者即使能绕过每一个哨兵，也需要大量时间。而哨兵的自我修复能力，将使得攻击者的篡改变得几乎不可能实现。图 5-4 为使用哨兵机制保护程序。

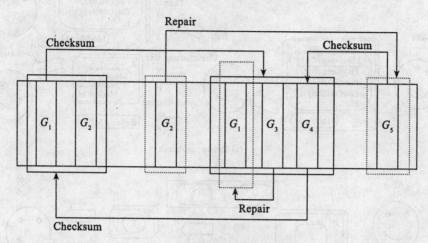

图 5-4　使用哨兵机制保护程序

3. 断言检查

断言是一种逻辑表达式，用于特别说明一个条件或程序变量之间的关系。程序员可在程序中的某特定点设置此表达式的值为真。断言检查就是检验断言是否正确。对程序中的某种假设，或防止某些参数的非法值，利用断言来帮助查错是一种好的方法。例如，程序变量 i 在程序的某特定点的值必须为正，则当在此特定点之前分配其值为-3 时，程序运行到此就会出错。

事实上，断言是对程序进行验证和调试的一种工具。可以在任何时候启用或禁用断言检查，可以在测试时启用断言检查而部署时禁用断言检查。同样，程序投入运行后，最终用户在碰到问题时可以重新启用断言。因此，可以在软件中使用断言检查技术，防止程序被篡改。

但这种方法存在几个缺陷。首先，变量的非期望值可能来自于程序错误，而不是来自于程序篡改。程序本来可从错误中恢复，但这种防篡改技术可能会终止程序的运行，降低了程序的容错性和可能性。其次，大量的断言检查可能会影响程序的执行效率。最后，由于这种技术很难实现自动化，因此将大大提高人工劳动强度。

4. 密码技术

防止某人修改软件的最可靠方法就是阻止他看到软件代码。代码加密技术就是利用密码技术，防止来恶意攻击者窥探和访问软件。从技术的角度来看，加密是利用加密算法将软件代码转换为不可读的格式，从而达到保护数据的目的。

普遍采用的方法之一是利用公钥算法实现的数字签名技术来防止应用软件被篡改。应用程序的源代码在连接编译时，利用程序发布方的私钥对其进行加密，即对程序进行签名，签名与程序绑定在一起，就有了对该程序是否被篡改进行检验的依据。签名一旦成功，就具有确定性，无法伪造，也不可否认。当然，程序发布方的公钥应该公开，以此作为程序使用者验证签名来自正确发布方的依据。

另外一种方法是利用散列函数能对报文进行鉴别的特点，来有效监控数据文件是否被非法篡改。常用的散列函数是 MDS 和 SHA-1。其原理是:系统周期性地对数据文件利用散列函数产生一个报文摘要，并存储起来，然后对数据文件，周期性地将新的报文摘要与旧的报文摘要进行比较。如果新旧数据有任何不同，则说明所监控的文件已被篡改。

密码技术听起来似乎很有吸引力，但必须克服如下几个技术障碍：

（1）除非有信任的基础设施(如可信任的执行环境)，否则，传播密钥就会引起一些问题，因为一旦攻击者获得密钥，就可篡改软件；

（2）由于系统必须在运行程序之前解密代码，这会影响程序的执行效果，因此一般要用其他设备先解密代码，这增加了开销；

（3）最重要的是，任何基于密码学的防篡改体系结构必须保证不能让攻击者拦截被解密的代码，否则利用调试器，攻击者可将代码变成未加密的形式保存。

5. 代码模糊

攻击软件知识产权的方法之一是采用软件逆向工程(reverse engineering)方法。软件逆向工程，就是通过分析软件目标系统，认定系统的构件及其相互关系，并经过高层抽象或其他形式来展现软件目标系统的过程。逆向工程师通过反汇编器或反编译器可以反编译应用程序，然后去分析它的数据结构和控制流图。这既可以用手工完成，也可以借助一些逆向工具。只要应用程序被反编译过来，程序就会一览无遗，易于被修改。

为防止逆向工程的威胁，最有效的办法是代码模糊，反编译和反汇编则是另外两种方法。代码模糊，就是以某种方式转换代码，使它对于攻击者变得难以阅读和理解。模糊处理的根本思想是让恢复源代码变得极其困难。

模糊处理的目的主要有两个：一是让程序难以被自动反编译，二是程序即使被成功反编译，也不容易被阅读理解。被模糊过的程序代码，依然遵照原来的档案格式和指令集，执行结果也与模糊前一样。只是被模糊后的程序代码变得无规则，难以成功地被反编译。同时，模糊是不可逆的，在模糊的过程中一些不影响正常运行的信息将永久丢失，这些信息的丢失使程序变得更加难以阅读和理解。

模糊技术按照程序信息和模糊目标可以分类为语义模糊、数据模糊、控制模糊、设计模糊。

5.2.3.2　基于硬件的防篡改技术

基于硬件的防篡改技术是指将软件和硬件配套使用，通过安全的硬件设备来防范篡改。例如，基于硬件的数字版权管理方法，就是提供一个可信任的硬件空间，存放被保护的数字内容，执行得到许可的应用，防止外部软件的攻击。像内容加密、认证、权限实现等数字版权管理服务就在这种可信任的空间中完成。

单纯依靠软件方式实现防篡改不能完全取得成功。近年来，有研究者提出 XOM, AEGIS, CryptoPage 等几种硬件架构为应用程序提供安全计算环境.它们通过内存加密和内存完整性检查来保证攻击者不能扰乱安全程序的执行，或者只能从正在运行的程序中获得极少量的信息。

David 等人提出一种阻止软件被非法篡改及复制的硬件机制原理，该机制认为磁盘和普通存储器是不安全的，但芯片存储是可信的。他们设计了一种基于硬件实现的存储器，称为XOM(execute-only memory)，位于 XOM 之外的代码都是被加密的,它们只能在 XOM 中经解密后执行。

单芯片的 AEGIS 处理器可用于构建安全计算平台以抵抗硬件的和软件的攻击。在以AEGIS 为处理器构建的平台下，任何硬件的或者软件的篡改都会被检测出来,攻击者无法从篡改的程序中获得任何信息。图 5-5 为不可信宿主攻击。

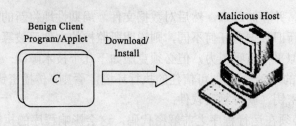

图 5-5 不可信宿主攻击

CryptoPage 架构允许执行受安全保护的程序和正常的程序(未受安全保护的程序),但是并不要求操作系统是安全或者可信的。实际上虽然处理器外围的设备(如内存总线、硬盘等)都在攻击者的控制下,但是通过使用对称密钥计算消息识别码来实现程序代码和数据的完整性保护,攻击者无法直接或间接地探测到处理器的内部。

5.3 软件水印

5.3.1 软件水印研究现状及任务

5.3.1.1 数字水印介绍

一些通用数字版权管理系统所需的功能,如拷贝控制和数据识别与追踪,需要将不可移除的信息添加到数字内容中。数字水印就是一种可以以不可见方式在多媒体数据上附加信息的技术。它是目前信息安全技术领域的一个新方向,是一种可以在开放网络环境下保护版权并认证来源及完整性的技术,数字内容创作者的创作信息和个人标志通过数字水印系统以人所不可感知的水印形式嵌入到多媒体中,人们无法从表面上感知水印,只有专用的检测工具或计算机软件才可以检测出隐藏的数字水印。

在多媒体中加入数字水印可以确立版权所有者、认证多媒体来源的真实性、识别购买者、提供关于数字媒体的其他附加信息、确认所有权认证和跟踪侵权行为。它在篡改鉴定、内容的分级访问、内容的跟踪和检测、商业和视频广播、Internet 数字媒体的服务付费、电子商务认证鉴定等方面具有十分广阔的应用前景。自 1993 年以来,该技术已经引起工业界的浓厚兴趣,并日益成为国际上非常活跃的研究领域。

一个数字产品内嵌的数字水印应满足以下基本需求:

不可感知性:水印不能损害数据的感知质量。即既不易被察觉, 又不影响原作品质量。

安全性:水印应该只有获得授权后才可以访问。即能够对抗非法探测、解码,面对非法攻击也能尽可能正确识别作品所有权。且水印应很难被复制和伪造。

鲁棒性:水印必须能在数据经过处理后仍能够保持完整性和鉴别的准确性,包括无意的信号处理造成的失真和那些以移除水印为目的的恶意操作。

目前国内外对数字水印的算法的研究已经有了很大的进展,并且主要分为两大类: 空域方法和变换域方法。

空域方法是在空域将水印与原图相结合,达到水印嵌入和隐藏的目的。R.G.Van Schyndel 和 L.F.Turner 等人提出的第一个数字水印算法,即最低有效位算法,就是一种典型的空间域信息隐藏算法。另外,还有如 Bender 等提出的 Patchwork 方法和纹理块编码法(texture block coding),

Chen 和 Wornell 提出的量化水印算法，Maes 提出的改变图像几何特征的水印算法等。

变换域方法主要包括 DFT、DCT、DWT 方法，如 Cox 等人提出的 DCT（离散余弦变换）域的数字水印算法，Ruanaidh 等人提出的改变频域中相位参数的水印算法及 RST 不变性算法，Fridrich 提出的混合水印算法，Tao 和 Dickinson 提出的自适应水印算法，Piva 等人提出的利用 HVS 的 DCT 水印算法。小波域有 Xiang-Gen Xia 等人提出的 DWT（离散小波变换）域中的数字水印算法，Wang 等人提出的盲水印算法等。

作为一个技术体系，数字水印尚不完善。每个研究人员的介入角度各不相同，所以研究方法和设计策略也各不相同，但都是围绕着实现数字水印的各种基本特性进行设计。同时，随着该技术的推广和应用的深入，一些其他领域的先进技术和算法也将被引入，从而完备和充实数字水印技术。例如在数字图像处理中的小波分形理论、图像编码中的各种压缩算法、音视频编码技术等。数字水印技术是一种横跨信号处理、数字通信、密码学、计算机网络等多学科的新兴技术，具有巨大的潜在应用市场，对它的研究具有重要的学术和经济价值。

数字水印技术是一种应用广泛的版权保护技术，在图像、音频、视频等多媒体数字产品的版权保护方面，已经是一种相对比较成熟的技术，而对于软件产品的版权保护，近两年才刚刚兴起。

5.3.1.2　软件水印定义

软件水印的概念源自于数字水印，数字水印是近年来兴起的研究领域，并已成为了研究的热点，数字水印的研究产生了大量研究成果，数字水印是信息隐藏技术的一个分支，信息隐藏技术的主要思想是：通过对嵌入信息进行编码，然后在某些已知信息的控制下将其嵌入到载体信息。与其他信息隐藏技术不同，数字水印的目的是证明载体信息的知识产权的归属问题或者对载体信息进行描述说明。

软件水印是数字水印的重要分支，软件水印通过在软件产品中嵌入水印信息来确定软件版权，可以用来标识作者、发行商、所有者、使用者等。软件水印弥补了加密技术不能对解密后的软件提供进一步保护的不足，为软件版权保护提供了一种新思路。图 5-6 为软件水印的模型。

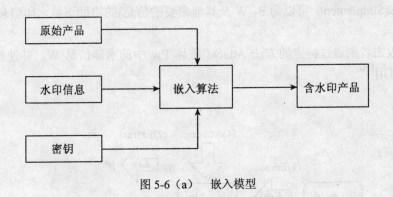

图 5-6（a）　嵌入模型

软件水印是软件数字水印的简称，它也可以看做是数字水印的一种，只是水印信息的载体为软件程序，软件水印主要用来保护计算机软件代码的版权，保护的代码既可以是源代码也可以是机器代码，使得它们避免或者尽可能少遭受非法拷贝和非法篡改的威胁[286-297]。需要注意的是，与图像、音频和视频等载体可以承受一定程度的扭曲不同，软件载体在嵌入水印之后不允许引起原来软件功能的修改。

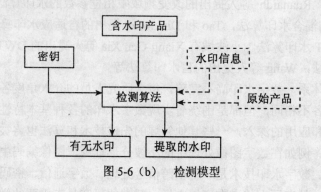

图 5-6（b）　检测模型

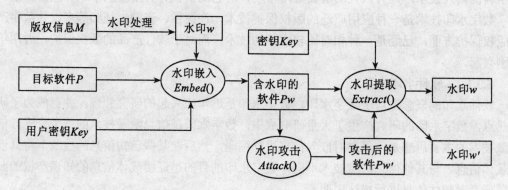

图 5-6（c）　软件水印一般模型

如图 5-7 和图 5-8 所示，对于给定的一个软件 P，软件水印的目标是利用密钥 Key 和特定的机制 Embed()将水印信息 W 嵌入到 P 中，形成隐藏着水印信息的新软件 Pw。一旦发生版权纠纷，利用特定的水印提取算法提取 Extract()(盲检)或识别 Recognize()(非盲检)，在 Key 及辅助信息 S(Supplement，可以为 P、W 及其他需要的信息)的协助下将水印信息 W 从 Pw 中提取出来。

水印的攻击者则通过特定的方法 Attack()破坏 Pw 中的水印信息 W，并使被攻击后的软件 Pw'仍然可用[18]。

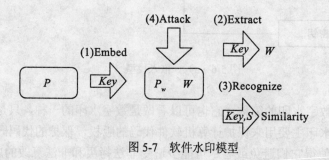

图 5-7　软件水印模型

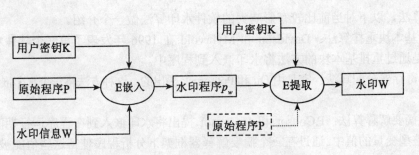

图 5-8　软件水印的嵌入和提取模型

水印的攻击者则通过特定的方法 Attack() 破坏 Pw 中的水印信息 W，并使被攻击后的软件 Pw，仍然可用。

Embed(P, W, Key)　　　━━━━▶　　　Pw

Extract (Pw, Key)　　　━━━━▶　　　W

Recognize(Pw, Key, S)　━━━━▶　　　Similarity [0, 1]

Attack(Pw)　　　　　　━━━━▶　　　Pw′

5.3.1.3　软件水印研究现状

数字水印技术在计算机软件代码版权保护方面的应用受到的关注比较少，即使在技术水平高度发达的美国，有关软件水印(Software Watermark)技术的专利也寥寥无几，相对于多媒体水印方面的专利以及发表的论文来说要少很多。不同于多媒体水印技术(图像水印技术、音频水印技术、视频水印技术)，软件水印技术在水印的隐蔽性和防篡改等方面都存在很大的困难。其原因是由于以下一些软件自身的特征所决定的。

行为确定性：软件总是具有一定的行为特征。它通常接受输入，执行一定的任务，并输出任务执行的结果；并且如果输入相同，执行环境也相同，那么其行为特征和输出结果一定也是相同的。

行为自明性：软件的所有行为特征的信息都包含在其内容之中，即所有该软件具有的行为特征都是由其自身的内容所决定的。如果能够访问到软件的内容，那么所有行为全部可以由此推断出来。

执行环境依赖性：软件不能脱离具体的执行环境，而一定要依托于某个具体的计算机体系结构和操作系统环境，并可能做更细微的环境要求。因此软件执行过程中一定会提供自己所需的环境信息，同时也一定会暴露出与环境交互信息的接口。

正是由于以上特征，特别是第三点，可以使攻击者有充分的信息可以了解软件的行为特征，从而完成对软件的知识产权的侵犯。应该看到，软件如果要正常运行并执行一定的任务，就不可避免地暴露其内部信息，甚至全部内容。这对现在绝大多数操作系统来说，就足以通过逆向工程或是其他手段来获取软件的所有内容，从而达到非法的目的。

因此，就目前人们对软件的认识来看，想要设计出一种十全十美的软件保护方案，既是不可能的也是与软件本身的特征相冲突的。不过由于软件复杂性的增加，软件保护技术的逐渐成熟，我们还是可以在很大程度上保证软件的分发和运行安全的。

美国在软件水印研究方面的成果最为显著，已经具备多项专利，其次主要是新西兰的 Auckland 大学和日本的 Osaka 大学在做这方面的研究。国内关于该技术的研究仍不多见，这与多媒体水印研究的热潮形成鲜明的对比。软件水印从开始发展到现在，产生过很多经典的软件水印算法，以下对当前比较有影响力的软件水印算法做一个介绍。

（1）基本块重排算法：Davidson 和 Myhrvold 在 1996 年发表了第一个软件水印算法，这个算法是通过重排基本块的方法将水印嵌入到程序中。

（2）寄存器分配算法：它是由 Qu 和 Potkonjak 提出的，这种方法将一个水印嵌入到程序的干涉图中。

（3）摘要解释算法：P.Cousot 和 R.Cousot 提出将水印嵌入到在程序运行期间被赋给指定的局部整型变量的值中。通过在一个摘要解释器框架下分析程序使得这些值能被检测出来，甚至只要部分嵌入水印的程序就能检测到水印。

（4）线程算法：Nagea 和 Thomborson 提出了线程软件水印算法，该算法基于一个多线程程序中线程运行时固有的随机性。

（5）不透明谓词算法：Monden 等人和 Arboit 提出在哑方法和不透明谓词中嵌入水印的算法。

（6）扩频软件水印算法：Stern 等人提出一种谱伸展算法，他将程序以向量的形式表现，并且对向量的分量部分作少量的修改。Currant 等人也提出了一种谱伸展软件水印算法。

（7）基于图的算法：Venkatesan、Vazirani 和 Sinha 提出第一个基于图的软件水印算法，称之为 VVS 算法，它是一个静态的软件水印算法。

（8）动态图算法：Collberg 和 Thomborson 提出第一个动态图水印算法即 CT 算法。算法将水印嵌入到一个图数据结构中，这个图数据结构是在程序执行期间建立的，故而该算法是一个动态的软件水印算法。

（9）动态路径算法：动态路径算法由 Collberg 提出，这种算法将水印嵌入到程序的运行期分支结构中。算法是基于这样一个观察结果：分支结构是程序的基本部分并且很难完整的分析这样的结构，因为它包含太多的程序语义。

（10）常量编码算法：该算法试图将程序中的数值或非数值的常量转换成函数调用并且在水印数据结构上建立函数值的依赖关系。

5.3.1.4 软件水印分类

按照加载可分为静态水印和动态水印，如图 5-9 所示。

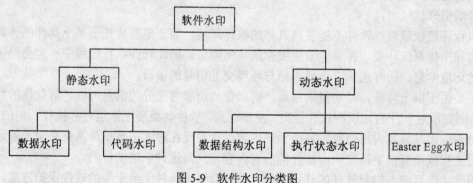

图 5-9 软件水印分类图

依据水印的表达方式，软件水印可分成静态软件水印和动态软件水印两类，如图 5-10 所示，包括：①数据水印；②代码水印；③Easter Egg 水印；④数据结构水印；⑤执行跟踪水印。

静态软件水印(static software watermarks)保存在可执行程序中，例如安装模块部分、指令代码、调试信息的符号部分。根据水印保存的位置，可以将静态软件水印分为数据水印(data

watermarks)和代码水印(code watermarks)两类。数据水印隐藏在头文件、字符串和调试信息等
数据中。而代码水印则更多地借鉴了多媒体水印的思想，水印被隐藏在目标代码的冗余信息中。

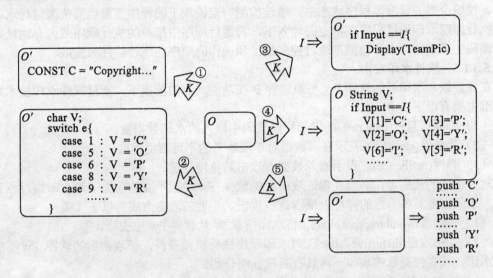

图 5-10　静态（①和②）和动态（③，④和⑤）水印

　　动态软件水印(dynamic software watermarks)保存在程序的执行状态中。动态图水印模型
如图 5-11 所示。

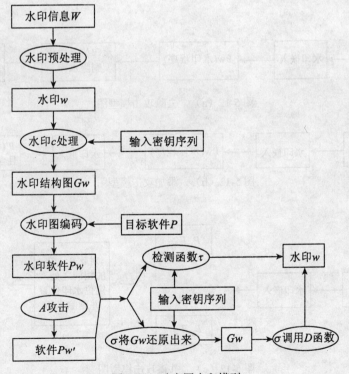

图 5-11　动态图水印模型

根据水印保存的程序状态和水印的提取方式，可以将动态水印分为 Easter Egg 水印、数据结构水印(data structure watermarks)和执行跟踪水印(execution trace watermarks)3 类。Easter Egg 水印通过一组特定输入产生一个有代表意义的特定输出。数据结构水印把水印信息隐藏在堆、栈或全局变量域等程序状态中，通过检测特定输入下的程序变量当前值来进行水印提取。执行跟踪水印通过程序在特定的输入下，对运行程序中指令的执行顺序或内存地址走向进行编码生成水印，水印检测则通过控制地址和操作码顺序的统计特性来完成。

5.3.1.5 软件水印攻击

在保证嵌入水印后的软件 Pw 与原软件 P 在功能一致的前提下，衡量软件水印技术好坏的标准主要有以下 3 个：

（1）隐藏信息量(data rate)：表示程序代码中嵌入的水印数据量。

（2）隐蔽性(stealth)：表示嵌入数据对于观察者的不可察觉程度。

（3）弹性(resilience)：表示嵌入数据对攻击的免疫程度。

对于水印的攻击者，必须在保证攻击后的软件 Pw'功能不变的前提下对水印进行一系列操作。水印需要具备一定的弹性以抵御这些攻击。主要的攻击方式有以下 4 类：

（1）去除攻击(subtractive attack)：将水印信息 W 从软件 Pw 中去除。

（2）变形攻击(distortive attack)：对水印程序进行模糊变换，使攻击后的软件 Pw'不能提取出水印，或者使提取的水印不再具有版权证明作用。

（3）添加攻击(additive attack)：往软件 Pw 中添加新的水印 W'，使原水印 W 无法提取，或者使提取的水印不再具有版权证明作用。

（4）共谋攻击(collusive attack)：通过比较几个不同软件 Pw，找出嵌入的水印 W，从而破坏它。

图 5-12 分别列出了软件水印攻击的去除攻击模型图，添加攻击模型图和共谋攻击模型图。

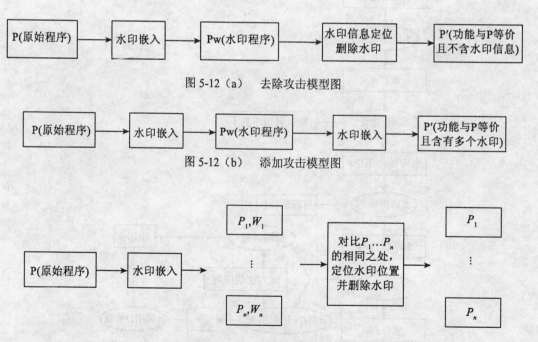

图 5-12（a） 去除攻击模型图

图 5-12（b） 添加攻击模型图

图 5-12（c） 共谋攻击模型图

5.3.2　扩频软件水印

扩频是一种信息处理传输技术。扩频技术是利用同欲传输数据(信息)无关的码对被传输信号扩展频谱，使之占有远远超过被传送信息所必需的最小带宽。利用扩频技术原理可以将水印分布在宿主数据频域系数中，使得加入每个频域系数的信号能量很小且不可随意检测，因而扩频水印技术具有很高的鲁棒性和安全性。

1. SHQK 算法

Julien P. Stern 和 Gael Hachez 提出一种基于矢量提取的扩频软件水印算法 SHKQ 算法，他们不是把程序代码看做是顺序执行的指令，也没有利用程序的执行流程，而是把它当做统计模型来处理。SHKQ 算法是一种非盲检的静态代码水印，其主要方法如下：在水印嵌入时，首先用矢量提取技术，对程序中一些单个指令或指令组出现的频率进行统计，形成一个 N 维的矢量 $c = (c_1, c_2, \cdots, c_n)$；然后根据代表水印的 N 维矢量 $w = (w_1, w_2, \cdots, w_n)$，修改代码中这些指令或指令组，从而形成新的矢量 $c' = c + w$，将其作为水印信息嵌入程序中。在水印提取时，给定阈值 δ 作为判断水印是否存在的标准；然后与嵌入类似，用矢量提取技术统计出指令或指令组出现频率的 N 维矢量 d；比较 $d-c'$ 和 w 的相似度 Q （例如用公式：

$$Q = \sum_{i=1}^{n} \frac{(d_i - c_i')\, w_i}{\sqrt{(d_i - c_i')^2}}$$

），若 Q 大于 δ 则表明检测成功。

SHKQ 可以对编译生成的机器指令码和 Java 字节码进行操作；水印的嵌入是对整个程序作全局的修改；水印的提取无需知道水印的具体位置，也不需要提供原程序进行对比，只需要知道水印程序矢量 c′和水印矢量 w 即可。同时，该算法有良好的鲁棒性：对于少量增加冗余代码和颠倒不相关指令顺序等方式的变形攻击，有良好的抵御能力；但如果对程序进行较大规模的语义保持变换等变形攻击，水印可能遭到破坏。

2. CHC 算法

CHC 算法是非盲检的静态代码水印，主要思想与 SHQK 算法类似，只是将统计对象换成"调用图深度"。通过修改代码中方法调用的层次结构来改变"调用图深度"，以嵌入水印。如下所示，方法 func 增加了原方法（original method）的调用深度。

```
private static depth=0;
func(string str){
    if(depth = = 0){
        depth++;
        func(string str);
    }
    else{
        /*original method*/
    }
}
```

CHC 算法主要适用于对 Java 源程序进行操作。与 SHKQ 算法类似，CHC 算法水印的嵌入是对整个程序作全局的修改；水印的提取无需知道水印的具体位置，也不需要提供原程序进行对比，只需要知道水印程序矢量 c″和水印矢量 w 即可。同时，该算法对于少量增加冗余代码，颠倒不相关指令顺序和不针对调用关系的语义保持变换等方式的变形攻击，都有良好的鲁棒性。

5.3.3 动态图软件水印

Collberg 和 Thomborson 提出了一种动态图水印(DGW，Dynamic Graph watermark，它是在软件运行时动态地生成水印，并将水印信息转化成某种图拓扑结构并隐藏在软件代码中。这种水印技术可以充分利用现代操作系统的虚拟内存管理方式，使用指针或是借助地址引用的办法来生成拓扑图。根据虚拟内存管理的特点，程序使用的逻辑内存地址在每一次运行时都会被映射到不同的物理内存地址上，这就使得水印信息隐藏在一个不断变化的拓扑图之中，从而使鲁棒性和隐蔽性大大增加。

动态图水印的鲁棒性要比通常的静态水印强得多，因为拓扑图中不但可以包含水印信息，同时也具有自身的一些显著的拓扑特征，这样如果攻击者对水印进行了篡改或破坏，不可避免地会带来整个拓扑图的某些特征的改变，我们就可以推测攻击的手段甚至自动恢复出原来的水印信息。

由 Collberg 和 Thomborson 提出的 CT 算法是最早的动态图水印算法，也是目前最好的动态图水印算法之一。其基本思想是:假设提取水印时所用的密钥 K 是由一个输入序列 I_0, I_1, … 构成，当用户通过特殊的输入序列 I_0, I_1, …启动应用程序时，水印图结构便会动态生成。图 5-13 是 CT 算法水印嵌入示意图，图 5-14 是 CT 算法水印提取示意图。

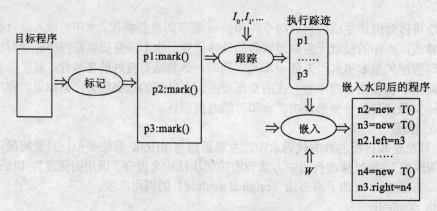

图 5-13　CT 算法水印嵌入示意图

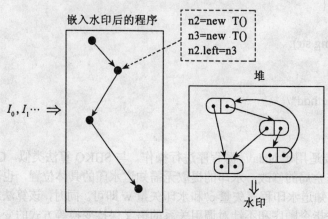

图 5-14　CT 算法水印提取示意图

CT 算法嵌入和提取水印的过程是通过以下四步来完成：

Step1：标记。在水印未被嵌入之前，需要在宿主程序中设定标记点用以定位水印代码将要嵌入的位置。通常是在宿主程序中添加一些空函数 mark()，该函数不执行任何操作，只是起到水印定位的作用。并且该函数可以带有参数，参数的类型是由用户的输入序列 I 决定的，可以是字符串型或是整型。Mark()函数被嵌入到宿主程序中尽量隐蔽的位置，而且该函数的嵌入应该不影响原程序的正常运行。

Step2：追踪。当宿主程序作完标记后，追踪程序被启动。通过特殊的输入序列 I 启动追踪程序后，一个或若干个标记将会被发现，从而可以确定下一步水印需要嵌入的具体位置。

Step3：嵌入。在这个过程中，包含有水印信息的某种图拓扑结构将会被嵌入到宿主程序中。上一步追踪到的可定位水印的标记函数 mark()被替换为生成水印图结构的函数。

Step4：提取。水印提取程序仍然通过特殊输入序列 I 被启动，类似于 Step2，水印标记被发现。而与 Step2 不同的是，此时的标记已被替换为创建水印图结构的函数。当输入序列 I 后，在内存堆栈中找到潜在图结构，于是可将此图结构解码还原为水印数。

5.3.4 软件零水印

5.3.4.1 零水印定义

软件水印技术作为软件版权认证技术的一种，总是会受到来自破坏者的攻击，从而使得软件水印失效，无法提供法律依据。目前公开发表的软件水印算法所共有的问题包括：

（1）通过修改软件的某些信息以嵌入水印信息，这不可避免地带来软件性能的退化。

（2）水印信息总是嵌入在软件的冗余信息当中，这就存在被去除的可能。

事实上，图像水印也面临这些问题，因此提高软件水印的安全性和防御能力也是一个亟待解决的问题。2001 年 9 月，温泉等人于第三届信息隐藏学术研讨会上提出了"零水印"的概念。此时提出的零水印是针对于图像而言的水印，利用图像自身的结构，在不修改任何图像上的数据的前提下构造水印。他们认为每张图像都有自己的特点，因此，可以据此来构造不同的水印信息。

类似的问题，为此一些学者提出了一种新的设计"水印"的思路——图像零水印技术。这种水印不向图像载体嵌入水印信息，而是把图像的特征信息与待嵌入的水印信息经过运算，生成注册信息，并将注册信息保存在可信第三方。当需要证明图像的版权时，从第三方处取回注册信息，与待检测图像一起计算出水印信息。

这种技术可以像水印技术一样从载体中提出信息而证明版权，但实际并没有嵌入信息(或称嵌入的信息为 0)，因此一些学者把这一技术称为"零水印"。其中生成注册信息的过程可以看做"嵌入水印"的过程，证明版权的过程可以看做是"提取水印"的过程。也正是由于这种水印技术不修改原图像，而是利用被保护图像的特征来构造水印信息，可以避免图像质量的退化，即有效避免前文所述第①方面的问题；另外，可通过图像的非冗余部分提取特征，从而可能免前文所述第②方面的问题，因此这就能很好地避开了不可感知性与鲁棒性之间的矛盾。

5.3.4.2 基于软件特征的零水印算法的基本原理

图 5-15 是软件零水印嵌入过程的原理图。首先通过特征提取器，提取出软件 P 的特征 CT，把水印信息 W 及特征 CT 送入水印嵌入器，产生注册信息 RI。该过程记做 RI=E（P，W，K1，K2）。把注册信息 RI 在 IPR 信息数据库注册，IPR 负责维护一个数据库来验证数字

产品的所有权，水印一旦注册，就认为该数字产品已在水印技术的保护下。

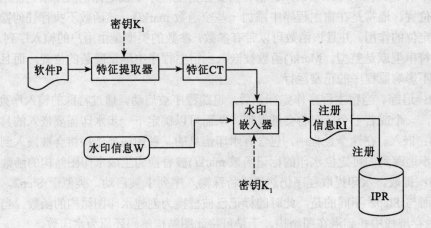

图 5-15　软件零水印嵌入原理图

图 5-16 是软件零水印提取过程的原理图。首先通过特征提取器，提取出软件 P 的提取 CT，把从 IPR 取回的注册信息 RI 及特征 CT 送入水印提取器，水印提取器产生出水印信息，从而证明版权的归属，该提取过程记做 W=D(P，RI，K_1，K_2)。

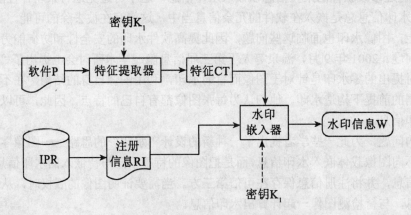

图 5-16　软件零水印提取原理图

实用的零水印算法至少要具备两方面的性质：

（1）可信赖性。

设 RI 是由软件 P 生成的注册信息，即 RI=E(P，RI，K_1，K_2)，如果 P 和 Q 是不同的软件，且 Q 未嵌入水印信息 W，则要求 D(P，RI，K_1，K_2)≠D(Q，RI，K_1，K_2)。其中 K_1、K_2 是生成注册信息时的密钥。

（2）鲁棒性。

设 P′=T(P)，若 D(P，RI，K_1，K_2)= D(P′，RI，K_1，K_2)，则称该水印对变换 T 是鲁棒的。其中 T∈T 是一种变换，可以将软件变换成另一种形式，K_1，K_2 是生成注册信息时的密钥，Rl= E(P，W，K_1，K_2)。

零水印的可信赖性和鲁棒性取决于软件特征 CT 的可信赖性和鲁棒性，即要保证零水印的可信赖性和鲁棒性就是要保证水印中所使用的软件特征的可信赖性和鲁棒性。

5.3.4.3   基于混淆的零水印方案的设计

代码混淆和软件水印是软件安全的两种重要方法和手段。代码混淆在保证语义不变的基础上增加了逆向工程的难度，软件水印则是能够提供版权所有者的信息。随着逆向工程技术的日趋进步和软件水印破坏方法的增加，继续采用原有代码混淆和软件水印技术已经不能满足软件安全保护的需要。通过采用零水印的设计思想，将水印信息通过混淆方法隐藏在程序中，将水印和混淆结合，提高逆向工程及水印破坏的难度和强度。

1. 软件水印码表的设计

在程序中直接嵌入水印信息可能会有诸多不便，因此，在嵌入水印前都会有一个水印码表，对照该表，将相应的水印信息转化为唯一的 0、1 编码，然后再将该编码嵌入到程序中，达到嵌入水印的效果。以 32 位二进制数据作为水印信息载体，故该码表可以表示 2^{32} 种水印信息。码表设计可根据不同情况而定，如果水印信息量较大可扩大存储水印信息的二进制位数，通过增加水印数据的二进制数据量来扩大水印信息量。

2. 软件水印的嵌入

当获取水印信息后，首先要做的便是将水印信息转化为对应的二进制文件，也就是需要对照水印码表来获取二进制数据，如图 5-17 所示，该图描述了软件水印嵌入的一般流程。软件水印的二进制代码和源程序代码作为混淆器的输入，然后混淆器将水印信息嵌入到混淆过程中，软件水印的二进制代码信息都是以代码快之间的跳转高度距离来界定的，因此，就水印嵌入而言，并没有增加任何额外的开销，从而实现零水印的设计思想。

水印嵌入的具体设计思想如下所示：

（1）将水印信息转化为 0、1 编码。

（2）将水印的编码信息以参数形式传递给混淆函数，对程序进行混淆。

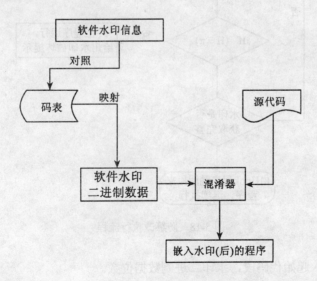

图 5-17   水印嵌入过程

（3）根据混淆得到的 WMArray 数组获得提取序列。

（4）嵌入水印完整性检测代码，并将 WMArray 数组加密处理后一并嵌入（提供给水印安检程序使用），程序在执行前都需检查水印是否被破坏，如果完好则继续执行，否则停止执行。

其中 WMArray 数组是用于记录嵌入水印信息的起始代码段位置以及水印的信息数。这些数据将在对水印数据进行提取的时候用于获取初始化信息。水印完整性检测代码是一个用于防篡改的代码段，当程序运行前先执行该段代码段，如其检测水印是完整的则允许程序的继续执行。

3. 软件水印的防篡改检测

虽然水印信息无痕地通过代码混淆嵌入到软件中，但是一旦遭到攻击，例如，恶意改变程序控制流程或者增加无意义代码等，都有可能破坏软件水印。因此，一个比较有效的软件水印检测模块将显得很有必要。

图 5-18 给出了防篡改流程的整体模型。其设计的主要过程如下所述：

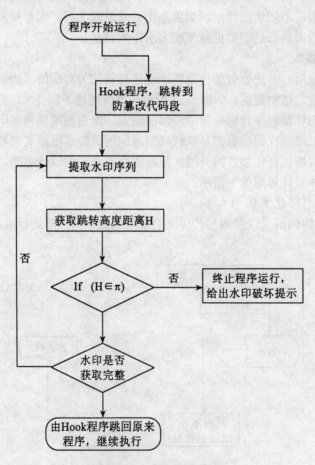

图 5-18 防篡改执行流程

输入：水印嵌入起始代码段，水印二进制数据位数。

输出：水印是否被篡改，如果被篡改终止程序运行，否则将控制权交还给源程序。

预处理工作：Hook 程序运行起始位置，使得防篡改检测代码段在程序运行前获得程序的控制权。

Step 1：程序启动，跳转至防篡改检测代码段。

Step2：获取水印嵌入时的水印序列，其中包括水印信息隐藏代码段的起始位置和水印二进制数据位数。

Step 3：读取承载块中的水印块信息，获取相应的跳转高度距离 H。

Step 4：如果跳转高度在跳转高度值域 π 范围内则跳转到 Step5，否则终止程序运行，并给出相应提示。

Step 5：判断是否提取完水印二进制信息，如果提取完成，怎跳转到 Step6，否则跳回到 Step3 继续执行。

Step6：程序结束，将程序控制权交还给程序本身，并继续执行。

在防篡改检测代码段中，包含比较敏感的水印序列信息，因此，防篡改检测代码段的安全问题也是比较重要的。逆向工程破坏者通过静态分析或者单步调试的方式就可以比较容易的获取水印序列信息，因此针对防篡改代码段的保护需从水印序列本身和防篡改代码段两个方向同时入手。

对防篡改代码段进行代码混淆和加壳处理，增大逆向工程难度，将恶意破坏者挡在防篡改代码段之外。

对水印提取序列本身进行加密处理，即使恶意破坏者获取到水印提取序列也需要进行解密才能获得最终信息。

对于防篡改代码段的加壳处理可以在一定程度上防止反编译和静态分析，代码混淆则可降低反编译后的中间代码可理解性，对水印序列本身加密则相当于给其自身再加上一层壁垒，增强了其安全性。

5.4　数字版权管理

5.4.1　DRM 的起源与发展

从 20 世纪 70 年代开始，随着个人计算机的发展，软件盗版成了很严重的问题。90 年代，互联网技术迅猛发展使数据的传播不需要任何物理媒介。几年前，美国整个音乐行业受到了一次重大冲击，这次冲击与一个短小有力的缩写词——MP3 有关。它的格式使得制作、分发与共享压缩音乐文件变得易如反掌，而其保真效果几乎可与 CD 相媲美。网上非法音乐产品交易变得很容易，那些无名歌手也无需任何录音合同就可以让广大听众听到自己的音乐。唱片公司和很多音乐家虽然都喜爱这种网上分发方式，但又害怕盗版猖獗。

为了摆脱困境，几家大的音乐产品集团公司和技术巨头抛出了《安全数字音乐倡议》（Secure Digital Music Initiative, SDMI），它是为了保护音乐家和音乐出版商在网上分销的利益而向数字权限管理（DRM)进行初步的努力。通过执行 SDMI 的标准，出版商保护 MP3 文件不被非法复制，并确保音乐家和网上分销商的权益。正是由于网上流媒体领域的盗版猖獗，使人们认识到网上知识产权保护的重要性。

保护知识产权主要从两个方面着手，一是立法，最著名的当属美国的《数字千年版权法》（简称 DCMA），由于这不是本文论述的重点，因此这里不再赘述；二是从技术角度来解决，DRM 技术应运而生。在 2001 年，DRM 技术被 MIT 的 *Technology Review* 杂志评为 "将影响世界" 的十大新兴技术之一。

目前国内外对 DRM 的研究主要集中在三个领域：法律界主要研究如何通过法律手段来保护数字产品的使用权限；计算机领域则主要研究 DRM 的技术问题；图书情报领域主要研究 DRM 在实际中的应用问题，其中大部分集中在数字图书馆的应用上。第一代 DRM 系统主要利用网络安全和加密认证等方法来解决非法复制问题，目标是将数字内容的发布锁定和限制在合法用户的范围内。国内方正 Apabi 系列解决方案的 DRM 核心技术大致处于这一阶段。第二代 DRM 系统则包括了定义、描述、认证、交易保护、监控和跟踪记录数字内容发布流程中的各种权利和使用形式。其也包括对流程各参与方之间关系的管理。

国外大多数 DRM 解决方案已进入这一阶段。国外许多组织目前正在探讨 DRM 系统的标准化问题。数字多媒体领域的 MPEG 组织，电子图书领域的电子书交换工作组 EBX 和开放电子书论坛 OEBF 是数字权限管理方面的先锋。在国内由 150 余家出版商图书馆掌上电子设备公司网站包括门户网站电子商务网站和图书网站以及 IT 技术企业自发组织成立的中国 eBook 及数字版权保护联盟也应运而生，联盟倡导资源共享、经营自由的基本原则。依据共同遵守的约定在兼顾各参与方权益的前提下，出版商的数字资源将会在多个网站销售。图书馆可以最大范围地使用相关数字资源。硬件厂商可以和多家出版商共同捆绑销售电子书等数字内容。IT 技术企业将会把最前沿的 DRM 技术动态反馈到成员单位这样不仅行业内各单位形成多赢的局面。而且可以极大地节约传统信息资源数字化的重复性劳动，大大地节约了成本。DRM 在如表 5-1 所示的几个行业获得了重要应用。

表 5-1	DRM 的应用行业
应用对象	内容
内容提供商	数字节目交易、电子商务、媒体预览与购买
内容运营商	音视频点播、付费视听、授权解密点播
教育部门	远程教育、网络课件加密授权学习
政府部门	电子公文管理、电子政务
医疗机构	病历，保护病人的隐私
公司内部	赋予不同员工对信息的不同访问权限

国外主要 DRM 组织有：OASIS、MPEG、W3C、ODRL、XrML、ACM、OeBF、DOI 等等。国内主要 DRM 组织有：方正 Apabi 电子书系统等。国内的 DRM 系统主要的应用领域有：移动应用、流媒体应用开发、电子文档应用开发、数字图书馆领域的应用。

与国外相比，国内 DRM 研究与应用均较为落后。国内关于 DRM 较深入的技术性探讨是相当缺乏的。但近几年对 DRM 的引进性介绍有逐渐升温的趋势。

DRM 进一步发展的需要解决的根本任务有：

1. DRM 价值理念的突破

W3C 在其 2001 年的 DRMWeb 应用研讨会总结报告中指出:DRM 需要一致的定义，而不能再绕着当前安全、加密、强制等观点反复兜圈子。DRM 与传统加密内容保护或访问控制技术的一个主要区别，就是从"限制"走向"保护"。世界上没有什么东西绝对安全、牢不可破的。即使理论上存在不可破解的高强度加密，也往往会因为某些不可知的、或人为的因素遭到破坏。

简单地进行加密、限制，既无益于公众对信息的自由获取，又无益于版权人、出版商、发行商市场份额的扩大。原则上说，只有通过利益诱导，借助成本/利益约束改变人们在博弈中的普遍行为选择，才能达到可预想的相对安全。在这种情况下，即使有少量不安全的因素存在，也是可以容忍的。

DRM 价值理念的精髓，是要借助综合的技术、法律手段乃至经济杠杆达到一种平衡:既保护版权人的合法权益，使创新得以持续；又保护公众合法、自由获取知识信息的权益，使有用的知识得以迅速传播。买卖双方均在交易中获得比较利益，这本就是人类一切社会经济活动的本质和出发点。从最终结果看，DRM 所要做的，就是要减少交易磨擦，不断降低交易成本。如果采取合法行动的成本低且收益够高，而非法行为的成本较高且收益较低，那么大多数人自然会自觉采取合法行动。

目前由于出版商、发行商等市场卖方是 DRM 技术的绝对买主，所以消费者一方所握有的话语权十分薄弱。但上述这些卖方必须十分清楚，只有符合消费者的需求，处处为消费者提供方便，使消费者有合法行动的意愿，才能最大程度地赢得市场，实现双赢策略。DRM 不应成为一种处处充满限制的技术，而应成为一种处处提供方便的技术。

2. 技术与社会产业背景的进展

在技术基础方面，可能会出现新的加密、签名、水印等安全技术。目前加密强度更高的 AES 算法(可达 128 位或 256 位)已成为 ANSI 推荐标准，肯定会很快取代传统 56 位 DES，成为主流的对称加密标准。非对称加密方面，密钥短(同等强度加密只比对称密钥长一倍)、强度高的椭圆曲线算法也很可能会取代经典的 RSA 算法。同时，新的数字水印、数字指纹算法也不断涌现与改进。

技术框架方面，DOI、<indecs>、ONIX、XML、RDF 等相关技术标准都可能有新的突破。尤其重要的是，XML 将呈现出逐渐取代 HTML 作为 Web 标准的趋势。用 XML 来构建一个基于语义的 V 尼 b，以及一个安全的 Web 是极有可能的事。基于 XML 的样式显式技术，甚至有可能代替现有的出版印刷工具，自然也将影响到电子图书、DRM 等领域。在这方面，W3C 的工作尽管十分缓慢，但却有可能是决定性的。

在社会产业与技术背景方面，随着网络、电子商务在全世界的日益普及流行，CA 认证等 PKJ 体制有望在全社会进一步普及，进入门槛可望降低。社会信用体系有望进一步完善，对市场各方的约束可能构建起较好的信任环境。微支付服务、SET、电子货币、网上银行、在线支付等应用将以多种方式解决安全支付与便捷支付的需求。技术与社会产业背景方面的进展，将为 DRM 的发展提供新的可用工具与平台。

3. DRM 技术标准的三维发展态势

随着 DRM 观念的更新、认识的深化与技术的进步，DRM 技术标准将从以下三个方面呈现三维发展态势，即:需求的深挖、权利语言的开放化与体系化、DRM 技术产品互操作性的实现。

（1）需求的深挖。对需求的深挖包括两个层面。

第一个层面是需求收集的全面性。首先是在现有开放与自由合作体制下，继续发现与收集需求，主要是来自传统应用领域的需求模仿。其次是随着各种 DRM 产品的先后应用，挖掘出原来未曾表达出来的、潜在的需求。再次是对传统思维习惯与业务模式的突破，提出新业务模式与需求。AAp、MPEG、OeBF 是这方面的一个例子。

第二个层面是需求理解的深入性。在需求分析中的一个难点，是业务需求的潜在性。成功开发系统的关键，是对需求的把握。除了加强与系统用户之间的交流外，如何通过正式表述的文本，发现某些潜在需求，以及对需求作恰当的抽象性解读，也同样是很重要的。W3C、OASISRLTC 则是这方面的可能例子。

（2）权利语言的开放化与体系化。

DRM 技术标准尤其数字权利语言缺乏互操作性，是当前 DRM 技术发展中的一个重大缺陷。ODRL' 与 XrML 看起来是两种互相排斥性竞争的语言，且 XrML 正在占据优势。但已经有一些努力，促进这两种主要的数字权利语言的融合。如建立超过 500 个乃至 1000 个原语词汇的权利数据字典，兼容两种语言所要传达的语义等。另外，尽管 MPEG 采纳了 XrML 而非 ODRL，ODRL 初创计划却不计前嫌，并于最近表示 ODRL 将努力支持 MPEG 的需求。可以预料，权利语言的开放化与体系化发展乃是大势所趋。XrML 所采用的分层模式也可能会被 ODRL 或其他语言所采用。ODRL 的开放发展模式可能不会为 XrML，但肯定会有所影响。

5.4.2 DRM 定义与分类

数字版权管理（Digital Rights Management, DRM）的系统解决方案，在保证合法的、具体权限的用户对数字媒体内容（如数字图像、音频、视频等）正常使用的同时，保证数字媒体创作者和拥有者的版权，并根据版权信息获得合法收益，而且在版权受到侵害的是能够鉴别数字信息的版权归属以及版权信息的真伪[298-315]。DRM 并不是一种特殊的技术，而是由数字证书、加密数字水印、公钥/私钥、验证、存取控制、权限描述等许多技术的组合体。

根据应用领域分类，DRM 技术可分为以下几种：
①软件的保护
②电子书
③音乐的保护
④影视的保护
⑤重要文档的保护
⑥图像的保护
⑦手机内容的保护

发展至今，数字版权管理技术有以下几类：

1. 密码技术

以加密技术为核心的版权保护系统采用加密数字媒体内容确保非授权用户不能访问相关内容，加上硬件绑定技术，可以在一定程度上达到版权保护的目的。密码技术包括：加密技术（秘密性）、数字摘要技术（完整性）、数字签名技术（签名和认证）。

2. 数字水印

类似纸币中用于防伪的印刷水印，数字水印携带特定信息"嵌入"到数字内容中，可用于版权保护。数字水印在数字版权保护方面的应用可以分为：版权保护、盗版跟踪（数字指纹）、拷贝控制、内容认证。

3. 安全容器技术

安全容器技术是采用加密技术封装的信息包，其中包含了数字媒体及其产权信息，以及媒体使用规则。安全容器技术的主要代表是：InterTrust 的 DigiBox 技术（一种安全的内容封装程序）和 IBM 的 Cryptolope 技术（一种基于 Java 的软件，把加密内容封装在安全容器之中传输）。

4. 移动代理

移动代理是能够代替用户或其他程序执行某种任务的可执行代码，它能不固定于开始运行的系统，自主地从网络中的一个节点挂起而后移动到另一个节点继续运行，必要时可以进行自我复制以及生成子移动代理。移动代理优点是：自主性和移动性。能够在网络带宽、用户操作、跨平台等方面增强现有版权管理系统性能或改善其不足。

DRM 技术经过几年的发展逐渐暴露出很多法律、管理和技术上的问题。法律上，至今对其版权定义问题都还没有法律上的定论。管理上，DRM 系统还无法平衡版权所有者和版权使用者之间的利益。技术上，缺乏一致的多技术融合的系统体系结构，各种系统互不兼容，给用户带来不便，也使得实际系统构建缺乏指导。

5.4.3 DRM 工作原理以及模型

5.4.3.1 DRM 主要功能

DRM 系统所具备的主要功能特征包括：

（1）创建者、传播者和使用者易于操作。

（2）对使用权限攻击具有鲁棒性。

（3）在数字作品使用权方面具有公平性。

（4）来自不同内容提供商和服务商的数字作品的具体使用方法对用户透明。

（5）数字内容消费公平。

（6）使用付费新技术。

5.4.3.2 信息模型

用于解决 DRM 系统中的实体如何建模及各个实体之间的相互关系问题。

1. 实体建模

实体建模指为 DRM 中的实体及实体之间的关系采用模型来描述，而且这个模型是清晰而又可扩展的。如图 5-19 所示。

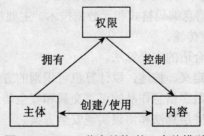

图 5-19 DRM 信息结构-核心实体模型

2. 实体识别和描述

模型中的所有实体都需要加以识别和说明；实体与元数据记录都必须可标识的。可以用的标识体系有以下几种：

（1）Uniform Resource Identifiers [URI]

（2）Digital Object Identifiers [DOI]

（3）ISO International Standard Textual Work Code [ISTC]内容描述方面可以根据内容特

点，使用多种元数据标准，如使用 IMS Learning Resource Meta-data Information Model [IMS]
描述教育学习资源。在用户描述方面，可以使用的元数据标准：vCard [VCARD] ，这是最著
名的描述人和组织的元数据标准。

3．权限表达

DRM 的核心，可以表达许可、约束、义务和任何；其他关于主体和内容的权限信息。
产权表示应该包含以下几个方面：

（1）Permissions (i.e., usages)——允许你做什么

（2）Constraints——对 Permissions 的限制

（3）Obligations——你必须做/提供/接受什么

（4）Rights Holders——给谁在哪方面的权利

5.4.3.3　技术模型

DRM 常见的技术模型如图 5-20 所示。

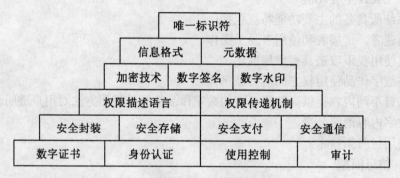

图 5-20　技术模型

该技术模型有如下特点：

（1）唯一标识符层，用于在网络环境下唯一、持久地确认数字权限管理中的各个实体，
包括主体、权限、内容。是整个 DRM 技术体系的基础。

（2）信息编码层，包括信息编码格式和元数据技术。主要根据 DRM 系统具体需求对数
字内容选择某种格式编码以便传输。

（3）安全编码层，选择合适的安全算法。

（4）权限控制层，进行定义、描述，以计算机可识别的方式标记、传递和检验。

（5）安全协议层，保证数字信息作品的可靠交易和安全传递。

（6）安全方案层，利用底层算法和协议实现安全方案。

5.4.3.4　DRM 工作原理

DRM 技术的工作原理是，首先建立数字节目授权中心。编码压缩后的数字节目内容，
可以利用密钥（Key）进行加密保护（lock），加密的数字节目头部存放着 KeyID 和节目授权
中心的 URL。用户在点播时，根据节目头部的 KeyID 和 URL 信息，就可以通过数字节目授
权中心的验证授权后送出相关的密钥解密（unlock），节目方可播放。

需要保护的节目被加密，即使被用户下载保存，没有得到数字节目授权中心的验证授权
也无法播放，从而严密地保护了节目的版权。

密钥一般有两把，一把公钥（public key），一把私钥（private key）。公钥用于加密节目

内容本身，私钥用于解密节目，私钥还可以防止当节目头部有被改动或破坏的情况，利用密钥就可以判断出来，从而阻止节目被非法使用。

上述这种加密的方法，有一个明显的缺陷，就是当解密的密钥在发送给用户时，一旦被黑客获得密钥，即可方便解密节目，从而不能真正确保节目内容提供商的实际版权利益。另一种更加安全的加密方法是使用三把密钥，即把密钥分成两把，一把存放在用户的 PC 机上，另一把放在验证站（access ticket）。要解密数字节目，必须同时具备这两把密钥，方能解开数字节目，图 5-21 演示了 DRM 数字版权保护的流程。

毫无疑问，加密保护技术在开发电子商务系统中正起着重要的防盗版作用。比如，在互联网上传输音乐或视频节目等内容，这些内容很容易被拷贝复制。为了避免这些风险，节目内容在互联网上传输过程中一般都要经过加密保护。也就是说，收到加密的数字节目的人必须有一把密钥（Key）才能打开数字节目并播放收看。因此，传送密钥的工作必须紧跟在加密节目传输之后。

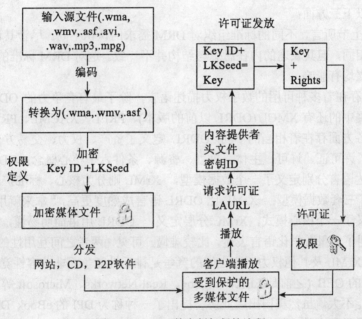

图 5-21　DRM 数字版权保护流程

对内容提供商而言，必须意识到传送密钥工作的重要性，要严防密钥在传送时被窃取。互联网上的黑客总是喜欢钻这些漏洞。因此我们需要一种安全的严密的方式传送密钥，以保证全面实现安全保护机制。现在市场上比较多应用的是微软的 DRM 技术。

5.4.4　主要的 DRM 技术标准分析

5.4.4.1　不同标准组织对 DRM 需求的认识

在任何信息系统的开发中，需求分析都是最基础、最重要的一个环节。因为系统最终是要投入到现实使用中去的，要与实际应用情况相合拍。DRM 作为一个大的技术体制，同样也不例外。由于需求的可变性及潜在性，正确认识与理解需求往往并非易事；对 DRM 进行需求收集与分析的结果，也在不断地发展与变化。目前国际上专注于 DRM 需求的团体组织主要有 OeBF、OASIS、MPEG-21、AAP(美国出版家协会)、W3C、SBL(Society of Biblical Literature，圣经文学社)、Reuters(路透社)等。

在 DRM 主要的技术标准化组织中，AAP 是一个行业协会，OeBF、MPEG 和 W3C 都是某个领域的技术标准化组织或承担技术标准化组织的功能。由于它们侧重的领域、利益背景不一样，因而需求表达也有所差异。W3C 在互操作性、权利语言、信任体系等关键问题上采取开放的态度，主张通过进一步的交流、协商与合作建立一个统一开放的描述框架。OASIS RLTC 对需求采取了抽象化的、简练的表述与 W3C 的要求有着某种一致性。AAP、MPEG、OeBF 则关注与具体商业模式有关的需求。AAP 主要代表了出版商的利益诉求，侧重图书出版印刷，不涉及音频视频； MPEG 的需求重点集中于多媒体尤其活动视频音频方面的应用；OeBF 集中于电子书的定价、发行与传输、使用权等商业模式。不同的组织背景和利益倾向导致了 DRM 需求无法达成共识。

5.4.4.2 互用性不足

建立 DRM 技术标准的最终目的就是为了解决 DRM 系统的互用性。当前 DRM 互用性的不足主要来自以下三方面：

（1）正如上节所言，不同的标准组织对 DRM 需求的认识不同。尽管其设计许多具体事项的实质基本相同，但其表述的内在思想与结构并不一致。这对 DRM 标准的形成、DRM 产品互用性的建立均有影响。

（2）目前存在着多种可用的数字权力描述语言，除了最有竞争力的 ODRL 和 XrML，尚在使用与发展中的还有 XMCL (ODRL 以前的版本)、PREL、XACML、PRL 等。ODRL 和 XrML 这两者各方面存在着相当的不同：ODRL 定义了资产、权力、交易方三个核心概念，XrML 则定义了许可证、许可、主体、权力、资源、条件六个核心概念；ODRL 为权力数据字典和权力表达语言分别定义了一个数据模型， XrML 则分为核心、标准扩展、内容扩展三层，分别定义了三套数据模型； XrML 比 ODRL 语言成熟度更高，"拿来就用"的程度更高；ODRL 仅仅定义了一个核心模式，XrML 分层定义； ODRL 用语简明易懂，XrML 抽象、富于逻辑性，使用了大量数学化语言表述，比较难懂。可见，两者之间互用性的基础非常薄弱，因此 ODRL 与 XrML 及其他权力语言之间的竞争是排斥性竞争而非兼容性竞争。

（3）现有的 OEB (之前是 EBX)、Adobe、Real-Networks、Microsoft 等重要 DRM 产品之间互用性可能不大。虽然美国出版业协会提出了一种称为 DPI 的 eBook DRM 互用性解决方案，声称能提供更多的市场机遇并且能回避 DRM 互用性的问题，但是 DRM 标准的建立是不可能一蹴而就的，需要长期不断地研究努力。

5.4.4.3 相关技术产业支持不足

完整的 DRM 体制需要来自相关技术产业的支撑，如 PKI 体制、安全在线支付的普及应用等。目前这些方面的进展，包括整个电子商务产业的进展都没有达到预想的程度，信任的支付环境还没有建立起来。归根结底，是因为当前非法入侵和黑客技术的大热发展和相对被动的网络安全防范体系的停滞不前。统一的安全与信任服务框架迟迟不能建立，大大地影响到 DRM 技术的完善和 DRM 技术标准的统一。

以信任方案设计得很出色的 EBX8.0 版规范为例。它虽然能在非信任的环境中建立起足够的信任，但是却是一种属于方案内部的封闭的信任。EBX 只能信任自己，或者是其他加入到 EBX 中的组织。另外，在数字对象标识、安全支付等关键问题上，发展都不成熟，更没有建立起统一的标准。

5.4.4.4　业务模式不够灵活

当前国内外主要的 DRM 技术产品，无论是 Adobe、Real 还是 Apabi，都更多地把目标放在切合现有业务流程上，这样有利于迎合现有的产业用户，赢得最大的市场份额。然而，新的技术和环境引起社会习惯、商业模式方面的变化，这种不够灵活的设计思想，就妨碍了在新的技术环境下对传统思维习惯及业务流程的优化改造。

例如，通过 NetLibrary、EBX 或者 Apabi 系统想在图书馆借阅一本图书。不凑巧，这本书已经被借走了。等了一段时间再去借，书又被第二次借走。如果我想付钱购买该图书一份额外拷贝的一次性浏览权，现有的商业模式就没法办到。再比如，缺少对微支付的支持。所谓微支付，就是每次只涉及超小额费用的电子商务交易。为了避免支付成本高于付款额的尴尬，微支付采取分次记账、一次累计总付的办法解决支付问题。上述这些新型的业务需求，依照已有的技术条件，要做到并不困难。问题在于，技术开发商进行系统分析的时候，仅仅局限在了传统业务模式上，使得整个系统的业务可扩展性很小，业务流程的优化改造非常不便，不利于 DRM 技术产品的长远发展。

第 6 章 ⊕ 软件保护中的密钥管理

6.1 密钥管理概述

6.1.1 密钥管理定义

密钥自产生到最终销毁的整个过程中的有关问题的处理称为密钥管理（Encryption Key Management），其包括系统的初始化，密钥的产生，存储，分配，更新，吊销，控制，销毁等内容。密钥从生成到使用全过程的安全性和实用性都是由管理过程负责的，管理过程同时还涉及密钥的行政管理制度和管理人员的素质。密钥的生成和分发是密钥管理最主要的过程。密钥管理的具体要求是：第一，密钥难以被非法窃取；第二，在一定的条件下即使密钥被窃取了也无用。

密钥是绝大部分加密技术的基础。现代密码学的一个基本原则就是一切秘密都寓于密钥之中。密钥正如其名称所示，是一把打开秘密的钥匙。在一个系统之中，各个实体之间相互联系有交流的需求，这就需要他们之间按照一定的协议共享一些数据，也就是密钥（公钥，甚至私钥）和参数（非秘密的）。

密钥是一串本身并无意义的二进制字符串，好比锁住一栋楼一样，用户的加密系统也必须保证他们的密钥被安全的创建和储存，且只有适当的授权用户后才能使用。目前国际上也制定了一些标准，比如国际超标准组织制定了 X.509、1993 年美国提出的密钥托管理论技术以及麻省理工学院开发的 Kerboros 协议等。秘密共享技术是一种分割秘密的技术，为了阻止秘密过于集中而提出的。自从 1979 年 Shamir 提出这种思想后，秘密共享理论和技术达到了空前的发展与应用，特别是它的应用人们至今仍十分关注。

密钥分配是密钥管理中的一个关键环节，众多密钥分配的协议的安全性分析是一个重要的问题。经验分析之外，比较重要的分析方法是始于 20 世纪 80 年代之初的形式化分析。目前许多一流大学和公司的介入，使得这一领域成为研究热点。而各种有效方法和思想的不断涌现，这一领域在理论上正逐渐走向成熟。

6.1.2 密钥管理分类

密钥的特点包括重要性，分散性和共享性，其特点也决定了必须对密钥进行严格的，系统的，规范化的管理。而在密钥管理中，产生密钥的算法的难破译的程度，密钥本身的长度为多少合适（密钥越长安全性越高，但速度越慢），还有保证密钥的安全使用和储存是中心环节。

密钥管理伴随密钥的产生而开始到密钥的销毁才结束，期间的一切过程都属于密钥管理的范畴如系统的初始，密钥的产生存储、备份、恢复、保护、装入、控制、更新、丢失和销毁等内容。所以密钥管理算是一个系统工程，其中密钥的分配和存储是最为关键的[316-320]。

密钥管理技术的分类

（1）对称密钥管理。对称加密是基于共同保守秘密来实现的。采用对称加密技术的贸易双方必须要保证采用的是相同的密钥，密钥的交换是安全可靠的，同时还要设定防止密钥泄密和更改密钥的程序。这样，对称密钥的管理和分发工作将成为一个潜在危险的和繁琐的过程。通过公开密钥加密技术实现对称密钥的管理使相应的管理变得更加简单和安全，同时也解决了纯对称密钥模式中存在的可靠性和鉴别性问题。贸易方可以为每次交换的信息（如每次的 EDI 交换）生成唯一一把对称密钥并用公开密钥对该密钥进行加密，然后再将加密后的密钥和用该密钥加密的信息（如 EDI 交换）一起发送给相应的贸易方。由于对每次信息交换都对应生成了唯一一把密钥，因此各贸易方就不再需要对密钥进行维护和担心密钥的泄露或过期。这种方式的另一优点是，即使泄露了一把密钥也只将影响一笔交易，而不会影响到贸易双方之间所有的交易关系。这种方式还提供了贸易伙伴间发布对称密钥的一种安全途径。

（2）公开密钥管理/数字证书。贸易伙伴间可以使用数字证书（公开密钥证书）来交换公开密钥。国际电信联盟（ITU）制定的标准 X.509，对数字证书进行了定义该标准等同于国际标准化组织（ISO）与国际电工委员会（IEC）联合发布的 ISO/IEC 9594-8：195 标准。数字证书通常包含有唯一标识证书所有者（即贸易方）的名称、唯一标识证书发布者的名称、证书所有者的公开密钥、证书发布者的数字签名、证书的有效期及证书的序列号等。证书发布者一般称为证书管理机构（CA），它是贸易各方都信赖的机构。数字证书能够起到标识贸易方的作用，是目前电子商务广泛采用的技术之一。

目前国际有关的标准化机构都着手制定关于密钥管理的技术标准规范。ISO 与 IEC 下属的信息技术委员会（JTC1）已起草了关于密钥管理的国际标准规范。该规范主要由三部分组成：一是密钥管理框架；二是采用对称技术的机制；三是采用非对称技术的机制。该规范现已进入到国际标准草案表决阶段，并将很快成为正式的国际标准。

6.1.3　密钥管理流程

密钥管理主要有以下流程，如图 6-1 所示。

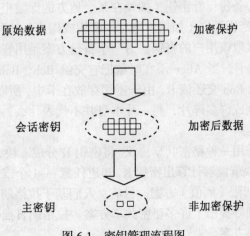

图 6-1　密钥管理流程图

1．密钥生成

密钥长度应该足够长。一般来说，密钥长度越大，对应的密钥空间就越大，攻击者使用穷举猜测密码的难度就越大。选择好密钥，避免弱密钥。由自动处理设备生成的随机的比特串是好密钥，选择密钥时，应该避免选择一个弱密钥。对公钥密码体制来说，密钥生成更加困难，因为密钥必须满足某些数学特征。密钥生成可以通过在线或离线的交互协商方式实现，如密码协议等。

2．密钥分发

采用对称加密算法进行保密通信，需要共享同一密钥。通常是系统中的一个成员先选择一个秘密密钥，然后将它传送另一个成员或别的成员。X9.17 标准描述了两种密钥：密钥加密密钥和数据密钥。密钥加密密钥加密其他需要分发的密钥；而数据密钥只对信息流进行加密。密钥加密密钥一般通过手工分发。为增强保密性，也可以将密钥分成许多不同的部分然后用不同的信道发送出去。

3．验证密钥

密钥附着一些检错和纠错位来传输，当密钥在传输中发生错误时，能很容易地被检查出来，并且如果需要，密钥可被重传。接收端也可以验证接收的密钥是否正确。发送方用密钥加密一个常量，然后把密文的前 2~4 字节与密钥一起发送。在接收端，做同样的工作，如果接收端解密后的常数能与发端常数匹配，则传输无错。

4．更新密钥

当密钥需要频繁的改变时，频繁进行新的密钥分发的确是困难的事，一种更容易的解决办法是从旧的密钥中产生新的密钥，有时称为密钥更新。可以使用单向函数进行更新密钥。如果双方共享同一密钥，并用同一个单向函数进行操作，就会得到相同的结果。

5．密钥存储

密钥可以存储在脑子、磁条卡、智能卡中。也可以把密钥平分成两部分，一半存入终端，一半存入 ROM 密钥。还可采用类似于密钥加密密钥的方法对难以记忆的密钥进行加密保存。

6．备份密钥

密钥的备份可以采用密钥托管、秘密分割、秘密共享等方式。

最简单的方法，是使用密钥托管中心。密钥托管要求所有用户将自己的密钥交给密钥托管中心，由密钥托管中心备份保管密钥（如锁在某个地方的保险柜里或用主密钥对它们进行加密保存），一旦用户的密钥丢失（如用户遗忘了密钥或用户意外死亡），按照一定的规章制度，可从密钥托管中心索取该用户的密钥。另一个备份方案是用智能卡作为临时密钥托管。如 Alice 把密钥存入智能卡，当 Alice 不在时就把它交给 Bob，Bob 可以利用该卡进行 Alice的工作，当 Alice 回来后，Bob 交还该卡，由于密钥存放在卡中，所以 Bob 不知道密钥是什么。

秘密分割把秘密分割成许多碎片，每一片本身并不代表什么，但把这些碎片放到一块，秘密就会重现出来。

一个更好的方法是采用一种秘密共享协议。将密钥 K 分成 n 块，每部分叫做它的"影子"，知道任意 m 个或更多的块就能够计算出密钥 K，知道任意 m−1 个或更少的块都不能够计算出密钥 K，这叫做 (m,n) 门限（阈值）方案。目前，人们基于拉格朗日内插多项式法、摄影几何、线性代数、孙子定理等提出了许多秘密共享方案。拉格朗日插值多项式方案是一种易于理解的秘密共享(m,n)门限方案。

秘密共享解决了两个问题：一是若密钥偶然或有意地被暴露，整个系统就易受攻击；二是若密钥丢失或损坏，系统中的所有信息就不能用了。

7. 密钥有效期

加密密钥不能无限期使用，有以下有几个原因：密钥使用时间越长，它泄露的可能性就越大；如果密钥已泄露，那么密钥使用越久，损失就越大；密钥使用越久，人们花费精力破译它的诱惑力就越大，甚至采用穷举攻击法；对用同一密钥加密的多个密文进行密码分析一般比较容易。不同密钥应有不同的有效期。

数据密钥的有效期主要依赖数据的价值和给定时间里加密数据的数量。价值与数据传送率越大，则所用的密钥更换越频繁。密钥加密密钥无需频繁更换，因为它们只是偶尔地用作密钥交换。在某些应用中，密钥加密密钥仅一个月或一年更换一次。

用来加密保存数据文件的加密密钥不能经常地变换。通常是每个文件用唯一的密钥加密，然后再用密钥加密密钥把所有密钥加密，密钥加密密钥要么被记忆下来，或是保存在一个安全地点。如果丢失该密钥也就意味着丢失所有的文件加密密钥。

根据应用的不同公开密钥密码应用中的私钥的有效期是而变化的。用做数字签名和身份识别的私钥必须持续数年（甚至终身），用做抛掷硬币协议的私钥在协议完成之后就应该立即销毁。即使期望密钥的安全性持续终身，两年更换一次密钥也是要考虑的。旧密钥仍需保密，以防用户需要验证从前的签名。但是新密钥将用做新文件签名，以减少密码分析者所能攻击的签名文件数目。

8. 销毁密钥

如果密钥必须替换，旧钥就必须销毁，密钥必须物理地销毁。

9. 公开密钥的密钥管理

公开密钥密码使得密钥较易管理。无论网络上有多少人，每个人只有一个公开密钥。使用一个公钥/私钥密钥对是不够的。任何好的公钥密码的实现需要把加密密钥和数字签名密钥分开。但单独一对加密和签名密钥还是不够的。像身份证一样，私钥证明了一种关系，而人不止有一种关系。如 Alice 分别可以以私人名义、公司的副总裁等名义给某个文件签名。

6.2 软件保护中的密钥协商

6.2.1 密钥协商概述

密钥协商 (key agreement scheme)是指一种能够让通信系统中的两个或多个参与主体在一个公开的、不安全的信道上通过通信协商联合建立一次会话所用的临时会话密钥的通信机制。

有关构建快速安全的会议密钥方案方面，许多学者做了研究。1949 年，C.E.Shannon 第一次提出了著名的 Shannon 保密理论指出了一次一密系统的安全性和经常性更换密钥的重要性。而经常性的更换密钥在实际操作中却因为过于繁琐而不可行。基于此，人们提出了"会话密钥"的概念。该密钥只在本次通信过程中有效，一旦通信结束，该密钥即被销毁。而这个"会话密钥"也就是会议密钥，如果该密钥由一个 KDC 产生，然后分发给各个与会者，称为"密钥分发"；但这个密钥是由各个与会者通过交换各自的秘密信息共同协商、计算而产生，称为"密钥协商"。

关于如何以协商的方式产生会议密钥的问题，早在 1988 年就由 Bennett，Brassard 和 Robert

提出了保密增强的概念，后由 Bennett、Brassard 加以推广。所谓保密增强就是从部分保密的共享信息中提取出高度保密的共享信息的过程，它是安全密钥协商协议的最后一个也是最重要的一个步骤。举例说明，假设通信双方 Alice 和 Bob 共享一个串 S，而敌手 Eve 只了解关于该串的一部分信息。保密增强的实现方法是：Alice 和 Bob 通过在一个具有认证功能的公开信道上传递一个合适的 hash 函数 h，双方计算出 s′=h(s)，使得 Eve 所知道的关于 s′ 的信息，几乎可以忽略。

防止敌手篡改通信双方在公共信道上的协商内容，或敌手冒充一方来执行密钥协商协议，是非认证信道上的安全密钥协商的实现要考虑的主要问题。而认证是解决这一问题最好的方法。传统的认证技术的前提条件是通信双方间共享一个认证密钥，而安全密钥协商的目的就是要产生共享密钥，二者是相互矛盾的。所以，安全密钥协商成功的关键是如何在不共享认证密钥的情况下来实现公共信道上的协商内容的认证。鉴于此，1999 年刘胜利、王育民在基于纠错码理论对无条件安全密钥协商中认证问题进行了研究，提出在敌手的信道比通信双方的信道都差的条件下，总能够找到一种(N,K,D)线性码来实现通信双方的认证问题，并使得收方接受合法消息的概率至少为 $1-1/S^2$，且拒绝非法消息的概率至少为 $1-1/S'^2$，其中，s 和 s′ 均为大于 1 的安全参数，并对所需的认证符长度的下界与初始化阶段信道的误比特率、认证方案的传信率及安全参数间的关系进行了一定的研究。

与此同时，1993 年 3 月，Internet 工程任务组（Internet Engineering Task Force，IETF）成立了 IPsec 工作组，专门研究制定网络层上的安全标准。1995 年 8 月，IPsec 工作组公布 RFC1825－1829 等，提出了 IPsec 最初的设计方案；1998 年 12 月，该工作组推出 RFC2401－2412 等，对原方案进行了大量改进，IPsec 的总体框架基本形成；2000 年 3 月，IPSP 工作组（IP Security Policy Workgroup）成立，继续讨论 IPsec 安全策略问题。在 IPsec 工作组制定 IKMP 的标准化过程中，先后采用了很多方案，最终强制推行 IKE 密钥管理方案。由于 IKE 使用计算量较大的 DH（Diffie Hellman）算法来协商相互间的公共会话密钥（session key），并且，IKE 使用数字签名来实现认证，计算量也很大，较浪费时间，所以 IKE 是一个"昂贵"的密钥协商协议，而且运行速度慢。

除了以上所提出的有关工作外，有关密钥协商的研究还有很多其他的密钥协商方案，如 CKD 协议、GDH 协议、TGDH 协议、STR（steer, et al.）协议、BD 协议等，除此之外，还有改进型 M－GDH.2 协议以及基于 Kerberos 的密钥协商协议等。

6.2.2 密钥协商协议

6.2.2.1 密钥协商协议

密钥协商协议与加密、数字签名，被认为是最基本的三个密码原语(Cryptographic Primitive)。密钥协商协议允许两个或者两个以上的用户在由敌手完全控制的开放式网络环境下通过交换信息，协商完成一个共享的密钥。这一密钥将用于这些用户之间的后续安全通信。因此，安全密钥协商协议是更加复杂的高层协议的最基本模块。

设计拥有高效通信和计算性能的安全、有效的密钥协商协议，受到了密码学界的广泛重视。第一个开创性的密钥协商协议是 1976 年 Diffie 和 Hellman 在他们的经典文献中提出来的，这篇文献同时标志着公钥密码学的诞生。然后，经典 Diffie-Hellman 密钥协商协议不提供认证机制，因此在开放式网络环境中，它不能抵抗中间人攻击。

我们要预防网络中不安全潜在的威胁，攻击可能是被动和主动的，在被动攻击中，敌人只能在消息被发送前窃听消息，在主动攻击中，敌人可以做各种事情，可以伪装，修改信息。

用户身份认证(Authentication)通常是在解决网络信息安全问题的所有机制与方案当中，最基本的一步。系统通过身份认证，可以由此决定是否提供服务或者开放什么样的权限。在身份验证通过之后，接下来的问题是如何保护通信双方所互相传送的数据。目前解决这一问题最有效的方式就是为通信的双方分配一个共享的会话密钥(Session key)，然后他们以此会话密钥来加密传送的数据以防止窃听，并产生消息认证码以防止数据被篡改。所以，一个能同时提供用户身份认证和密钥生成的安全协议，才能满足上述安全需求，这一类安全协议通常被称为认证密钥生成协议，它将认证和密钥生成紧密结合在一起，是网络通信中应用最普遍的安全协议之一。

密钥生成协议一般可分为密钥传输协议与密钥协商(Key agreement)协议两大类。在密钥协商协议中，最终会话密钥的生成，需要用到通信各方贡献的信息。本节仅讨论双方密钥协商协议，并且协议的参与者仅使用公钥密码(Public key cryptography)技术。

尽管密钥协商协议是几乎所有上层应用协议(如电子商务协议、安全文件传输协议等)的必要条件，但安全密钥协商协议的设计仍然是一个十分困难的问题。

认证密钥协商应至少具有以下的安全属性：

（1）已知密钥安全（Known-Key Security，KKS）。当两个协议参与者之间共享的某个会话密钥泄露之后，获得该密钥的攻击者无法根据已获得的会话密钥求出其它会话密钥。它主要是将会话密钥所产生的安全危害局限在当次的秘密通讯过程中。显然一个密钥协商协议的最基本要求就是抵抗这个攻击。

（2）前向安全(Forward Secrecy, FS)。即使一个或多个参与方的长期私钥(long-term private key)不小心泄露了，在此私钥泄露之前所产生的会话密钥不会因此而一起泄露。它主要是对于过去被加密的资料提供完善的机密性保护。

（3）完美前向安全（Perfect Forward Secrecy，PFS）。若所有参与方的长期私钥全部都泄露，系统对于过去所有已被加密的资料尚具有保护作用，无法推导出先前所产生的会话密钥。

（4）抗密钥泄露伪装攻击(Key-Compromise Impersonation Resilience，KCI)。当 A 的长期私钥不小心泄露给了攻击者，此情形下，攻击者只能模仿自己是 A 来欺骗其他人，但无法模仿其他成员来蒙骗 A。

（5）抗未知密钥共享（Unknown Key-Share Resilience，UKS）。当 A 完成密钥协议协定后，相信自己与 B 共同分享一密钥，但 B 却认为自己是和另一攻击者建立一个密钥，最后造成在 A 不知情的状况下与攻击者也分享了此共同会话密钥。

（6）无密钥控制（No Key Control）。任何协议参与者都不能预先设定会话密钥的得某位或全部值。

此外，认证密钥协商协议在性能方面应具有如下属性：

（1）较少的通信轮数。

（2）每一轮所交换的信息应尽可能的少，传输的总比特数较少。

（3）协议计算量较小，应尽量避免费时的计算。

还有一些其他的属性，如角色对称（role-symmetry），实体间传输的消息具有同样的结构；非交互性（non-interactiveness），实体间传输的消息是相互独立的；加密的非依赖性（non-relianceon encryption），满足可能的导出需求。

6.2.2.2 安全性证明模型

在密钥协商协议的研究以及其他密码学协议的相关研究中，经常会利用随机预言机模型对协议的安全性进行证明。在此简要介绍一下 Bellare-Rogaway 模型。

Bellare-Rogaway 模型是一种非标准化的计算模型，是一个随机预言模型。在该模型中，任何具体的对象被当做随机对象。人们可以规约参数到相应的计算，每一次新的查询，都能够得到一个随机的应答。假设存在一个敌手，让该敌手模拟协议的执行，得到一个结果。但该结果却与数学假设相矛盾，借助一些概率的概念，以此证明协议的安全性。尽管随机预言模型的有效性是存在争议的，但是该模型能够在一定程度上保证一个方案是没有缺陷的。因此该模型对于认证密钥协商协议还是很有用的。

在用于证明协议安全性的模型中，存在着 T1(K) 个参与协议的用户，以及 T2(K) 个权威机构 TA。(此处的 T1(K) 和 T2(K) 分别是以 k 为自变量的多项式函数，k 则是一个安全参数。) 模型中的每一个用户都拥有一对非对称的密钥，其中公钥是由表示其身份的字符串经过某些运算得到的，而私钥则是由 TA 对该用户的公钥进行某些运算后得到，再分配给该用户的。其中表示用户身份的字符串是随机对象。oracle $\prod_i^n j$，模拟了用户 I 和用户 J 之间第 n 次通信，它保存了所有它们发送和接收的信息，以及相应的请求。

模型中还存在一个攻击者 E，该攻击者控制着所有的协议参与者。它可以读取、插入、修改、延时、监听和删除协议中任何用户发送的消息，甚至能够发起和接受会话。一个攻击者可以对 oracle 进行以下三种操作:

（1）Send：攻击者可以向 oracle 发送任何消息。

（2）Reveal：攻击者可以要求 oracle 给出它持有的会话密钥。

（3）Comipt：攻击者可以要求 oracle 给出其中用户的长期私钥。

可见在该模型中很好地模拟了攻击者的各种行为。

一个 oracle 存在以下五种状态:

（1）Accepted：接受持有一个会话密钥。

（2）Rejeeted：拒绝持有一个会话密钥。

（3）还没有决定好是接受还是拒绝。

（4）opened：给出了它持有的会话密钥。

（5）orrupted：给出了用户的长期私钥。

为了更好地介绍安全的认证密钥协商协议的定义，下面介绍一下良性攻击者和匹配的会话的概念。如果一个攻击者在传递两个预言机之间的消息时，不进行任何篡改或故意遗漏消息，则把这个攻击者称为良性攻击者。如果两个 oracle 中的任一方都只接收来自另外一方的消息，则称这两个 oracle 之间有匹配的会话。用 advantage^E(E) 表示攻击者 E 能够获得本次产生的会话密钥的优势。

安全的认证密钥协商协议的定义:

（1）在只有良性攻击者存在的情况下，oracle 和 $\prod_{ij}^s$ 在协议结束时都处于 acccpted 状态，且持有相同的会话密钥。

（2）对于任意的攻击者，两个不处于 corrupted 状态的 oracle 之间有匹配的会话，那么它们都处于 accepted 状态，且持有相同的会话密钥。

（3）攻击者 E 能够获得本次产生的会话密钥的优势 $advantage^E(k)$ 是可忽略的。如果 $\forall c > 0, \exists k_c > 0$ 满足 $\forall k > k_c, \exists \varepsilon(k) < k^{-c}$，则称函数 $\varepsilon(k)$ 是不可忽略的。如果一个函数不是不可忽略的，就称它为可忽略的。

6.2.3　经典的证书基密钥协商协议

6.2.3.1　经典 Diffie–Hellman 协议

Diffie-Hellman 密钥协商协议为密钥分发问题提供了第一个实际的解决方案，它允许以前从未相遇的或从未共享过密钥的双方在开放式网络环境中通过交换信息，以建立共享会话密钥。其安全性取决于计算性 Diffie-Hellman 问题的困难性。基本方案对共享密钥提供的保护，能够抵抗来自于被动敌手(窃听者)的攻击，但是不能抵抗来自于具有解惑、修改或者添加消息能力的主动敌手的攻击。参与的双方都不能保证消息提供者的身份或知道共享密钥的参与方的身份，即不提供实体认证和密钥认证。

协议 1:

概要说明:A 和 B 都在开放信道上向对方发送一条消息。

运行结果:A 和 B 双方都知道共享密钥 K。

（1）系统设置。

选择并公布一个合适的大素数 p 以及 Z^*p 上的生成元 g，$2 \leqslant g \leqslant p-2$。

（2）协议消息。

A –> B: $g^x modp$

B –> A: $g^y modp$

（3）协议执行。

下列步骤每执行一遍都为双方产生一个共享密钥。

① A 选择一个随机数 x，$2 \leqslant x \leqslant p-2$，被给 B 发送 $X = g^x$；

② B 选择一个随机数 y， $2 \leqslant y \leqslant p-2$，被给 B 发送 $Y = g^y$；

③ B 接收 X 并计算共享密钥 $K = K_{AB} = X_y = gxymodp$；

④ A 接收 Y 并计算共享密钥 $K = K_{BA} = Y_x = gxymodp$。

6.2.3.2　MTI 协议族

MTI 协议族是一组 Diffie-Hellman 密钥协商协议的变体的总称，它们由 MTI 三人于 1986 年提出。这些协议能够通过两次消息传递(不需要签名)，为通信的双方产生能够抵抗被动敌手攻击的双相(隐式)认证的会话密钥。

6.2.3.3　MQV 协议

MQV 协议由 Menezes 等人于 1995 年最先提出。这一协议被世界上许多权威标准机构，例如 ANSI， IEEE 等广泛采纳为密码标准。甚至，美国国家安全局 NSA 于近日宣布，将 MQV 协议纳入"下一代密码技术"标注体系之中，用以保护密级达到国家级机密的重要、敏感数据。两次传递的 MQV 协议的信息交换及系统建立过程同 MTI 协议完全一致，但它能够通过两次消息传递(不需要签名)，为通信的双方产生能够抵抗主动敌手攻击的双相(隐式)认证的会话密钥。下面我们粗略地给出 MQV 协议，详细描述参见文献。

协议 2:

概要说明：两次消息传递的 Diffie-Hellman 密钥协商，其安全性能够抵抗主动敌手攻击。

运行结果：A 和 B 都能够计算共享密钥 K。

（1）系统设置。

选择并公布一个合适的大素数 p 以及 Z*p 上的生成元 g，$2 \leq g \leq p-2$。A 随机选择一个整数 a，$2 \leq a \leq p-2$，作为长期私钥，并计算相应的长期公钥 A=gamodp(B 生成类似的长期密钥 b 和 B)。A 和 B 分别获得对方真实的长期公钥的副本(通过公钥证书)。

（2）协议消息。

同经典 Diffie-Hellman 密钥协商协议。

（3）协议执行。

① A 选择一个随机数 x，$2 \leq x \leq p-2$，被给 B 发送 x=g^x；

② B 选择一个随机数 y，$2 \leq y \leq p-2$，被给 B 发送 Y=g^x；

③ A 计算 X、Y 以及 SA=x aX(其中，X 的二进制表示来自于 X 的二进制表示的最后 80 比特)共享密钥：

$$K = K_{AB} = (YB^{\bar{Y}})^{S_A} = g^{S_A(y+b\bar{Y})};$$

④ B 计算 X、Y 以及 SB=y bY，共享密钥：

$$K = K_{BA} = (XA^X)^{S_B} = g^{S_B(X+aX)} = g^{S_A S_B}。$$

两次消息传递的 MQV 协议提供了已知密钥安全、前向安全及抗密钥泄露伪装攻击等安全属性，但这些安全属性的证明仅仅是启发式的。后来，Kaliski 发现 MQV 协议不能够抵抗未知密钥共享攻击。

值得一提的是，MQV 协议比 MTI 协议不仅提供了更多的安全属性(例如前向安全性)，其计算效率也有显著提高：协议的每一方只需要计算 2.5 个模指数运算(因为 X 的长度是 X 的一半，所以相对于模指数运算 AXmodp，运算 AXmodp 可看成是半个模指数运算)。又因为运算 gxmodp 可预先离线计算，所以每一方的在线计算量只有 1.5 个模指数运算。若采用同样的预先计算方法，MTI/A0 协议的在线计算量仍为 2 个模指数运算。因此，相对于 MTI/A0 协议，MQV 协议的在线计算量减少了 25%。

6.3 软件保护中的密钥更新

6.3.1 密钥更新

密钥更新是指订户或其他参与者生成一对新密钥并申请为新公钥签发一个新证书[309-320]。证书密钥更新一般用在因私钥泄漏而吊销证书之后，或者证书到期并且密钥对的使用期也到期之后。密钥更新可以请求证书密钥更新的实体，如订户。也可以为签发新证书，电子认证服务机构或注册机构处理密钥更新请求的过程。

随着计算机的迅猛普及，大广播、视频量多媒体业务相继涌现出来，其中一些应用业务要求多个计算机能同时接收相同数据，如电视会议、IP TV、网上教育等；这些多媒体业务与一般的数据相比，具有数据量大、持续时间长、时延敏感等特点。采用传统技术会占用过多的网络资源尤其是带宽，以致影响网络性能。组播技术正是针对这一问题而提出的一种高效网络传输方案，它是一种由一个或多源主机同时发送单一数据包到多个目的节点的网络技术，从而大大节省了网络带宽，提高了数据传输效率，也减少了主干网拥塞的可能性。

密钥对播报文进行加，解密、认证等操作，以满足保密性、组成员认证以及完整性认证等需求。密钥管理包括产生与所要求安全级别相称的合适密钥；根据访问控制的要求，对于每个密钥决定哪个实体应该接受密钥的拷贝；安全地将这些密钥分配给用户；某些密钥管理功能将在网络应用实现环境之外执行，包括用可靠手段对密钥进行物理的分配等。为了保证群组通信的安全性，群组成员之间需共享一个组播，群组内的所有通信均使用这个群组密钥加密，这样就可以确保群组成员之间进行安全的交流和会话，因为只有授权的群组成员才能得到群组密钥。

当前密匙管理方案有很多，按组织结构主要分为三类：集中式组密钥管理、分布式密钥管理、分散式组密钥管理。

（1）集中式组密钥管理协议：由组密钥服务器对群组的密钥和成员进行管理，每个群组有一个专用的服务器负责管理群组密钥，服务器产生群组密钥，并向群组成员组播或者广播信息。群组密钥的更新需要有服务器通过向各成员发送消息完成更新。该方案的优点是容易实现，但存在单一失效点问题，而且，当群组成员增多时，性能会受到一定的影响。

（2）分布式群组密钥管理协议：这种方案中不存在组密钥服务器，群组成员的身份和地位都是平等的(又称为动态对等组)。通过各自随机选择的临时密钥份额，群组内的所有成员可以相互协作生成群组密钥，当有成员加入或离开时，同样由各个成员协作完成。分布式密钥管理协议设计相对比较简单，分布式群组密钥管理协议主要问题是效率低且不易扩展。

（3）群组密钥管理的安全性和有效性为了确保群组通信的安全性和有效执行，群组通信中的密钥管理协议应该满足以下条件：1）身份认证：只有合法成员才能加入群组；2）前向保密性：离开的群组成员不能得到其离开之后的群组密钥；3）后向保密性：新加入的群组成员不能得到其加入之前的群组密钥；4）密钥独立性：当前组密钥与以前或者将来的密钥独立，从而保证被动攻击者在得到部分群组密钥的情况下不能得到其他的群组密钥；5）数据存储量：在满足系统要求的同时，整个群组密钥管理系统使用的数据量必须尽量少；6）密钥更新信息交换数量：更新群组密钥所需的消息交换轮数影响到更新密钥所占用的系统带宽，因此应尽可能地减少其交换的数量；7）密钥更新计算量：在群组成员加入或离开时，为了保证前向保密性和后向保密性，动态群组必然会进行一些计算，及加解密计算，这些操作所需计算量的大小对群组密钥的更新效率有很大影响。

相对于单播通信，组播通信有其特有的安全需求：①机密性：只有拥有组播密钥的节点才能进行组播通信，非组成员无法进行组播通信；②前向安全性：某些主动或被强制退出的节点(如恶意节点)无法继续参与组播通信，即无法利用现有的组密钥解密后继的组播消息和生成有效的加密报文；③后向安全性：新加入的节点无法解密其加入之前的会话信息；④同谋破解：几个恶意节点联合起来掌握足够多的密钥信息，使得无论系统加任何的更新密钥都能被恶意节点获得；⑤健壮性；⑥可靠性：当网络环境不可靠时，安全组播仍能进行，密钥分发、密钥更新仍能实施。

6.3.2　密钥更新方案

下面介绍四种密匙更新的方案：基于迭代哈希函数链的批密钥更新方案，分组 LKH 组播密钥管理方案，基于密钥矩阵的密钥管理方案和自适应 Huffman 树模型组密钥更新方案。

6.3.2.1　基于迭代哈希函数链的批密钥更新方案

保护组播数据机密、建立安全通信系统是安全组播研究的主要目标。组播通信的安全基础是所有组员共享一个不为组外用户所知的会话加密 SEK 加密播通信数据。由于组播通信的组员随时可能加入或离开通信组，所以密钥必须随时更新，确保新加入成员无法访问过去的通信数据(后向安全性)，以及离开的成员无法解读将来的通信数据(前向安全性)。相比单播的密钥管理，前向加密、后向加密和同谋破解是组播密钥管理特有的问题。

密钥管理是安全组播研究的核心问题。对于组播，随时有成员要求加入或退出请求，因此对于组播密钥管理服务器必须具备随时处理密钥更新的能力。单密钥更新存在以下两个缺点：一是密钥更新效率低，浪费服务器资源；二是存在数据和密钥之间存在不同步问题。而采用周期批密钥更新策略，可以有效地提高密钥更新效率，节约服务器资源。下面是介绍基于迭代哈希函数链的批密钥更新的一种思路。

图 6-2 是逻辑密钥树和迭代哈希函数链两种情况下，加入成员时服务器密钥更新开销对比。从图中可以看出逻辑密钥树所对应的开销接近两倍于迭代哈希函数链方案所对应的服务器开销。这是因为迭代哈希函数链方案，不需要更新辅助密钥，这些辅助密钥直接可以用哈希函数迭代算出，从而节约服务器的开销。

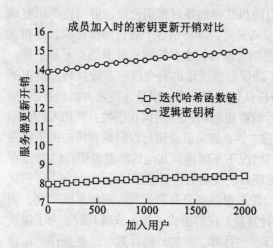
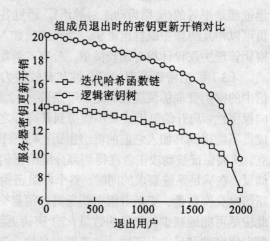

图 6-2　单密钥更新成员加入时的密钥更新开销对　　图 6-3　单密钥更新成员退出时的密钥更新开销对比

图 6-3 是成员退出时服务器密钥更新开销在逻辑密钥树和迭代哈希函数链两种情况下对比。从图 6-3 中可以看出两种方案所对应的服务器密钥更新开销在起始部分较大，随着退出成员的增多，开销呈下降趋势。这是因为随着退出成员的增多，组播成员总数在减少，密钥服务器需要进行的更新必然也会随之减少。在密钥服务器开销方面，迭代哈希函数链方案具有明显的优势。

如果单密钥更新中当加入或者退出请求很频繁时，即两个加入或者离开相隔时间很短，密钥服务器必须及时产生并分发两套密钥，以至于密钥服务器产生和分发的前一个密钥还没来得及用来解密数据，用户已经收到下一个密钥，造成网络资源无为的浪费。这种情况在组播建立的开始阶段和组播即将结束阶段，请求加入和退出的申请特别频繁，服务器资源的浪费更加严重。采用批密钥更新的方案可以减少服务器更新代价，当有加入或者退出请求时，服务器不会立即做出反应，而是收集一段时间间隔内所有的请求，然后进行批处理。这段时间间隔内，加入请求要等待一个时间间隔才能被批准加入，同样退出请求也要等待相同的时间间隔在组播中，这样就可以减少服务器计算和更新密钥的开销。批密钥更新开销不会受成员加入或者退出的频率影响，是一种安全与效率的折中考虑。

基于迭代哈希函数链的批密钥更新方案其基本思想是，在一段时间间隔内，收集所有用户加入或者退出请求，然后集中进行批处理.虽然离开用户的所在密钥树的位置不可知，但服务器可以合理地安排加入用户到相应的位置。将加入的用户填充离开用户的位置，这样可以减少一次密钥更新过程。这个处理过程依照以下三种情况分别进行讨论：加入成员数等于退出成员数；加入成员数大于退出成员数；加入成员数小于退出成员数。这里用 d 表示密钥树的度，N 表示组播成员数，J 表示加入组播成员数，L 表示退出组播成员数，C 表示存在 J 个成员加入且有 L 个成员退出的情况下组播密钥服务器所要进行的密钥更新开销量。

$$C= J\left(1+\log d\left(N\right)\right) + L\left((d-1)\log d\left(N\right)\right)$$

当加入成员数与退出成员数基本相符时，直接将加入成员填充退出成员的空缺位置，这样的密钥开销成本最小。如果加入数大于退出数，将加入成员取代 L-1 个退出成员后，选取离根节点最近的一个退出成员位置将剩余的 J-(L-1)个新成员重新组成一棵密钥子树。

如果加入成员数小于退出成员数，在离开成员位置中挑选距离根节点最近的 J 个节点用新加入的 J 个节点替换，其余的 L-J 个节点直接删除，而新加入的 J 个节点从叶节点到根节点路径上的所有密钥需要全部更新。

该方案基于迭代哈希函数链的单密钥更新方案可以提高效率，节约网络资源。在此基础上进一步引出了基于迭代哈希函数链的批密钥更新方案。又分三种不同情况即加入用户数大于退出用户数，加入用户数等于退出用户数和加入用户数小于退出用户数分别进行了讨论，给出了密钥更新的不同方法.通过对三种不同情况下密钥更新性能比较，结果表明该方案在批密钥处理中可有效地节约服务器资源，提高密钥更新效率。

6.3.2.2　分组 LKH 组播密钥更新方案

在无线通信中，如卫星链路上通信时延较大、误码率较高使 TCP 的性能显著降低。为了改善 TCP 的性能，将 PEPs(performance enhancement proxies)应用到路由器或者网关中。可是 IPsec 支持的是端到端的安全，IPsec 会影响 PEPs 的正常功能，一方面 IPSEC 要在网络层加密数据；另一方面，网络中间节点 PEPs 要访问上层协议的信息，必须找到一种方法，既可以进行加密通信同时又不影响 PEPs 正常功能。

为实现 IPsec 和 PEP 在网络中的共存，将一个 1 个数据包分成不同的区域，用不同的密钥加密不同区域，将相关的组播密钥整合在一棵密钥树中作为一个整体来管理，构成分组 LKH，从而降低组播中控制器和成员的密钥更新开销。与相比 LKH(logical key hierarchy)方案，分组 LKH 组播方案降低了密钥管理代价，提高了组播的扩展性，保障了组播安全。

典型的组播密钥管理方案是逻辑密钥层次树 LKH，在 LKH 中树根对应组控制器，各个中间节点对应一个 KEK(key encrypt key)，叶节点对应组播成员，每个叶节点都有一个私钥 PK(private key)，在逻辑密钥树中组控制器负责产生、分发组密钥(即会话密钥 SEK(session encrypt key))和适时更新组密钥，组播成员有权接收组密钥，所有的组播成员都持有会话密钥 SEK，如图 6-4 所示。

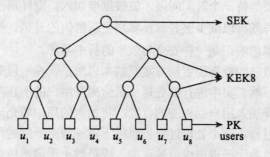

图 6-4   一棵有 8 个组成员的典型逻辑密钥树

对于一棵平衡树,树的维数用 d 表示,组播成员数为 N,每个成员的存储开销是 logd(N)+1；组控制器存储密钥需要的开销是(dN-1)／(d-1)。组密钥需要随着组播成员关系的动态变化而随时更新，由于组播通信的成员随时可能加入或离开组播，为了保证组播通信的安全必须提供后向加密(防止新加入的组员能够解密之前的消息)和前向加密(防止离开组播的组员仍然可以解密之后的消息)。对于一个大型组播，组成员的频繁变动会使得密钥更新量非常大，因此如何降低密钥更新开销实现组播的可扩展性是非常重要的。

随着组播成员的关系变动，组控制者必须更新所有从叶节点到根节点路径上所有的密钥，所有的组播成员必须更新叶节点到根节点路径上所有的密钥和离开成员对应的叶节点到根节点路径上的所有密钥，其密钥更新开销是 d log d N-1。为保证后向安全，组播成员所要需要的密钥更新开销是 2logdN。Iolus 方案中一个组播组被分成不同的子组，组控制者管理一个树型子组控制者，每个子组控制者管理各个子组成员。这个方案的优点在于整个体系结构使得成员变动的影响只局限于子组范围内，因为经过分割后每个子组的成员数较小，子组内可以使用简单密钥管理方案，该方案使分发树多个节点共同承担安全风险，从而使某个节点发生故障的风险只局限于子组范围。缺点是对于一个大型组播，首先为了管理一个组需要额外的第三方资源开销，还需要对第三方的安全信任，因此整个体系的性能因太多的第三方而降低；其次，组安全控制中心起着非常重要的作用，一旦组安全控制中心失效，子组之间就会被分割而无法通信，整个组必须重建。

IPsec(IP security)是在互联网中保障安全通信的协议。IPsec 的基本原理如下：IP 数据包用 IPsec 加密后发送到互联网中，在接收端再解密。IPsec 由 AH(authentication header)和 ESP(encapsulated security payload)组成。IPsec 支持两种模式：传输模式和隧道模式。在传输模式中，IP 头未加密，IP 数据加密传输。如图 6-5 所示，传输模式典型地应用在对等网中。

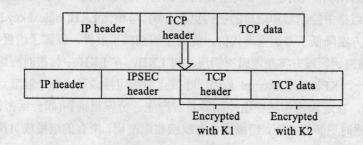

图 6-5   IPsec 的传输模式

在隧道模式中，整个数据包(包括包头和数据)都被加密，并且一个新的 IP 包头被加在数据包的前面。如图 6-6 所示。

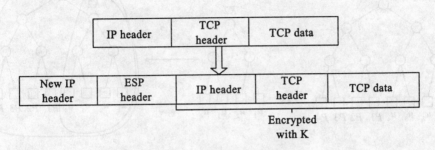

图 6-6　IPsec 的隧道模式

不管是哪种模式，用于加密和鉴定的密钥只是发送端和接收端有，网络中无论是授权的路由器还是非法用户只能看到 IP 头不能读取或者篡改数据内容。TCP 包头都被加密，通信网络中的网关或者智能路由器不能获取 TCP 包头，使通信网关中的 PEP(performance enhancement proxies)不能正常发挥作用，导致网络性能下降。

下面介绍一种应用于 IPsec 的层次加密模型，相应的密钥管理模型为基于 IPsec 的分组 LKH，将一个数据包分成多个不同的 IPsec 加密区域，用不同的密钥加密不同的区域，如图 6-7 所示。

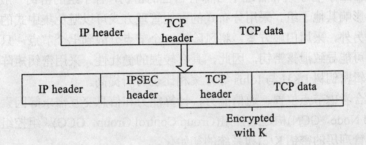

图 6-7　数据包的分组加密模型

TCP 数据部分用密钥 K2 加密，这个密钥只能被发送端和接收端解密。TCP 头用密钥 K1 加密，这个密钥可以被发送端、接收端和一些中间授权节点(PEPs 或者路由器)解密。这样 PEPs 就可以发挥其优化作用，同时 PEPs 又不能解密 TCP 数据内容，也实现了 PEPS 和 IPsec 在网络中的共同发挥各自作用且互不影响．与之相应的密钥管理方案是将不同的密钥 K1 和 K2 各自的密钥树组织在一棵逻辑密钥树中，成为一个分组 LKH，如图 6-8 所示。

组播用户 U1 至 U4 和一组 PEPsP1 至 P4 各自构成一个密钥树，这两个密钥树有一定的层次关系，将这两个密钥树组成一个分组 LKH，这样当组播成员或者 PEPs 变动时，在密钥树中重合部分的密钥更新只需要进行一次就可以完成，从而可以减小密钥更新开销和密钥存储开销。如果按照传统 LKH 是将不同的密钥分别建立一个逻辑密钥树，在组播成员变动时分别进行各自的密钥更新，那么重合部分势必要进行两次密钥更新，则总的密钥更新开销和密钥存储开销会增大。

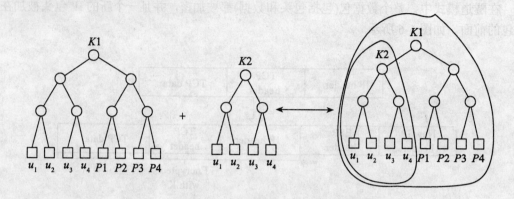

图 6-8　数据包分组加密密钥相对应的层次型密钥树

该方案可以实现层次式接入控制，同时实现了 IPsec 与 PEP 在网络中的共存，并且具有较小的密钥更新开销，使得组播具有较好的扩展性，实现了安全组播。

6.3.2.3　基于密钥矩阵的密钥更新方案

在所有成员中构造组控组，选择计算和通信能力强的节点作为组控节点，由组控节点构成组密钥管理中心，利用(N，k)门限方案产生和更新管理中心密钥 K(c)。其中，N 为组控节点数；k 为门限值。组控节点与其所在区域的普通成员构成子组。在系统初始化后，采用密钥矩阵对子组进行密钥更新。组控节点是子组的控制中心，当子组成员发生变化时，负责更新子组密钥 Ksub(i)。各子组和管理中心都有自己的密钥，各子组的密钥一般不同，一个子组的密钥更新不影响其他子组。采用分布式的密钥管理方式可以避免集中式的组控器存在的单点失效问题；另外，采用门限方案，将风险由一个节点分散到七个节点，只有 k 个以上节点同时被控制才可能导致泄露密钥，因此，具有较强的健壮性。采用密钥矩阵进行密钥更新的效率与采用逻辑密钥树 LKH 与 Iolus 等方案相比也有所提高。

该方案综合考虑节点位置、通信能力、计算能力和信息交互需求等因素，选择组控节点(Group Control Node，GCN)构造组控组(Group Control Group，GCG)。组控组构成密钥管理层次，负责生成管理层的密钥 K(c)和系统的初始化。

系统结构框架如图 6-9 所示。其中，GC$_1$，GC$_2$，…，GC$_4$ 为组控节点；U2-1，U2-2，…，U3-4 为普通成员节点。

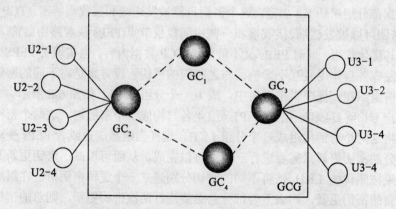

图 6-9　基于密钥矩阵的分布式组播密钥管理框架

系统初始化包括 2 部分：组控组 GCG 的初始化和密钥矩阵的初始化。组控组的初始化生成用于组控节点间通信的管理密钥 K(c)，采用 Shamir 等人提出的(N，k)门限方案，其原理是使用多项式 f(x)，若它的度为 k-1，则任何大于等于 k 个成员都可以通过拉格朗日插值原理恢复系统管理密钥；任何少于 k 个成员都无法完成管理密钥的恢复。组控节点间通信可采用组播通信或公钥加密通信 2 种形式。系统初始化时要为每一个组控节点分配相应的公钥和私钥，由于管理层的节点数目相对较少，采用这种方式带来的通信延迟开销是可以容忍的。采用公钥体制进行加 / 解密，可以进行源认证。矩阵的每个元素对应于一个密钥对，并对应唯一一个用户。在组控组初始化后，组控节点 i 生成子组密钥 Ksub(i)，利用拉格朗日插值公式进行行列拆分，并将拆分后的各子密钥份额组成密钥对分发给组播子组的各成员，任何成员的密钥对都不相同，且任何一个成员都不可能根据自己的密钥份额恢复出完整的密钥，也不能推算出其他成员的密钥对。只有全部密钥份额合并在一起才可恢复子组密钥 Ksub(i)。因此，该方案对抵御同谋攻击有很好的效果。

选择大素数 P，q，m 为密钥矩阵行数，n 为密钥矩阵列数，a，b 为插值多项式系数，并将 Ksub(i)分别分成 m 和 n 份不同子密钥。由拉格朗日插值公式，令

$$K_{ri} = f(x_i) = \sum_{i=1}^{m} a_i x_i (\bmod p), \qquad K_{cj} = f(y_j) = \sum_{j=1}^{n} b_i y_i (\bmod q)$$

子组密钥份额分别为 kr1，kr2，kr3，…，krm，kc1，kc2，kc3，…，kcn，由此构造初始密钥矩阵如表 6-1 所示。

表 6-1			初始密钥矩阵		
	K_{c1}	K_{c2}	…	K_{cm}
K_{r1}	(r1,c1)	(r1,c2)	…	(r1,cn)
K_{r2}	(r2,c1)	(r2,c2)	…	(r2,cn)
…	…	…	…	…
K_{rm}	(rm,c1)	(rm,c2)	…	(rm,cn)

其中，(rm，cn)表示由 krm 和 kcn 组成的密钥对。

当所有成员进行组播消息时仅需进行行组播或列组播即可。当子组成员加入或退出时可对密钥矩阵各密钥对进行更新。每个成员仅需存储一对密钥信息，每个子组的组控节点存储整个子组的全部密钥矩阵信息。该方案提高了组控节点的存储复杂度，但解放了其余成员节点，即使某个小组成员被入侵，对方也得不到任何有价值的密钥信息。

所有成员在参加组播系统前要在离线的权威机构进行 ID 注册，即全网唯一 ID 号的授权。同时位于管理层的各组控节点要维护可信 ID 列表、冒充成员列表(Impersonation Member Lists，IMS)、离开成员列表(Leave Member Lists，LMS)分别用于成员身份的合法性验证以及冒充成员的记录和离开子组成员的备份。

当新成员申请加入该网络时，可向就近组控节点提交加入申请。组控节点先检查申请信息是否隶属于其所辖子组，如果不是则利用管理密钥 K(c)将消息向其他组控节点进行组播查询。该组播查询消息 MQ 的格式为 $M_Q=(N_i)^{1, 2, \cdots, *}+T_C$。其中，Ni 为子组序列号；rc 为

时间标记。

如果组控节点收到的加入请求是自己所辖子组则组控节点先验证用户 ID 是否合法，如果不合法则拒绝加入并将该节点 ID 加入冒充成员列表 IMS，同时将该用户 ID 向其他组控节点组播。如果合法则组控节点同新成员进行一次 Diffie Hellmant 交换，建立共享临时密钥 Pu。

组控节点在验证新成员身份合法性后为新成员指派一个空闲密钥矩阵元素，不妨设矩阵元素 P(a, b)处空闲，U 为随机数。此时各节点需要：

（1）组控节点组播消息 kri[u](或 kcj{u}(I, j=1, 2, …, n))给所有行(列)成员。

（2）普通节点利用密钥对中的行密钥或列密钥解密组播消息，对密钥对进行更新。其中，密钥更新策略为 kri′=kri ⊕u。

（3）组控节点单播消息 Pu [(k ra′, kcb′)]给新成员。

在为新成员分发密钥对前对系统进行密钥更新，新成员无法解密加入前的消息，保证系统的后向安全性。u 的随机性使所有子组成员不能通过猜测推导出以后的组密钥。成员加入后的密钥矩阵如表 6-2 所示。其中(rm, cn)表示由 krm′和 kcn′组成的密钥对。

表 6-2　　　　　　　　　　成员加入时密钥更新后密钥矩阵

	K_{c1}	K_{c2}	…	K_{cm}
K_{r1}	(r1,c1)	(r1,c2)	…	(r1,cn)
K_{r2}	(r2,c1)	(r2,c2)	…	(r2,cn)
…	…	…	…	…
K_{rm}	(rm,c1)	(rm,c2)	…	(rm,cn)

成员离开时的密钥更新根据网络拓扑结构可以分为 2 类：普通子组成员的离开；组控节点的离开。

普通子组成员离开时密钥更新情况：退出节点向所在子组组控节点递交退出申请，组控节点更新自己的小组密钥为 K′(sub)(更新方法与成员加入时一样)，同样假设矩阵元素 P(a, b)处的节点离开，此时各节点需要：组控节点组播消息 kri(u)(i=1, 2, …, a-1, a+1, …, n)给各行成员；组控节点组播消息 kcj[u](j=1, 2…, b-1, b+1, …, n)给各列成员；普通节点利用密钥对中的行密钥或列密钥解密组播消息，完成组密钥更新，更新策略同成员加入时一致。这里需要强调的是，离开成员所在行或列的成员只能收到一次组播消息，而其他普通成员则可收到两次组播消息。为防止恶意节点与矩阵元素同列的元素进行同谋欺骗，组控节点需要利用前一组密钥进行信道监测。

成员在退出时对系统的行/列密钥进行更新，退出成员在行/列更新中都不能接收到密钥更新信息，保证前向安全性；同时引入安全监测机制，在实施更新时进行监测，以防止同谋破解攻击。组控节点的离开要比普通成员节点的离开复杂得多，需要时更新密钥矩阵和管理密钥 K(c)。组控节点先在组控组和所在子组内组播退出消息。根据系统初始化时所指定的临时替代者，重新组织组中成员进行管理密钥 K(c)的更新，算法如前所述。新组控节点重新选择子组密钥，构建新的密钥矩阵并重新分配密钥对。

系统管理密钥 K(c)更新所带来的通信和计算代价较高，因此，本方案中不要求系统进行定时更新，而是定义一个全局安全系数 s，s 根据成员位置、作用、任务虽和活动情况(离开或加入其他子组)等内容，以一定的规则进行量化加权，当监测系统检测到成员活动频繁或系统工作异常时，s 达到更新门限 T(rekying)，系统全部组控书点对系统的管理密钥 K(c)和各子组的组密钥 Ksub(i)进行更新。

各个子组的组密钥可根据需要选择相同或不同，两个或多个组控节点共同生成多个子组的组密钥，当成员变化频繁时涉及多个小组的密钥更新，一个小组的成员变化会引起其他小组组密钥的更新。因此，在成员数目较多的各个子组间采用不同的组密钥，当消息需要在不同子组间通信时，既可以利用管理密钥 K(c)进行组播通信，也可以利用组控节点间的公钥进行单向通信；当成员数目较少，成员变化不频繁时，可以在不同的子组建立相同组密钥，具体情况要根据网络规模和应用要求而定。

该方案能保证系统的前/后向安全性，采用密钥矩阵进行密钥更新适合组播成员的动态变化，密钥更新的效率较高，在某些节点失效后仍然能够进行密钥更新，具有一定的健壮性。当节点加入或退出过于频繁时，将使组密钥过度更新，从而造成网络拥塞，定期更新是防止组密钥更新过于频繁的有效方法。

6.3.2.4　自适应 Huffman 树模型组密钥更新

Huffman 树是一棵具有最小加权路径长度(WPL)的满二叉树，n 个权重值 W_i (i=1, 2, …, n)构成一棵有 n 个叶节点的二叉树，树的加权路径长度

$$L_{WPL} = \sum_1^n W_i L_i$$

下面我们给出自适应 Huffman 树算法框图 6-10。

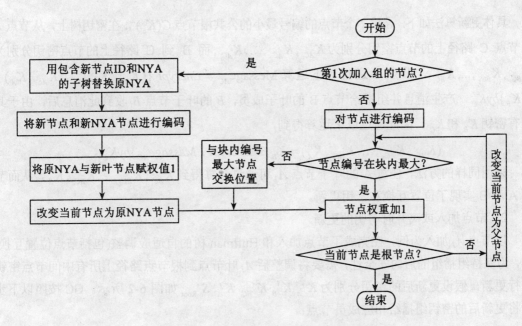

图 6-10　自适应 Huffman 密钥树算法框图

读者可以自己对照上面的算法框图不难理解自适应 Huffman 密钥树算法，在这就不赘述了。自适应 Huffman 树方案中，成员加入或退出组，GC 需要分别完成节点位置互换和组密钥更新，下面分别就这两种情况进行讨论。

1. 节点交换位置时密钥的更新

当节点 A 和节点 B 位置互换时，假定节点 A 的叶子节点分别为 A1，A2，…，Al，它们各自拥有节点 A 的密钥 KA；节点 B 的叶子节点分别为 B1，B2，…，Bm，同样，它们各自拥有密钥 KB。节点 A 和 B 交换位置时，为了保持组播的前向安全和后向安全，必须对它们的叶子成员进行密钥更新，其更新过程如图 6-11 所示。

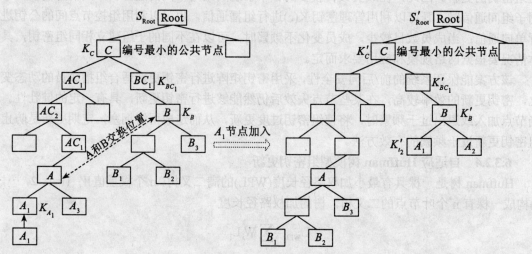

图 6-11 节点交换位置时的密钥更新过程

具体更新算法如下：寻找 2 个节点的编号最小的公共根节点 $C(K_c)$，在密钥树上，从节点 A 到节点 C 路径上的节点密钥分别为 $K_{AC_1}, K_{AC_2}, ..., K_{AC_l}$，而 B 到 C 路径上的节点密钥分别为 $K_{BC_1}, K_{BC_2}, ..., K_{BC_n}$，节点 C 进行以下运算 $Message_{AC} = Encrypt\{(K_{AC_1}, K_{AC_2}, ..., K_{AC_l}, K_A) \oplus K_B\}byK_C$，产生消息并组播给节点 B 的叶子成员，B 的叶子节点 B_i 收到此消息后，由于其拥有密钥 K_B 和 K_C，因此通过以下运算得到，

$$(K_{AC_1}, K_{AC_2}, ..., K_{AC_l}, K_A) = K_B \oplus Decrypt / Message_{AC}\}byK_C。$$

采用同样的方法，任意 A 的叶子节点 A_j 可通过计算得到 $K_{BC_1}, K_{BC_2}, ..., K_{BC_n}, K_B$，从而节点 A 和 B 实现了位置互换和密钥更新。

2. 节点加入或离开时密钥的更新

以节点 A_1 加入为例，在完成了节点加入和 Huffman 树的自适应调整(包括节点位置互换)后，为保持组播组的后向安全性，需要将调整后 A_1 叶节点到根节点路径上所有中间节点密钥进行更新，假设更新后的密钥分别为 K'_A K'_B K'_{BC_1} K'_C S'_{Root} 如图 6-2 所示。GC 按照以下步骤将更新后的密钥组播给相应成员节点：

步骤 1： $GC \to A_1 : Encrypt(K'_{A_1}, K'_B, K'_{BC_1}, K'_C, S'_{Root})byKA_1$

步骤 2： $GC \to A_2 : Encrypt(K'_B, K'_{BC_1}, K'_C, S'_{Root})byK_B$

步骤 3： $GC \to B$ 的兄弟节点的所有叶子节， $GC \to B : Encrypt(K'_{BC_1}, K'_C, S'_{Root})byK_{BC_1}$

步骤 4：$GC \rightarrow BC_1$ 的兄弟节点的所有叶子节点 $Encrypt(K'_C, S'_{Root}) by K_C$

步骤 5：$GC \rightarrow C$ 的兄弟节点的所有叶子节点 $Encrypt(S'_{Root}) by S_{Root}$

同样地，当节点 A_1 离开组时，按照上述方法，调整密钥树，更新路径上的节点密钥，并组播给组成员，与加入节点情形不同的是，在步骤 1 中，因节点离开组播组，故 GC 无须向其传递密钥更新消息。

6.3.3　密钥更新效率分析

定理：用户加入或离开组时，自适应 Huffman 树始终满足密钥更新代价最小，即

$$P_i = W_i / \sum_{j=1}^{n} W_j \quad (i=1, 2, \cdots, n)$$

证明：用户 U_i 加入或离开组播组的先验概率定义为该用户进出组的频率，即用户 U_i 加入或离开组时 GC 的组密钥更新的开销为 L_i，GC 的平均密钥更新代价

$$C_V = \sum_{i=1}^{n} P_i L_i = \sum_{i=1}^{n} W_i L_i / \sum_{j=1}^{n} W_j = L_{WPL} / \sum_{j=1}^{n} W_j$$

式中 $\sum_{j=1}^{n} W$ 为恒定不变值. 要实现用户平均密钥更新代价最小只需使得 Huffman 树的 L_{WPL} 最短，即

$$L_{WPL} = \sum_{i=1}^{n} W_i L_i = \sum_{i=1}^{t} (W_{Block\_i} \sum_{i=1}^{m} L_j) \text{ 式中 } W_{Block\_i} \sum_{i=1}^{m} L_j$$

表示所属同一块的节点加权路径长度。

根据平均码长理论，要 L_{WPL} 最短，需要将属于权重值高的块的节点放在距离根节点近的地方，即满足：$\forall U_i, U_i \in$ Huffman 树上的节点，当 $W_i > W_j$ 时，有 $L_i \leqslant L_j$ 当 U_i 动态加入时，必须对 U_i 到根路径上节点进行权重值"加 1 操作"，对于属于其路径上的节点 A，假定其原属于块 W_{Block_i}，即 $W_{Block\_i} = W_A$ 节点 A 的权重"加 1 操作"将使得 $W_A' = W_A + 1 > W_{Block\_i}$ 进行权重"加 1 操作"后，要保持 Huffman 树的 L_{WPL} 最短，需要满足：$\forall N_j \in Block\_j$，有 $L_A \leqslant L_j$。

在节点权重"加 1 操作"前，将该节点和所属块内编号最大的节点(即块内离根最近的节点)交换位置，使得动态调整后的 Huffman 树仍然保持加权路径长度最短，因而，本文提出的自适应 Huffman 树能实现用户平均密钥更新代价最小。

6.4　软件保护中的密钥隔离

6.4.1　密钥隔离概述

密钥隔离是为了解决密钥泄漏问题而提出来的一种方法，它的思想是采用密钥进化。密钥隔离将私钥存储在不安全但是计算能力强的设备中，主密钥存放在物理安全但是计算性能

有限的设备中，私钥会在离散时间内和主密钥进行交互从而得到更新。

定义1： 一个密钥更新算法由5个多项式时间算法组成(g, u^*, u, E, D)

（1）密钥生成算法 g，这个算法是一个概率算法，它以安全参数 1^k 作为输入，时间片的总数是 N，最后将输出初始密钥 SK_0，主密钥 SK^* 和公钥 PK。

（2）设备密钥更新算法 u^*，这个算法是一个确定性算法，这个算法以时间片段 i 作为输入，其中 $1 \leqslant i \leqslant N$，还输入主密钥 SK^*，输出时间片段 i 的局部密钥 SK_i'。

（3）用户密钥更新算法 u，这同样是一个确定性算法，以时间片段 i，密钥 SK_{i-1} 和局部密钥 SK_i' 作为输入，结果输出时间片段 i 的私钥 SK_i，并且将过期私钥 SK_{i-1} 和局部密钥 SK_i' 进行删除。

（4）加密算法 E，这是一个概率算法，以明文 m，时间片 i 和公钥 PK 作为输入，输出时间片 i 时的密文 $<i, c>$。

（5）解密算法 D，这是一个确定性算法，以密文 $<i, c>$ 和私钥 SK_i 作为输入，输出明文 m 或者是特殊符号 $\perp$。

与所有的加密算法一样，密钥更新算法同样要满足一致性，即对于明文 m 满足等式 $D_{SK_i}(E_{PK}(i, m)) = m$。

上文中的密钥更新加密方案的具体执行过程如图 6-12 所示。

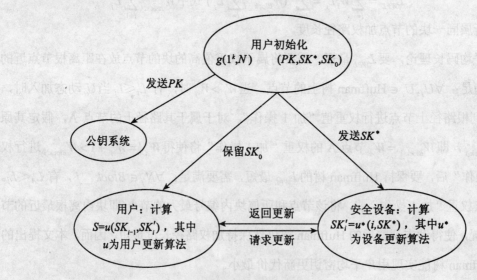

图 6-12　密钥更新示意图

预防密钥的泄露，除了在硬件环境上（可能因昂贵而环境受限）所能做的预防处理外，更多的方法用于减弱密钥泄露对系统产生的影响，这类方法的实现主要分为两种途径：一种是使用分布式密钥，如：秘密分享（Secret Sharing）、门限密码（Threshold Cryptography），以及预测加密（Proactive Cryptograph）；另一种是密钥进化途径，如：前向安全（Forward

Security），以及本文将要提及的密钥隔离（Key Insulated）。

　　一般地，采用分布式密钥的方法，如秘密分享把密钥划分为静态的密钥 SK_1，SK_2，…，SK_n，把它们分散到 n 终端，$t+1$ 个密钥片可以恢复出完整的 SK，得到 t 密钥片，也不能将 SK 恢复。如图 6-13 所示。

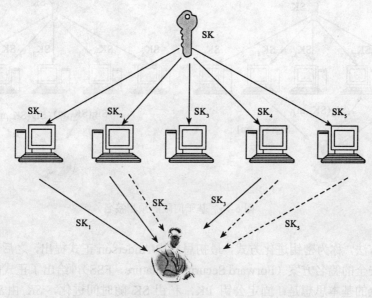

图 6-13　秘密分享

门限加密通过迭代的方式，进一步增强简单秘密分享的安全，如图 6-14 所示。

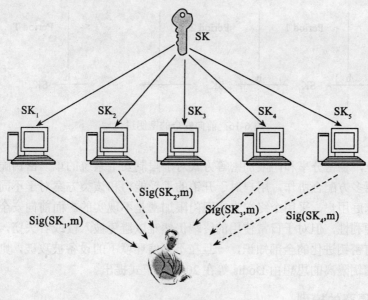

图 6-14　门限签名

预测加密则在系统经历一个时间片之后重新划分密钥，在门限加密的基础上加入时间跨度上的静态划分来进一步增强系统安全性，如图 6-15 所示。

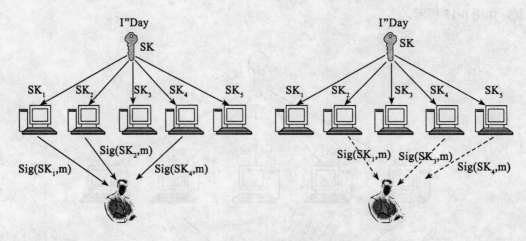

图 6-15 基于门限的预测签名

另一类方法，称为密钥进化方式，最初思想由 Anderson 正式提出，之后 Miner 等人提出了基于前向安全的签名方案（Forward Security Signature，FSS），给出了正式的模型和安全定义。前向安全的基本思想是：固定公钥 PK，私钥 SK 随时间进化，SK_i 由 SK_{i-1} 通过一个公开单向函数（Public One-Way Function，POWF）来生成，然后删除 SK_{i-1} 以期达到这样一个目的：即使在时间片 i 内的密钥 SK_i 泄露，也不会导致之前的 t(t<i)阶段的信息泄露，称为前向安全。如图 6-16 所示。

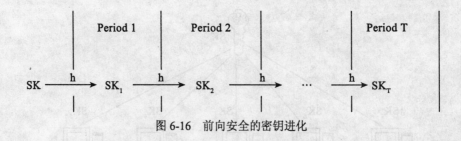

图 6-16 前向安全的密钥进化

在安全性上，秘密分享和门限加密等方式对于限制安全系统的单一密钥脆弱点具有良好的效果，但需要多方配合协作，用户对于开销的承受能力和该类方案对于不同环境的适用性有限，比如对家庭用户，采用个终端来实现门限加密是不现实的。而前向安全虽然具备了操作上的一定的便利性，但对于日常使用的终端仍然难以避免被入侵或者失窃，由于 FS 方案下单个终端拥有密钥进化的全部知识，一旦在不可信环境下的设备被攻破，则无法保证将来的数据安全。密钥隔离的思想由 Dodis 等在 2002 年正式提出。

6.4.2 密钥隔离的模型

密钥隔离基于密钥进化的思想，以前向安全为基础，密钥的进化不再由用户独自进行——

也即用户自己不完全具备密钥进化所需的全部知识，而增加一个协助者 Base 或称为 Helper（更安全，计算能力受限）来协作生成新阶段的密钥，在 KI 传统的设计中新加入的空间上隔离的 Base 使得在前向加密中的局限性不复存在。攻击者单独得到 Base 或者用户的阶段密钥 SK_i，都不具备密钥进化的全部知识，这样，实现了(t, N)-隔离安全性：任意时段的密钥泄露，都不能影响剩余 N-t 时段信息的安全性。对于 Base，进一步假定它不可信，这样构造出来的 KIE 称为强(t, N)-安全性的密钥隔离（Strong(t，N)-Security）。同时，所有的具体加密/签名操作仍然由用户独立完成（相对于门限加密等方案具有极大优势）。密钥隔离的安全性示意如图 6-17 所示。

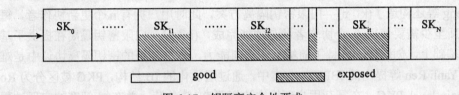

图 6-17　钥隔离安全性要求

6.4.3　基于 IBE 的密钥隔离

一般的，传统的公钥基础设施涉及复杂的认证操作，在身份认证上需要耗费大量的信道及计算资源。1984 年，Shamir 提出了基于身份加密（Identity-based Encryption，缩写 IBE）这一概念。在 IBE 体系中，一个随机串（如用户身份、电子邮件、电话号码等）被用来作为用户的公钥，系统中存在一个私钥生成器（Private Key Generator，缩写 PKG），PKG 通过用户 ID 生成并向用户发放基于 ID 的私钥。这样，任意一个发送者，只需知道接收者的 ID（如邮件地址），即可用此公钥加密并向接收者发送密文，接收者拥有从 PKG 获得的私钥，可自行解密。IBE 方案相对于传统的基于认证的（Centificate-based，缩写 CA-based）公钥加密体系，有着在密钥管理上的天生的优越性，它简便的密钥管理机制显得安全且富有效率。

Boneh 和 Franklin 在中提出了第一个公钥可撤销的方案，PKG 根据诸如"recipient@xxx.xxx.xxx||2005.02.02—2005.03.02"这样带时间戳的 ID 生成私钥，每到特定时间，PKG 便根据新时间戳生成密钥。设想为了降低密钥泄露带来的危害，把时间间隔缩短为一天或更短，那么用户和 PKG 的交互将大量增加，也即增加了更多的信道和计算资源消耗，这样的方法与 IBE 简化密钥管理和交互消耗的初衷已经背离。2005 年，Yumiko 等在中提出了基于身份的分层的密钥隔离方案，增加一个私有设备(private device，PD)用于每次更新密钥，而不是从 PKG 获取，保证了安全性，但分别在 PKG、PD 以及终端上的协议趋于复杂，以及对 PD 的要求，使得它的应用范围受限。

6.4.4　IR-KIE 的方案

Dodis 等于 2004 年又提出一个新的具备更强安全性称为攻击免疫的密钥隔离加密方案（Intrusion Resilionce KIE，IR-KIE），基本模型与之前的 KIE 一致，用户在时间片内独自进行加解密操作，并在 Base 的协作下更新阶段密钥。同时提出了更强的安全保证，即便 Base 与用户在同一时间下的私密都泄露，系统至少保证前向的安全性；并且，对于多次的用户密钥泄露及 Base 的密钥泄露（不同时刻）都不会对剩余的密钥阶段造成影响。增强的安全性来源于 IR-KIE 方案在每个时间片内增加了用户与 Base 之间额外的多次更新操作（Refresh），而不是像之前的 KIE 方案只在更改每一时间片时进行一次密钥升级。从而提高系统的密钥抗攻击性，但也增加了协议的复杂度和计算、信道上的开销。

Weng Jian 等在 2006 年的文献和 2008 年的文献中先后提出了标准模型下基于身份的并行密钥隔离方案和标准模型下基于身份的门限密钥隔离方案，实现了标准模型下 CPA 的密钥隔离。之后，Yanli Ren 等在标准模型下构造了新的基于身份（层次化）的并行密钥隔离方案，以更复杂的设计实现了 CCA2 安全性。在 Weng 等的并行隔离方案中，用户通过使用一个以上的更新协作者来交替地进行阶段密钥的更新来增强系统防御密钥泄露的能力；进一步地，Weng 等还构造了(k, n)—门限密钥隔离方案，此时用户拥有 n 个更新协作者，每次阶段密钥更新至少需要使用 k 个协作者参与才能完成，(k, n)—门限密钥隔离在提供了基本隔离性质的基础上，创造性的支持了随机密钥访问能力，这在传统的密钥隔离协议中是难以实现的。在 Yanli Ren 等提出的 IBPKIE 方案中，通过层次化的 IB 结构，PKG 被区分为 Root PKG 和 Domain-level PKG，在复杂用户环境中均衡了 PKG 负荷，并在加/解密的实现过程中附加了验证机制来实现 CCA2 的安全性。

6.5 基于 HIBE 的密钥更新与隔离机制

6.5.1 HIBE

下面再来给出 HIBE 的基础定义。

定义 1：（ID 元组）一个实体在层次结构中有属于自己的位置，它的位置就由 ID 元组（ID_1，…，ID_t）来表示，在层次树中实体的祖先是根 PKG，实体或是低层 PKG 的 ID 元组表示为{（ID_1，…，ID_i）:1≤i≤t}

分层身份加密方案（HIBE）由 5 个随机算法组成：根设置（Root Setup），层设置（Lower-level Setup），私钥生成（Extraction），加密（Encryption），解密（Decryption）。

根设置：根 PKG 以安全参数 k 作为输入，经过计算返回系统参数 *params* 和根密钥。*params* 包括描述明文空间和密文空间，它是被公开的，根密钥是只有根 PKG 才知道的。

层设置：在进行层计算之前，某层上节点必须首先获得由根 PKG 产生的系统参数。在 HIBE 中，每个低层结点是不允许有自己的"层参数"的。但是这一限制并不影响层 PKG 产生它自己的密钥，这一密钥是用来给它的孩子结点产生私钥的，并且 PKG 每次在计算私钥的时候都会随机的产生它自己的密钥的。

私钥生成：一个具有身份元组（ID_1，…，ID_t）的 PKG 应用系统参数和它的密钥为它的孩子节点计算出它们的私钥，孩子节点的 ID 元组为（ID_1，…，ID_t，ID_{t+1}），这是孩子节点的公钥。图 6-18 表示 HIBE 私钥生成的过程，其中私钥生成用 Gen（公钥）表示。

加密：输入系统参数 params，明文 $m \in M$ 和作为公钥的 ID 元组，以密文 $c \in C$ 作为输出。

解密：与加密过程相反，输入系统参数 params，密文 $c \in C$ 和私钥 d，以明文 $m \in M$ 作为输出。

与定义 IBE 相同，加密和解密必须要满足标准的一致性约束。也就是说，用由私钥生成产生的私钥 d 对通过公钥 ID 元组加密后的密文 $c = \text{Encrypt}(\text{params}, ID - \text{tuple}, m)$ 进行解密，其结果必须满足等式：$\text{Decrypt}(\text{params}, d, c) = m$。

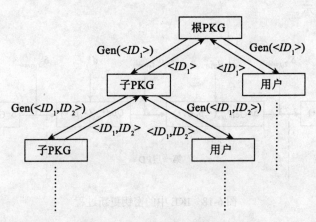

图 6-18 HIBE 私钥生成过程示意图

6.5.2 HIBE-IKE 机制

6.5.2.1 基于身份的密钥隔离

基于身份的密钥隔离方案是在原有的 IBE 的四个算法基础上加入了设备更新和用户更新两个多项式算法，即总共六个算法，分别是设置（setup），密钥生成（Extract），设备更新算法（UpdHkey），用户更新算法（UpdUkey），加密算法（Encrypt），解密算法（Decrypt）。

设置：该算法主要完成 IBE 系统的设置，以安全参数 k 为输入，返回系统参数 u 和主密钥 MK，u 中包含了对明文空间 M 和密文空间 C 的描述。系统参数公开而主密钥由 PKG 保留。

密钥生成：以主密钥 MK 和参数 u，以及作为公钥的身份 $ID \in \{0,1\}^*$ 作为输入，最后将以与公钥身份 ID 相对应的私钥 d_{ID} 作为输出。

设备更新密钥：以身份 ID，系统参数 u 和时间片 i 作为输入，输出局部密钥 $sk_{ID,i}^*$。

用户更新密钥：以身份 ID，系统参数 u 和时间片 i，以及时间片 $i-1$ 时的私钥 $sk_{ID,i-1}$，输出时间片 i 阶段的私钥 $sk_{ID,i}$，上一阶段的私钥 $sk_{ID,i-1}$ 将被擦除。更新后，将用 $d_{ID,i}$ 来统一表示密钥 d_{ID} 和阶段私钥 $sk_{ID,i}$。

加密：以身份 ID，系统参数 u，时间片 i 以及明文 $m \in M$ 作为输入，最后将输出与明文相对应的其中密文 c 是密文空间中的元素。

解密：以身份 ID，系统参数 u，密文 $<c,i>$ 及私钥 $d_{ID,i}$ 作为输入，最后将输出与密文 c 相对应的明文。

与所有的加密算法一样，该算法也必须要满足一致性，即对于一个身份 ID 与之对应的私钥 d_{ID}，对于 $\forall m \in M$，如果 $c = \text{Encrypt}(u, ID, m, i)$，那么就必然有 $\text{Decrypt}(u, ID, c,$

$d_{ID, i}$) $=m$。

下面给出一个具体的具有两层 PD 的密钥隔离加密模型，在综合数目、结构以及效率给出了两个 PD 成层次结构的密钥隔离机制，一个两层的基于身份的密钥隔离加密模型算法过程可以用图 6-18 表示。

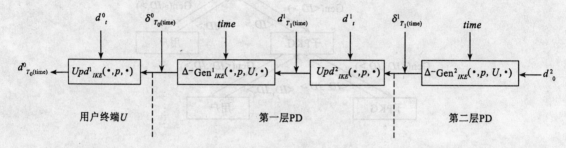

图 6-18　IKE 中的密钥更新过程

一个两层的基于身份的密钥隔离方案由 8 个算法组成，分别为系统参数生成算法，用户密钥生成算法，密钥更新信息生成算法，密钥更新算法，加密算法，解密算法，其中密钥更新信息生成算法和密钥更新算法由于存在分层，所以对于不同层完成不同的信息更新。以上算法表示为 $IKE = (PGen_{IKE}, Gen_{IKE}, \Delta - Gen^i_{IKE}, Upd^i_{IKE} (i=1,2), Enc_{IKE}, Dec_{IKE})$。

算法 $PGen_{IKE}$：以安全参数 k 作为输入，输出主密钥 s 和公共参数 p.

算法 Gen_{IKE}：以主密钥 s、公共参数 p 和用户的身份 U 作为输入，经过计算输出与身份 U 相对应的初始私钥 (d_0^0, d_0^1, d_0^2)，其中 d_0^0 表示的是身份 U 的初始解密密钥，$d_0^i (i=1,2)$ 表示的是存储在用户第 i 层 PD 中的协密钥。以上的两个算法是在 PKG 中完成的。

算法 $\Delta - Gen^i_{IKE}$：$\Delta - Gen^1_{IKE}$ 是在第一层的 PD 中完成的，它是计算更新用户解密密钥更新信息的。与此类似，$\Delta - Gen^2_{IKE}$ 是在第二层 PD 中完成的，它的主要作用是用来计算更新第一层 PD 中协密钥的密钥更新信息的。更具体地说是对于 $i=1,2$，密钥更新信息算法是将 d_t^i，身份信息 U，公共参数 p，和时间 time 作为输入，最后将输出密钥更新信息 $\delta^{i-1}_{T_{i-1}(time)}$，当然这仅当 $t=T_i(time)$ 的时候。

算法 Upd^i_{IKE}：该算法主要是计算更新后的密钥的。用户的解密密钥，密钥更新信息 $\delta^0_{T_0(time)}$ 经过算法 Upd^1_{IKE} 计算后得到时间 time 时的用户新的解密密钥。与此类似，用户的第一层协密钥，密钥更新信息 $\delta^1_{T_1(time)}$ 经过算法 Upd^2_{IKE} 计算后得到时间为 time 时刻的用户新的第一层协密钥。具体点说就是对于 $i=1,2$ 和任意的 t，密钥更新算法 Upd^i_{IKE} 将 d_t^{i-1}，公共参数 p 和更新信息 $\delta^{i-1}_{T_{i-1}(time)}$ 作为输入，最终将输出时间片段为 T_{i-1} time 的新密钥 $d_{T_{i-1}(time)}^{i-1}$.

算法 Enc_{IKE}：该算法将公共参数 p，明文 m，用户身份 U 和时间 time 作为输入，经过该算法计算后输出密文<c,time>。

算法 Dec_{IKE}：该算法将密文<c,time>，公共参数 p，私钥 d_t^0 作为输入，经过计算后输出明文 m 或者是符号 $\perp$。解密算法只有在 $t=T_0$(time)的情况下才能够正确恢复出明文。

6.5.2.2 密钥隔离方案选择密文安全

在密钥隔离机制的攻击模型中，T_0，T_1 分别表示将时间点映射到相应的解密密钥和协密钥的阶段时间内。敌手可以查询以下四种预言机：

（1）密钥生成随机预言机 $KG(\cdot, s, p)$ 以用户身份 U 作为输入，输出与用户身份 U 相对应的初始解密密钥 d，由密钥隔离的中密钥分布保存的特点，将密钥表示为 (d_0^0, d_0^1, d_0^2)，其中的各部分表示与上文中的定义相同。

（2）加密随机预言机 $LR(\cdot, \cdot, \cdot, \cdot, p, b)$ 对于给定的身份 U，以时间 time 和长度相同的明文 m_0, m_1 作为输入，最后将输出挑战密文 $c = Enc_{IKE}(m_b, U, p, time)$，其中 $b \in_R \{0,1\}$，加密过程需要敌手的身份信息和他选择的明文对。

（3）解密随机预言机 $D(\cdot, \cdot, \cdot, \cdot, s, p)$ 以身份 U 和时间片段 time 时的密文<c, time>作为输入，输出利用解密密钥 d_t^0 解密密文 c 后的结果，其中 $t=T_0$(time)。

（4）密钥处理随机预言机 $KI(\cdot, \cdot, \cdot, \cdot, s, p)$ 以 i,u 和时间 time 作为输入，输出与之对应的部分密钥 d_t^i，其中 $t=T_i$(time)。

敌手会以随机顺序适应性地查询这四个预言机，但是对 LR 只能查询一次。令 U^* 为此次查询的用户身份，$<c^*, time^*>$ 表示对应此次询问 LR 返回的挑战密文。并且，敌手禁止对 KG 和 KI 进行询问，以至于能够通过 IKE 的定义计算出 U^* 在时间 time* 的解密密钥。敌手如果猜出了 b 的值则攻击成功，如果敌手成功的概率在多项式时间内是可忽略的，那么加密模型就被认为是安全的。

定义2（KE-CCA 安全）：设定 IKE 是一个两层的基于身份的密钥隔离加密机制。定义敌手攻击成功的概率为：

$$Succ_{A,IKE} = \Pr[(s, p) \leftarrow PGen_{IKE}(1^k); b \in_R \{0,1\};$$
$$b' \leftarrow A^{KG(\cdot, s \cdot p), LR(\cdot, \cdot, \cdot, \cdot, p, b), D(\cdot, \cdot, s, p)KI(\cdot, \cdot, \cdot, s, p)} : b' = b] \qquad (6-1)$$

要求不能对挑战者身份 U^* 进行私钥抽取查询 $KG(\cdot, s, p)$，不能对 T_0(time)$= T_0$(time*)时间的身份密文对 $(U^*, <c^*, time>)$ 进行解密查询。A 可以针对任何用户的密钥对密钥处理预言机进行询问。但是同时如果存在特殊层 $j \in \{0,1,2\}$ 则在任何时候都不能提出询问 $KI(j, U^*, time, s, p)$ 并且当 $i < j$，T_i(time)$= T_i$(time*) 时对 $(i, time)$ 也不能提出询问 $KI(i, U^*, time, s, p)$。特殊层是指身份 U^* 的 PD 没有被攻破的那一层。

如果攻击者 A 在上述游戏中的优势 $|Succs_{A,IKE} - 1/2|$ 都是可忽略的，那么就称 IKE 是密钥隔离选择密文安全的(KE-CCA)。

在以上研究基础上对 IKE 方案的安全性进一步研究得出，我们还需要考虑密钥更新信息的泄漏情况。显然，如果更新信息 $\delta_{T_i(time)}^i$ 能够从部分私钥 $d_{T_i(time)}^i$ 和 d_t^i 中计算出来，那么泄漏密钥更新信息可以由密钥处理随机预言机（KI）进行模拟。如果这个性质成立，那么即使在考虑了密钥更新信息泄漏的情况下我们的安全定义也是足够充分的。

6.5.3 HIBE-IKE 模型安全分析

6.5.3.1 HIBE–IKE 模型描述

在本小节中，将给出 HIBE-IKE 模型的形式化描述。HIBE-IKE 加密模型由九个算法组成。下面就分别对各个算法完成的计算与操作进行介绍以给出 HIBE-IKE 加密模型的定义。

1. 根 PKG（第 0 层）设置

输入：安全参数 k

①产生两个循环群，分别为加法群 G_1 和乘法群 G_2，同时产生一个双线性映射

$$\hat{e}: G_1 \times G_1 \rightarrow G_2 。$$

②选择群 G_1 的任意生成元 $P \in G_1$。

③随机选择 $s_0 \in Z/qZ$ 并使得 $Q_0 = s_0 P$。

④选择防碰撞哈希函数 $H_1: \{0,1\}^* \rightarrow G_1$，$H_2: G_2 \rightarrow \{0,1\}^n$，

$$H_3: \{0,1\}^n \times \{0,1\}^{k_1} \rightarrow Z/qZ 。$$

明文空间为 $M = \{0,1\}^n$，密文空间为 $G_1^t \times \{0,1\}^{n+k_1}$，则系统参数为

$param = (G_1, G_2, \hat{e}, P, Q_0, H_1, H_2, H_3)$，$s_0$ 为根 PKG 的主密钥。

2. HIBE（第 1 层）设置

随机选择整数 $s_1^0, s_2^1, s_3^2 \in Z/qZ$，设 $s_1 = s_1^0 + s_2^1 + s_3^2$，身份为 ID_1。

（1）计算 $P_1 = H_1(ID_1)$，$P_2 = H_1(ID_1, ID_2)$，其中用户的身份用身份组 $U = (ID_1, ID_2)$ 表示。

（2）计算 $S_1 = s_0 P_1$，$S_2 = S_1 + s_1 P_2$。

（3）计算 $Q_1 = (s_1^0 + s_2^1 + s_3^2)P = s_1 P$

3. 生成初始密钥，算法 $Gen_{IKE}(s_1, p, U)$

（1）计算 $P_U = H_1(U) \in G_1 = H_1(ID_1, ID_2)$。

（2）计算 $S_1^0 = s_1^0 P_U$，$S_2^1 = s_2^1 P_U$，$S_3^2 = s_3^2 P_U$。

（3）产生初始密钥：

$$d_0^0 = (S_1^0, (*,*), (*,*,*))$$
$$d_0^1 = (S_2^1, (*,*))$$
$$d_0^2 = S_3^2$$

返回：(d_0^0, d_0^1, d_0^2)

4. 算法 $\Delta - Gen_{IKE}^1(d_t^1, P, U, time)$

计算更新解密密钥所需要的信息

$d_t^1 = (S_2^1, (S_3^1, Q_3^1))$，取随机整数 $s_2^0, s_3^0 \in Z/qZ$

$P_{t_0} = H_1(U \cdot T_1(time)T_0(time))$

更新操作：

$$\begin{cases} \hat{S}_h^0 = S_h^1 + s_h^0 P_{t_0} \\ \hat{Q}_h^0 = s_h^0 P \end{cases}, \quad (h = 2, 3)$$

返回：$\delta_{T_0(time)}^0 = ((\hat{S}_2^0, \hat{Q}_2^0), (\hat{S}_3^0, \hat{Q}_3^0, Q_3^1))$

5. 算法 $\Delta - Gen_{IKE}^2(d_t^2, P, U, time)$

计算更新第 1 层协密钥所需要的信息

$d_t^2 = S_3^2$ 取随机整数 $s_3^1 \in Z/qZ$，$\quad P_{t_1} = H_1(U \cdot T_1(time))$

$$\begin{cases} \hat{S}_3^1 = S_3^2 + s_3^1 P_{t_1} \\ \hat{Q}_3^1 = s_3^1 P \end{cases}$$

返回：$\delta_{T_1(time)}^1 = (\hat{S}_3^1, \hat{Q}_3^1)$

6. 算法 $Upd_{IKE}^1(d_t^0, p, \delta_{T_0(time)}^0)$

利用第一层协密钥产生的更新信息更新用户终端密钥

$d_t^0 = (S_1^0, (S_2^0, Q_2^0), (S_3^0, Q_3^0, Q_3^1))$

$\delta_{T_0(time)}^0 = ((\hat{S}_2^0, \hat{Q}_2^0), (\hat{S}_3^0, \hat{Q}_3^0, \hat{Q}_3^1))$

返回：$d_t^0 = (S_1^0, (\hat{S}_2^0, \hat{Q}_2^0), (\hat{S}_3^0, \hat{Q}_3^0, \hat{Q}_3^1))$

7. 算法 $Upd_{IKE}^2(d_t^1, p, \delta_{T_1(time)}^1)$

利用第 2 层协密钥更新信息更新第 1 层协密钥

$d_t^1 = (S_2^1, (S_3^1, Q_3^1))$，$\quad \delta_{T_1(time)}^1 = (\hat{S}_3^1, \hat{Q}_3^1)$

返回：$d_{T_1(time)}^1 = (S_2^1, (\hat{S_3^1}, \hat{Q_3^1}))$

8. 加密算法 $Enc_{IKE}(m, U, p, time)$

$P_2 = P_U = H_1(U) = H_1(ID_1, ID_2)$

$P_{t_1} = H_1(U \cdot T_1(time))$

$P_{t_0} = H_1(U \cdot T_1(\text{time}) \cdot T_1(\text{time}))$

$g = \hat{e}(Q_0, P_1), \quad \sigma \in_R \{0,1\}^n, \quad r = H_3(\sigma, m)$。

计算：$c := < rP, rP_U, rP_{t_1}, rP_{t_0}, (m\|\sigma) \oplus H_2(g^r) >$

返回：$< c, time >$

9. 解密算法 $Dec_{IKE}(< c, time >, d_t^0, P)$

$c = (V, V_U, V_{t_1}, V_{t_0}, W)$

$$m\|\sigma = W \oplus H_2 \left(\frac{\hat{e}(V, S_2)\hat{e}(Q_2^0 + Q_3^0, V_{t_0})\hat{e}(Q_3^1, V_{t_1})}{\hat{e}(S_1^0 + S_2^0 + S_3^0, V)} \right)$$

其中第一步在 HIBE 的根 PKG 中完成，第二步和第三步在 HIBE 第一层 PKG 中完成。其余除加密算法外均由用户完成，用户的私钥和协密钥的组织同样使用层次结构组织。第 0 层是用户的解密密钥，第 1，2 层为协密钥。HIBE-IKE 方案的结构如图 6-20 所示。

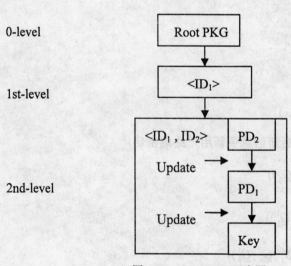

图 6-20　HIBE-IKE 示意图

6.5.3.2　一致性

验证 HIBE-IKE 加密算法的一致性：

$$\frac{\hat{e}(V,S_2)\hat{e}(Q_2^0+Q_3^0,V_{t_0})\hat{e}(Q_3^1,V_{t_1})}{\hat{e}(S_1^0+S_2^0+S_3^0,V)}=\frac{\hat{e}(rP,S_1+s_1P_2)\hat{e}(s_2^0P,V_{t_0})\hat{e}(s_3^0P,V_{t_0})\hat{e}(s_3^1P,V_{t_1})}{\hat{e}(s_1^0P_2+S_2^1+s_2^0P_{t_0}+S_3^1+s_3^0P_{t_0},rP)}$$

$$=\frac{\hat{e}(rP,S_1)\hat{e}(rP,s_1P_2)\hat{e}(s_2^0P,rP_{t_0})\hat{e}(s_3^0P,rP_{t_0})\hat{e}(s_3^1P,rP_{t_1})}{\hat{e}(s_1^0P_2,rP)\hat{e}(S_2^1,rP)\hat{e}(s_2^0P_{t_0},rP)\hat{e}(S_3^1,rP)\hat{e}(s_3^0P_{t_0},rP)}$$

$$=\frac{\hat{e}(rP,S_1)\hat{e}(rP,s_1P_2)\hat{e}(s_2^0P,rP_{t_0})\hat{e}(s_3^0P,rP_{t_0})\hat{e}(s_3^1P,rP_{t_1})}{\hat{e}(s_1^0P_2,rP)\hat{e}(s_2^1P_2,rP)\hat{e}(s_2^0P_{t_0},rP)\hat{e}(s_3^2P_2,rP)\hat{e}(s_3^1P_{t_1},rP)\hat{e}(s_3^0P_{t_0},rP)}$$

$$=\frac{\hat{e}(rP,S_1)\hat{e}(rP,s_1P_2)}{\hat{e}(s_1^0P_2+s_2^1P+s_3^2P_2,rP)}=\frac{\hat{e}(rP,S_1)\hat{e}(rP,s_1P_2)}{\hat{e}((s_1^0+s_2^1+s_3^2)P_2,rP)}\qquad(因为s_1=s_1^0+s_2^1+s_3^2)$$

$$=\frac{\hat{e}(rP,S_1)\hat{e}(rP,s_1P_2)}{\hat{e}(s_1P_2,rP)}=\hat{e}(rP,S_1)=\hat{e}(rP,s_0P_1)=\hat{e}(s_0P,rP_1)=\hat{e}(Q_0,P_1)^r=g^r$$

6.5.3.3　安全性

在 BDH 假设下基于配对结构已经证明了是 KE-CCA 安全的，并且已经证明 HIBE 基于 BDH 假设满足适应性选择密文安全，即 IND-HID-CCA 安全。密钥产生过程是一个三层 HIBE 加密方案的构建过程，也就是说，作为 HIBE 第三层的终端用户处的初始密钥产生满足 HIBE 的安全性，即是 IND-HID-CCA 安全的。现在只需证明密钥隔离机制完成密钥更新的过程是安全的即可。

所提模型的密钥隔离机制是基于 HIBE 而建立的，基于此，要证明所给的密钥隔离模型是安全的就是要证明如果 HIBE 是安全的条件下两层密钥隔离模型是安全的，也就是要证明，如果我们的模型不安全，那么 HIBE 也是不安全的。于是可以构想一个能够成功挑战 HIBE 的挑战者，这个挑战可以用另一个能够攻破我们所提模型的挑战者来完成。

更具体的，我们构想了一个算法 B，B 已知公共参数，如果 B 在 IND-HID-CPA 下可以攻破 HIBE，那么在某种意义上就可以等价于，用挑战者 A 攻破我们所提出的模型的 KE-CCA 安全。如果假设 B 的优势是 ε_B，那么成功解决 BDH 问题的概率是：

$$\varepsilon_{BDH}\geqslant\frac{1}{3}\cdot\frac{2\varepsilon_B}{q_{H_2}}\left(\frac{3}{e(3+q_{KG})}\right)^3\qquad(6\text{-}2)$$

其中 q_{KG} 和 q_{H_2} 分别表示对 HIBE 的密钥产生预言机 KG 和随机预言机 H_2 的查询总次数。

对于 HIBE 的公共参数 $p=(G_1,G_2,\hat{e},P,Q,H_1,H_2)$，B 选择 $s_1,s_2\in Z/qZ$，并将参数 $p=(G_1,G_2,\hat{e},P,Q,H_1,H_2,H_3)$ 发送给 A 作为 IKE 的公共参数。其中 $H_i(1\leqslant i\leqslant3)$ 是随机预言机。

A 对预言机的询问则由 B 通过模拟来回答。

当 A 在密钥隔离机制的攻击模型中输出 b'，B 也同样输出 b' 作为对 3 层 HIBE 的 IND-HID-CCA 游戏的答案。在模拟中 LR、$H_h(1\leqslant h\leqslant3)$ 和 KG 是完美的模拟，KI 只有当 2 不是 A 所选择的特殊层时会失败。因此，如果我们令 A 成功的概率为 $1/2+\varepsilon_A$，那么 B 的成功概率就可以估计为 $1/2+\varepsilon_B$，其中：

$$\varepsilon_B \geq \frac{1}{3}\left(\frac{1}{2} + \varepsilon_A - \Pr[H_3 \text{-} Ask]\right) * \Pr[\neg D - Fail] + \frac{2}{3} \cdot \frac{1}{2} - \frac{1}{2} \tag{6-3}$$

$H_3\text{-}Ask$ 表示事件就 $(\mu_{\bar{b}}, m_{\bar{b}})$ 询问 H_3，$D - Fail$ 表示 B 拒绝了本不应该拒绝的对 D 的询问。

从信息理论上讲是不能找到 $\mu_{\bar{b}}$ 的，则有 $\Pr[H_3\text{-}Ask]) \leq 1 - (1 - 1/2^{k_1})^{q_{H_3}}$，$q_{H_3}$ 表示对 H_3 询问的次数，D 的模拟失败是仅当 A 递交一个不应该拒绝的密文，并且没有对与它相对应的 H_3 提出询问时，因此，$\Pr[\neg D - Fail] \geq (1 - 1/q)^{q_D}$，$q_D$ 表示对 D 询问的次数。于是，有

$$\varepsilon_B \geq \frac{1}{3}\left(\frac{1}{2} + \varepsilon_A - (1 - (1 - 1/2^{k_1})^{q_{H_3}})\right)(1 - 1/q)^{q_D} + \frac{2}{3} \cdot \frac{1}{2} - \frac{1}{2}$$

$$\geq \frac{1}{3}\varepsilon_A - \frac{1}{3}\frac{q_{H_3}}{2^{k_1}} - \frac{q_D}{6q} \tag{6-4}$$

因此，使得成功解决 BDH 问题的概率表示为 ε_{bdh}，根据不等式(1)则有：

$$\varepsilon_{bdh} \geq \frac{1}{3} \cdot \frac{2}{q_{H_2}}\left(\frac{3}{e(3 + q_{KG} + q_{KI})}\right)^3 \cdot \left(\frac{1}{3}\varepsilon_A - \frac{1}{3}\frac{q_{H_3}}{2^{k_1}} - \frac{q_D}{6q}\right)$$

$$\geq \frac{6}{e^3 q_{H_2}(3 + q_{KG} + q_{KI})^3} \cdot \left(\varepsilon_A - \frac{q_{H_3}}{2^{k_1}} - \frac{q_D}{2q}\right) \tag{6-5}$$

根据不等式 6-4，如果 ε_{bdh}，$1/q$ 和 $1/2^{k_1}$ 都是可忽略的，那么 ε_A 也是可忽略的，那么，HIBE-IKE 加密系统中的密钥隔离机制是 KE-CCA 安全的。综上所述 HIBE-IKE 是适应性选择密文安全的。

6.5.4 HIBE-IKE 应用

在移动电话的使用中，手机号码代表了一个用户的身份。对于手机用户来说仅凭手机号码能够交流和认证相互身份那么将变得简单而方便。用户也将希望能够把手机号码作为固定身份。在这种情况下能够更新解密密钥同时能够保持公钥不变就显得格外重要。本文所提出的 HIBE-IKE 模型就可以解决此类问题。乍一看，会觉得在手机使用过程中引进 PD 是个困难而麻烦的事，但是作为手机用户，你有一件例行的事就是迟早要给电池充电。那么假设一个 PD-BC，这个 PD-BC 还充当着充电器的角色，这样，给电池充电的时候就可以同时很方便地进行密钥更新，安全性也同样可以得到保证，即使 PD-BC 被攻击，解密密钥仍然是安全的。为了提高安全性，把 PD 也划为多层，每一层都有自己的设备来更新下层设备，每层的更新周期也可以设为不同，将欠安全设备作为底层设备并且更新频率也比上层设备要高。比如说让欠安全的设备每天更新密钥，而上层的设备每月更新一次。而 HIBE-IKE 加密方案可以保证即使是最高层的 PD 被攻击整个加密系统仍然是安全的。还有一些密钥泄露风险较高

的情况都可以考虑使用 HIBE-IKE 加密方案，比如便携式电脑，尤其对于那些有授权过程的公司管理来说尤其方便。

由 HIBE-IKE 的模型产生过程可以看出，它天生的分层特点使得在具有层次结构的各种系统中可以得到广泛应用，比如将其应用于软件发布过程以及软件在具有层次结构的机构的管理中，根 PKG 可以由软件开发商来担任，销售商可以最为 HIBE 第1层，HIBE 的第2层为软件购买者。如图 6-21 所示。

在用户端即使用户某一时段的密钥被泄漏了也不会威胁到整个加密系统其他各个环节的安全性，并且这种密钥更新无需实时在线与 PKG 进行交互来更新密钥，可以相对独立的完成密钥更新，这也提高了整个系统的效率。

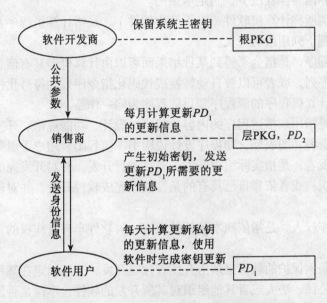

图 6-21 基于 HIBE-IKE 的软件发布过程图

在用户端的密钥更新适用于具有严格层次关系的环境，比如企业、政府机构，两层 PD 可以由上级来充当，完成密钥更新，而最终的执行个体拥有解密密钥。在必要的情况下，上级可以恢复下级的密钥，对下级行为进行监督。整个加密过程都是基于身份的，整个软件从开发到发布到使用都有了身份记录，这样有助于监督和密码保护，因此 HIBE-IKE 在软件保护方面有很好的应用前景。

附 录 《计算机软件保护条例》

第一章 总 则

第一条 为了保护计算机软件著作权人的权益,调整计算机软件在开发、传播和使用中发生的利益关系,鼓励计算机软件的开发与应用,促进软件产业和国民经济信息化的发展,根据《中华人民共和国著作权法》,制定本条例。

第二条 本条例所称计算机软件(以下简称软件),是指计算机程序及其有关文档。

第三条 本条例下列用语的含义:

(一)计算机程序,是指为了得到某种结果而可以由计算机等具有信息处理能力的装置执行的代码化指令序列,或者可以被自动转换成代码化指令序列的符号化指令序列或者符号化语句序列。同一计算机程序的源程序和目标程序为同一作品。

(二)文档,是指用来描述程序的内容、组成、设计、功能规格、开发情况、测试结果及使用方法的文字资料和图表等,如程序设计说明书、流程图、用户手册等。

(三)软件开发者,是指实际组织开发、直接进行开发,并对开发完成的软件承担责任的法人或者其他组织;或者依靠自己具有的条件独立完成软件开发,并对软件承担责任的自然人。

(四)软件著作权人,是指依照本条例的规定,对软件享有著作权的自然人、法人或者其他组织。

第四条 受本条例保护的软件必须由开发者独立开发,并已固定在某种有形物体上。

第五条 中国公民、法人或者其他组织对其所开发的软件,不论是否发表,依照本条例享有著作权。

外国人、无国籍人的软件首先在中国境内发行的,依照本条例享有著作权。

外国人、无国籍人的软件,依照其开发者所属国或者经常居住地国同中国签订的协议或者依照中国参加的国际条约享有的著作权,受本条例保护。

第六条 本条例对软件著作权的保护不延及开发软件所用的思想、处理过程、操作方法或者数学概念等。

第七条 软件著作权人可以向国务院著作权行政管理部门认定的软件登记机构办理登记。软件登记机构发放的登记证明文件是登记事项的初步证明。

办理软件登记应当缴纳费用。软件登记的收费标准由国务院著作权行政管理部门会同国务院价格主管部门规定。

第二章 软件著作权

第八条 软件著作权人享有下列各项权利:

(一)发表权,即决定软件是否公之于众的权利;

(二)署名权,即表明开发者身份,在软件上署名的权利;

（三）修改权，即对软件进行增补、删节，或者改变指令、语句顺序的权利；

（四）复制权，即将软件制作一份或者多份的权利；

（五）发行权，即以出售或者赠与方式向公众提供软件的原件或者复制件的权利；

（六）出租权，即有偿许可他人临时使用软件的权利，但是软件不是出租的主要标的的除外；

（七）信息网络传播权，即以有线或者无线方式向公众提供软件，使公众可以在其个人选定的时间和地点获得软件的权利；

（八）翻译权，即将原软件从一种自然语言文字转换成另一种自然语言文字的权利；

（九）应当由软件著作权人享有的其他权利。

软件著作权人可以许可他人行使其软件著作权，并有权获得报酬。软件著作权人可以全部或者部分转让其软件著作权，并有权获得报酬。

第九条 软件著作权属于软件开发者，本条例另有规定的除外。如无相反证明，在软件上署名的自然人、法人或者其他组织为开发者。

第十条 由两个以上的自然人、法人或者其他组织合作开发的软件，其著作权的归属由合作开发者签订书面合同约定。无书面合同或者合同未作明确约定，合作开发的软件可以分割使用的，开发者对各自开发的部分可以单独享有著作权；但是，行使著作权时，不得扩展到合作开发的软件整体的著作权。合作开发的软件不能分割使用的，其著作权由各合作开发者共同享有，通过协商一致行使；不能协商一致，又无正当理由的，任何一方不得阻止他方行使除转让权以外的其他权利，但是所得收益应当合理分配给所有合作开发者。

第十一条 接受他人委托开发的软件，其著作权的归属由委托人与受托人签订书面合同约定；无书面合同或者合同未作明确约定的，其著作权由受托人享有。

第十二条 由国家机关下达任务开发的软件，著作权的归属与行使由项目任务书或者合同规定；项目任务书或者合同中未作明确规定的，软件著作权由接受任务的法人或者其他组织享有。

第十三条 自然人在法人或者其他组织中任职期间所开发的软件有下列情形之一的，该软件著作权由该法人或者其他组织享有，该法人或者其他组织可以对开发软件的自然人进行奖励：

（一）针对本职工作中明确指定的开发目标所开发的软件；

（二）开发的软件是从事本职工作活动所预见的结果或者自然的结果；

（三）主要使用了法人或者其他组织的资金、专用设备、未公开的专门信息等物质技术条件所开发并由法人或者其他组织承担责任的软件。

第十四条 软件著作权自软件开发完成之日起产生。自然人的软件著作权，保护期为自然人终生及其死亡后50年，截止于自然人死亡后第50年的12月31日；软件是合作开发的，截止于最后死亡的自然人死亡后第50年的12月31日。法人或者其他组织的软件著作权，保护期为50年，截止于软件首次发表后第50年的12月31日，但软件自开发完成之日起50年内未发表的，本条例不再保护。

第十五条 软件著作权属于自然人的，该自然人死亡后，在软件著作权的保护期内，软件著作权的继承人可以依照《中华人民共和国继承法》的有关规定，继承本条例第八条规定的除署名权以外的其他权利。软件著作权属于法人或者其他组织的，法人或者其他组织变更、终止后，其著作权在本条例规定的保护期内由承受其权利义务的法人或者其他组织享有；没有承受其权利义务的法人或者其他组织的，由国家享有。

第十六条　软件的合法复制品所有人享有下列权利：

（一）根据使用的需要把该软件装入计算机等具有信息处理能力的装置内；

（二）为了防止复制品损坏而制作备份复制品。这些备份复制品不得通过任何方式提供给他人使用，并在所有人丧失该合法复制品的所有权时，负责将备份复制品销毁；

（三）为了把该软件用于实际的计算机应用环境或者改进其功能、性能而进行必要的修改；但是，除合同另有约定外，未经该软件著作权人许可，不得向任何第三方提供修改后的软件。

第十七条　为了学习和研究软件内含的设计思想和原理，通过安装、显示、传输或者存储软件等方式使用软件的，可以不经软件著作权人许可，不向其支付报酬。

第三章　软件著作权的许可使用和转让

第十八条　许可他人行使软件著作权的，应当订立许可使用合同。许可使用合同中软件著作权人未明确许可的权利，被许可人不得行使。

第十九条　许可他人专有行使软件著作权的，当事人应当订立书面合同。没有订立书面合同或者合同中未明确约定为专有许可的，被许可行使的权利应当视为非专有权利。

第二十条　转让软件著作权的，当事人应当订立书面合同。

第二十一条　订立许可他人专有行使软件著作权的许可合同，或者订立转让软件著作权合同，可以向国务院著作权行政管理部门认定的软件登记机构登记。

第二十二条　中国公民、法人或者其他组织向外国人许可或者转让软件著作权的，应当遵守《中华人民共和国技术进出口管理条例》的有关规定。

第四章　法律责任

第二十三条　除《中华人民共和国著作权法》或者本条例另有规定外，有下列侵权行为的，应当根据情况，承担停止侵害、消除影响、赔礼道歉、赔偿损失等民事责任：

（一）未经软件著作权人许可，发表或者登记其软件的；

（二）将他人软件作为自己的软件发表或者登记的；

（三）未经合作者许可，将与他人合作开发的软件作为自己单独完成的软件发表或者登记的；

（四）在他人软件上署名或者更改他人软件上的署名的；

（五）未经软件著作权人许可，修改、翻译其软件的；

（六）其他侵犯软件著作权的行为。

第二十四条　除《中华人民共和国著作权法》、本条例或者其他法律、行政法规另有规定外，未经软件著作权人许可，有下列侵权行为的，应当根据情况，承担停止侵害、消除影响、赔礼道歉、赔偿损失等民事责任；同时损害社会公共利益的，由著作权行政管理部门责令停止侵权行为，没收违法所得，没收、销毁侵权复制品，可以并处罚款；情节严重的，著作权行政管理部门并可以没收主要用于制作侵权复制品的材料、工具、设备等；触犯刑律的，依照刑法关于侵犯著作权罪、销售侵权复制品罪的规定，依法追究刑事责任：

（一）复制或者部分复制著作权人的软件的；

（二）向公众发行、出租、通过信息网络传播著作权人的软件的；

（三）故意避开或者破坏著作权人为保护其软件著作权而采取的技术措施的；

（四）故意删除或者改变软件权利管理电子信息的；

（五）转让或者许可他人行使著作权人的软件著作权的。

有前款第（一）项或者第（二）项行为的，可以并处每件 100 元或者货值金额 5 倍以下的罚款；有前款第（三）项、第（四）项或者第（五）项行为的，可以并处 5 万元以下的罚款。

第二十五条　侵犯软件著作权的赔偿数额，依照《中华人民共和国著作权法》第四十八条的规定确定。

第二十六条　软件著作权人有证据证明他人正在实施或者即将实施侵犯其权利的行为，如不及时制止，将会使其合法权益受到难以弥补的损害的，可以依照《中华人民共和国著作权法》第四十九条的规定，在提起诉讼前向人民法院申请采取责令停止有关行为和财产保全的措施。

第二十七条　为了制止侵权行为，在证据可能灭失或者以后难以取得的情况下，软件著作权人可以依照《中华人民共和国著作权法》第五十条的规定，在提起诉讼前向人民法院申请保全证据。

第二十八条　软件复制品的出版者、制作者不能证明其出版、制作有合法授权的，或者软件复制品的发行者、出租者不能证明其发行、出租的复制品有合法来源的，应当承担法律责任。

第二十九条　软件开发者开发的软件，由于可供选用的表达方式有限而与已经存在的软件相似的，不构成对已经存在的软件的著作权的侵犯。

第三十条　软件的复制品持有人不知道也没有合理理由应当知道该软件是侵权复制品的，不承担赔偿责任；但是，应当停止使用、销毁该侵权复制品。如果停止使用并销毁该侵权复制品将给复制品使用人造成重大损失的，复制品使用人可以在向软件著作权人支付合理费用后继续使用。

第三十一条　软件著作权侵权纠纷可以调解。软件著作权合同纠纷可以依据合同中的仲裁条款或者事后达成的书面仲裁协议，向仲裁机构申请仲裁。当事人没有在合同中订立仲裁条款，事后又没有书面仲裁协议的，可以直接向人民法院提起诉讼。

第五章　附　则

第三十二条　本条例施行前发生的侵权行为，依照侵权行为发生时的国家有关规定处理。

第三十三条　本条例自 2002 年 1 月 1 日起施行。1991 年 6 月 4 日国务院发布的《计算机软件保护条例》同时废止。

摘自：中华人民共和国新闻出版总署网站 http:www.gapp.gov.cn.

参 考 文 献

[1] 白雪梅. 软件保护技术概述[J]. 现代计算机(专业版), 2009,(07) ：4-7，15.

[2] 马振飞. 软件保护方法研究[J]. 中国新技术新产品, 2009,(12)：16

[3] 段善荣. 软件保护技术的分析及实现[J]. 武汉理工大学学报(信息与管理工程版), 2009,31(6)：906-908，921.

[4] 徐武华. 软件保护与分析技术的研究与实现[D]. 北京邮电大学, 2011

[5] 董清潭. 软件保护策略比较研究[J]. 计算机与现代化, 2011,(07) :111-115.

[6] Appelt, B.K.; Su, B.; Lee, D.; Yen, U.; Hung, M.Electronics Packaging Technology Conference (EPTC) [J]. 2011 IEEE 13th. 2011 , 558-561.

[7] Ceccato,M.;Tonella,P. CodeBender: Remote Software Protection Using Orthogonal Replacement [J]. IEEE Software. 2011,Vol.28 ,No.2.,28-34.

[8] Collberg C.;Nagra J. Surreptitious software: obfuscation, watermarking, and tamperproofing for software protection. Software (D),2011.

[9] SafeNet Thinks Outside the 'Black Box' with Industry's First White Box Cryptography Software Protection Solution[J]. Business Wire,2012.

[10] Gelbart,Olga;Leontie,Eugen;Narahari,Bhagirath;Simha,Rahul .A compiler-hardware approach to software protection for embedded systems[J]. Computers and Electrical Engineering. 2009,Vol.35 ,No.2,315-328.

[11] Lauren Katzenellenbogen;Charles Duan;James Skelley. Alternative Software Protection in View of In re Bilski[J]. Northwestern Journal of Technology and Intellectual Property. 2009,Vol.7 ,No.3,198-201.

[12] Ke Shao. Software protection in China: a clip of the post-TRIPS expansionism of intellectual property[J]. International Journal of Private Law. 2009,Vol.2 ,No.1.46-61.

[13] Oz, Effy .Software intellectual property protection alternatives[J]. Journal of Systems Management. 2009,Vol.46 ,No.4,79-83.

[14] Yang, Deli. Software Protection: Copyrightability vs Patentability?[J]. Journal of Intellectual Property Rights.2012,17(02),160-164.

[15] Samuelson, Pamela;Vinje, Thomas;Cornish, William . Does Copyright Protection Under the EU Software Directive Extend to Computer Program Behaviour, Languages and Interfaces?[J]. European Intellectual Property Review. 2012, 34(3),158-166.

[16] Zhiwei Yu;Chaokun Wang;Clark Thomborson;Jianmin Wang;Shiguo Lian;Athanasios V. Vasilakos. A novel watermarking method for software protection in the cloud[J]. Software: Practice and Experience.2012,42(4),409-430.

[17] Harshita Kumar;Deepesh Kumar. Protecting software programmes vis-a-vis patentability of software[J]. Computer Law and Security Review. 2011,27(05),529-536.

[18] Sumroy, Rob;McCarthy, Slaughter;McCarthy, May;McCarthy, Miles. IT briefing - Copyright protection for computer software: Functionality loses out again[J]. PLC - Practical Law for Companies .2011,22(2),21-33.

[19] Analysis: What the SAS ruling means for computer programs[J]. Managing Intellectual Property 2012,No.219 ,102-109.

[20] INSIDE Secure and PACE collaborate on anti-piracy team for protection of software publishers' intellectual property[J]. M2 Presswire.2011,79-82.

[21] Andrea Bonaccorsi;Jane Calvert;Pierre-Benoit Joly . From protecting texts to protecting objects in biotechnology and software: a tale of changes of ontological assumptions in intellectual property protection[J]. Economy and Society. 2011 ,Vol.40,No.4,17-21.

[22] Andrew Beckerman-Rodau. THE PROBLEM WITH INTELLECTUAL PROPERTY RIGHTS: SUBJECT MATTER EXPANSION[J]. Yale Journal of Law and Technology. 2011 ,Vol.13,56-60.

[23] B. K. Sharma;R. P. Agarwal;Raghuraj Singh . Copyright Protection of Online Application using Watermarking[J]. International Journal of Computer Applications. 2011 ,Vol.18, No.4,47-51.

[24] G. Sathish; S.V. Saravanan; S. Narmadha; S. Uma. Maheswari; A robust biometric dual watermarking technique with hand vein patterns for digital images[J]. International Journal of Biometrics. 2011 ,Vol.3,No.2.:159-174.

[25] Rajendra Chaudhary; Basics Tenets of Good IT DR: Business Impact Anal[J]. Express Computer.2011.(mar)

[26] Repasky, Lionel; Heard, Sam. Preventing data disasters: Helpful tips on data backup and storage options[J]. MGMA Connexion. 2010 ,Vol.10,No.5.,46.

[27] Martinez,Henry. 'Availability' As Vital For CUs As Disaster Recovery[J]. Credit Union Journal. 2009 ,Vol.13,No.8.

[28] 胡军. RSA 加密算法的研究与实现 [D].安徽工业大学, 2011 .

[29] 黄卡尔. AES 加密算法的 FPGA 实现[D] . 中北大学, 2011 .

[30] 肖强.混合加密算法在软件安全中的应用[D]. 重庆大学, 2011 .

[31] 彭涛.基于混沌的公钥加密算法的研究[D]. 武汉工程大学, 2011.

[32] 贺筠. 混沌加密算法和消息认证码的研究[D]. 华东师范大学, 2010.

[33] 罗婉平. 现代计算机密码学及其发展前景[J]. 江西广播电视大学学报, 2009,(03):79-80.

[34] Zafar, Fahad. Tiny encryption algorithm for cryptographic gradient noise[D]. University of Maryland, Baltimore County.2010.

[35] Dalel Bouslimi;Gouenou Coatrieux;Christian Roux. A joint encryption/watermarking algorithm for verifying the reliability of medical images: Application to echographic images[J]. Computer Methods and Programs in Biomedicine. 2012 ,Vol.106 ,No.1:47-54.

[36] MEGHANA A. HASAMNIS;S. S. LIMAYE. AN APPROACH TO DESIGN ADVANCED STANDARD ENCRYPTION ALGORITHM USING HARDWARE / SOFTWARE CO-

155

DESIGN METHODOLOGY[J]. International Journal of Engineering Science and Technology.2012,Vol.4,No.5,112-115.

[37] G. Glawitsch .A high-performance software implementation of the Data Encryption Algorithm (DEA)[J]. Journal of Microcomputer Applications.2011 ,Vol.14,No.4,89-92.

[38] Bojan R. Pajčin;Predrag N. Ivaniš .Analysis of Software Realized DSA Algorithm for Digital Signature[J]. Electronics .2011 ,Vol.15,No.2,57-61.

[39] Jouguet P;Kunz-Jacques S;Debuisschert T;Fossier S;Diamanti E;Alléaume R;Tualle-Brouri R;Grangier P;Leverrier A;Pache P;Painchault P. Field test of classical symmetric encryption with continuous variables quantum key distribution[J]. Opt Express. 2012 ,Vol.20,No. 13.,14,30-14041.

[40] Kleidermacher, David. FPGA IMPLEMENTATIONS OF ADVANCED ENCRYPTION STANDARD: A SURVEY[J]. Embedded Systems Design. 2012 ,Vol.25,No.3,121-125.

[41] Yeh, L.-Y.;Huang, Y.-L.;Joseph, A. D.;Shieh, S. W.;Tsaur, W.-J. A Batch-Authenticated and Key Agreement Framework for P2P-Based Online Social Networks[J]. Vehicular Technology, IEEE Transactions on. 2012 ,Vol.61,No.4.,1907-1924.

[42] J. Courant;M. Daubignard;C. Ene;P. Lafourcade;Y. Lakhnech. Automated Proofs for Asymmetric Encryption[J]. Journal of Automated Reasoning. 2011 ,Vol.46,No..3-4;261-291.

[43] Xingwen Zhao;Fangguo Zhang and Haibo Tian. Dynamic asymmetric group key agreement for ad hoc networks[J]. Ad Hoc Networks. 2011 ,Vol.9,No.5.,928-939.

[44] Agoyi, Mary;Seral, Devrim. SMS Security: An Asymmetric Encryption Approach[R]. Wireless and Mobile Communications (ICWMC), 2010 6th International Conference on .2010.

[45] Gogo, Ashifi;Cybenko, George;Garmire, Elsa. A Crowd Sourced Pharmacovigilance Approach Using SMS-based Asymmetric Encryption[R]. Computing in the Global Information Technology (ICCGI), 2010 Fifth International Multi-Conference on.2010.

[46] Judicaël Courant;Marion Daubignard;Cristian Ene;Pascal Lafourcade;Yassine Lakhnech. Towards automated proofs for asymmetric encryption schemes in the random oracle model[R]. Proceedings of the 15th ACM conference on Computer and communications security.2010.

[47] XueJia Lai;MingXin Lu;Lei Qin;JunSong Han and XiWen Fang. Asymmetric encryption and signature method with DNA technology[J]. SCIENCE CHINA Information Sciences. 2011 ,Vol.53,No.3,75-79.

[48] Dongfang Zhang;Ru Zhang;Xinxin Niu;Yixian Yang;Zhentao Zhang. A new authentication and key agreement protocol of 3G based on Diffie-Hellman Algorithm[R]. ICCET.2010.

[49] Kumar, V.;Yunjung Park;Dugki Min;Eunmi Choi. Secure-EEDR: Dynamic Key Exchange Protocol Based on Diffie-Hellman Algorithm with NOVSF Code-Hopping Technique for Wireless Sensor Networks[R]. Innovative Computing & Communication, 2010 Intl Conf on and Information Technology & Ocean Engineering, 2010 Asia-Pacific Conf on (CICC-ITOE).2010.

[50] Long Ngo;Boyd, C.;Nieto, J.G.. Automated Proofs for Diffie-Hellman-Based Key Exchanges[R]. Computer Security Foundations Symposium (CSF), 2011 IEEE. 2011

[51] Yuh-Min Tseng;Tsu-Yang Wu;Tung-Tso Tsai. A convinced commitment scheme for bilinear Diffie-Hellman problem[R]. Networked Computing and Advanced Information Management (NCM), 2011 7th International Conference on. 2011

[52] Stubing, H.;Ceven, M.;Huss, S.A. A Diffie-Hellman based privacy protocol for Car-to-X communication[R]. Privacy, Security and Trust (PST), 2011 Ninth Annual International Conference on.2011.

[53] Mortazavi, S.A.;Pour, A.N.;Kato, T. An efficient distributed group key management using hierarchical approach with Diffie-Hellman and Symmetric Algorithm: DHSA[R]. Computer Networks and Distributed Systems (CNDS), 2011 International Symposium on.2011.

[54] Oishi, K.;Matsumoto, T. An Efficient Verifiable Implicit Asking Protocol for Diffie-Hellman Key Exchange[R]. Lightweight Security & Privacy: Devices, Protocols and Applications (LightSec), 2011 Workshop on. 2011.

[55] Moody, Dustin. The Diffie-Hellman problem and generalization of Verheul's theorem[D]. University of Washington.2009.

[56] Eun-Jun Yoon and Il-Soo Jeon. An efficient and secure Diffie–Hellman key agreement protocol based on Chebyshev chaotic map[J]. Communications in Nonlinear Science and Numerical Simulation. 2011 ,Vol.16,No.6.,2383-2389.

[57] Xi Zhang;Huanhua Hang. An efficient conversion scheme for enhancing security of Diffie-Hellman-based encryption[J]. Wuhan University Journal of Natural Sciences. 2010, Vol.15,No.5.,415-421.

[58] Wen QIN and Nan-run ZHOU. New concurrent digital signature scheme based on the computational Diffie-Hellman problem[J]. The Journal of China Universities of Posts and Telecommunications. 2010 ,Vol.17,No.6.,89-94.

[59] Yi-Fu Ciou;Fang-Yie Leu;Yi-Li Huang;Kangbin Yim. A handover security mechanism employing the Diffie-Hellman key exchange approach for the IEEE802.16e wireless networks[J]. Mobile Information Systems. 2011 ,Vol. 7,No.3.,21-24.

[60] HyunGon Kim;Jong-Hyouk Lee. Diffie-Hellman key based authentication in proxy mobile IPv6[J]. Mobile Information Systems. 2010 ,Vol. 6,No.1.,107-121.

[61] Roh,Dongyoung;Hahn,Sang Geun. On the bit security of the weak Diffie–Hellman problem[J]. Information Processing Letters.2010 ,Vol. 110,No.18-19.,799-802.

[62] Jie Liu and Jianhua Li. A Better Improvement on the Integrated Diffie-Hellman-DSA Key Agreement Protocol[J]. International Journal of Network Security.2 010 ,Vol. 11,No.2.,30-34.

[63] Minkyu KIM;Atsushi FUJIOKA;Berkant USTAOLU. Strongly Secure Authenticated Key Exchange without NAXOS' Approach under Computational Diffie-Hellman Assumption[J]. IEICE TRANSACTIONS on Fundamentals of Electronics, Communications and Computer Sciences. 2012 ,Vol. E95-A ,No.1,45-49.

[64] Ryo NISHIMAKI;Eiichiro FUJISAKI;Keisuke TANAKA. An Efficient Non-interactive Universally Composable String-Commitment Scheme[J]. IEICE TRANSACTIONS on Fundamentals of Electronics, Communications and Computer Sciences. 2012 ,Vol. E95-A, No.1,67-71.

157

[65] Ryo NISHIMAKI;Eiichiro FUJISAKI;Keisuke TANAKA. A Multi-Trapdoor Commitment Scheme from the RSA Assumption[J]. IEICE TRANSACTIONS on Fundamentals of Electronics, Communications and Computer Sciences. 2012 ,Vol. E95-A ,No.1,151-155.

[66] SeongHan SHIN;Kazukuni KOBARA;Hideki IMA. Threshold Anonymous Password-Authenticated Key Exchange Secure against Insider Attacks[J]. IEICE TRANSACTIONS on Information and Systems. 2011 ,Vol. E95-D ,No.11,21-26.

[67] 任强; 赵德平. 椭圆曲线数字签名算法下的公钥密钥验证[J].计算机与数字工程, 2011,(03):98-101.

[68] 吕兴凤; 姜誉. 计算机密码学中的加密技术研究进展[J]. 信息网络安全, 2009,(04):29-32.

[69] 刘勇,熊蓉,褚健. Hash 快速属性约简算法[J]. 计算机学报, 2009,32(8) :1493-1499.

[70] 尤再来.多重数字签名算法研究[D]. 华南理工大学. 2010.

[71] Dimitrios Poulakis .Erratum to: A variant of Digital Signature Algorithm[J]. Designs, Codes and Cryptography.2011,Vol.58,No.2.,219.

[72] Moldovyan, Nikolay A.;Moldovyanu, Peter A. New primitives for digital signature algorithms[J]. Quasigroups Related Systems.2009 ,Vol.17,No.2,102-107.

[73] Martins MD. Distinctive signatures of recursion[J]. Philos Trans R Soc Lond B Biol Sci. 2012 ,Vol.367 ,No.1598,132-136.

[74] A. Freitas;V. Afreixo;M. Pinheiro;J. L. Oliveira;G. Moura;M. Santos . Improving the performance of the iterative signature algorithm for the identification of relevant patterns[J]. Statistical Analysis and Data Mining .2011,Vol.4,No.1.,71-83.

[75] Jin-Yi Cai and Pinyan Lu .Signature Theory in Holographic Algorithms[J]. Algori-thmica .2011 ,Vol.61,No.4,154-160.

[76] G. King;M. Tarbouchi;D. McGaughey .The improved elliptic curve digital signature algorithm[R]. 5th IET International Conference on Power Electronics, Machines and Drives (PEMD 2010) .2010

[77] Jin-Yi Cai and Pinyan Lu. On Symmetric Signatures in Holographic Algorithms[J]. Theory of computing systems .2010 ,Vol.46 ,No.3.,398-415.

[78] Taekyoung Kwon. Digital signature algorithm for securing digital identities[J]. 2010, Vol.82 ,No.5,15-21.

[79] Huang, Qiong. Advances in optimistic fair exchange of digital signature[D]. City University of Hong Kong.2010.

[80] A. A. Kulaga. Creation of identity-based digital signature schemes from bilinear maps[J]. Cybernetics and Systems Analysis. 2012 ,Vol.48 ,No.3.,452-458.

[81] Jin Li;Fangguo Zhang;Xiaofeng Chen;Kwangjo Kim; Duncan S.Wong. Generic security-amplifying methods of ordinary digital signatures[J]. Information Sciences.2012,(201): 128-239.

[82] Bicakci, Kemal;Bagci, Ibrahim Ethem;Tavli, Bulent . Communication/computation tradeoffs for prolonging network lifetime in wireless sensor networks: The case of digital signatures[J]. Information Sciences.2012,Vol.188 .,44-63.

[83] Attila Altay Yavuz;Peng Ning .Self-sustaining, efficient and forward-secure cryptographic

constructions for Unattended Wireless Sensor Networks[J]. Ad Hoc Networks. 2012 ,Vol.10, No.7,1204-1220.

[84] Zhiwei Wang;Wei Chen. An ID-based online/offline signature scheme without random oracles for wireless sensor networks[J]. Personal and Ubiquitous Computing. 2012.

[85] Fan, Haiwei;Zhao, Xiangmo;Ming, Yang. Provably Secure Proxy Multi-Signature Scheme Without Random Oracles[J]. Advanced Science Letters.2012.,7(1):708-713.

[86] Kakali Chatterjee;Asok De;Daya Gupta. Timestamp-Based Digital Envelope for Secure Communication Using HECC[J]. Information Security Journal: A Global Perspective. 2012 ,Vol.21 ,No.2,121-124.

[87] Fuchun Guo;Yi Mu and Willy Susilo. Improving security of q-SDH based digital signatures[J]. Journal of Systems and Software. 2011 ,Vol.84 ,No.10.,1783-1790.

[88] Tzer-Long Chen;Frank Y. S. Lin. Electronic Medical Archives: A Different Approach to Applying Re-signing Mechanisms to Digital Signatures. Journal of Medical Systems. 2011 ,Vol.35 ,No.4.,735-742.

[89] Sharavanan Thanasekkaran;Balasubramanian. A Dynamic Threshold Proxy Digital Signature Scheme by using RSA Cryptography for Multimedia Authentication[J]. International Journal of Computer Applications. 2011 ,Vol.20 ,No.8,109-113.

[90] Laserfiche Obtains Full Compliance with Australias Victorian Records Management Standard Enhances records management offering with tamper-proof security and digital signature support[J]. M2 Presswire.2011,152-157.

[91] Integrated Media Management. Notre Dame Federal Credit Union Leverages IMM Remote Digital Signature Technology to Support Member Retention, Overall Growth and Profitability[J]. Business Wire (English).2011 .

[92] Sung-Kyoung Kim;Tae Hyun Kim;Dong-Guk Han and Seokhie Hong. An efficient CRT-RSA algorithm secure against power and fault attacks[J]. Journal of Systems and Software. 2011 ,Vol.84 ,No.10.,1660-1669.

[93] Lin YOU; Yong-xuan SANG. Effective generalized equations of secure hyperelliptic curve digital signature algorithms[J]. The journal of China Universities of Posts and Telecommunications. 2010, Vol.17 ,No.2.,100-108.

[94] Phillip J. Brooke;Richard F. Paige;Christopher Power. Document-centric XML workflows with fragment digital signatures[J]. Software: Practice and Experience. 2010 ,Vol.40 ,No.8., 655-672.

[95] Federal Transition To Secure Hash Algorithm (SHA)-256[J]. The Federal Register / FIND. 2011 ,Vol.76 ,No.41,78-83.

[96] Siva Prashanth J;Vishnu Murthy G and Praneeth Kumar Gunda. Design of Cryptographic Hash Algorithm using Genetic Algorithms[J]. International Journal of Computer and Network Security .2010 ,Vol.2 ,No.10,56-61.

[97] Shaojiang Deng;Di Xiao;Yantao Li;Wenbin Peng. A novel combined cryptographic and hash algorithm based on chaotic control character [J]. Communications in Nonlinear Science and Numerical Simulation. 2009 ,Vol.14 ,No.11.,3889-3900.

[98] Ragulskiene, Jurate;Fedaravicius, Algimantas;Ragulskis, Minvydas; Simos, Theodore,E; Psihoyios, George; Tsitouras, Ch.-American Institute of Physics. Cryptographic Hash Algorithms Based on Time Averaging Techniques[J]. AIP Conference Proceedings. 2007, Vol.936, No.1.,440.

[99] Valente JH;Jay GD;Schmidt ST;Oh AK;Reinert SE;Zabbo CP. Digital imaging analysis of scar aesthetics[J]. Advances In Skin & Wound Care. 2012 ,Vol.25 ,No.3,27-31.

[100]Jinmin Zhong;Xuejia Lai. Improved preimage attack on one-block MD4[J]. Journal of Systems and Software. 2012 ,Vol.85 ,No.4.,981-994.

[101]Qiuning Lin;Chunyan Bao;Guanshui Fan;Shuiyu Cheng;Hui Liu;Zhenzhen Liu;Linyong Zhu. 7-Amino coumarin based fluorescent phototriggers coupled with nano/bio-conjugated bonds: Synthesis, labeling and photorelease[J]. Journal of Materials Chemistry. 2012,Vol.22, No.14,6680-6688.

[102] V. Yu. Levin. Increasing the security of hash functions[J]. Journal of Mathematical Sciences. 2011 ,Vol.172 ,No.5.,734-739.

[103]Yu SASAKI;Lei WANG;Kazuo OHTA;Kazumaro AOKI;Noboru KUNIHIRO. Practical Password Recovery Attacks on MD4 Based Prefix and Hybrid Authentication Protocols[J]. IEICE Transactions on Fundamentals of Electronics, Communications and Computer Sciences. 2010 .

[104]Pang, Z.-H.;Liu, G.-P. Design and Implementation of Secure Networked Predictive Control Systems Under Deception Attacks[J]. Control Systems Technology, IEEE Transactions on. 2012 ,Vol.20 ,No.5.,1334-1342.

[105]Marcin Kołodziejczyk;Marek R. Ogiela . Applying of security mechanisms to middle and high layers of OSI/ISO network model[J]. Theoretical and Applied Informatics. 2012, Vol.24 ,No.1,102-110.

[106]Elena Andreeva;Andrey Bogdanov;Bart Mennink;Bart Preneel and Christian Rechberger. On security arguments of the second round SHA-3 candidates[J]. International Journal of Information Security. 2012 ,Vol.11 ,No.2.,103-120.

[107]Wassim El-Hajj. The most recent SSL security attacks: origins, implementation, evaluation, and suggested countermeasures[J]. Security and Communication Networks. 2012 ,Vol.5 ,No.1., 113-124.

[108]khan,esam ali hasan. Design and performance analysis of a reconfigurable,unified hmac-hash unit for ipsec authentication[D]. University of victoria (Canada).2009.

[109]Changhui Hu;Tat Wing Chim;S.M. Yiu;Lucas C.K. Hui;Victor O.K. Li. Efficient HMAC-based secure communication for VANETs[J]. Computer Networks. 2012,Vol. 56, No.9, 101-107.

[110]Harris E. Michail;George S. Athanasiou;Vasilis Kelefouras;George Theodoridis;Costas E. Goutis. On the exploitation of a high-throughput SHA-256 FPGA design for HMAC[J]. ACM Transactions on Reconfigurable Technology and Systems. 2012,Vol.5,No.1,78-82.

[111]Aftab Ali;Sarah Irum;Firdous Kausar;Farrukh Aslam Khan. A cluster-based key agreement scheme using keyed hashing for Body Area Networks[J]. Multimedia Tools and Applica-

tions.2011

[112]Binod Vaidya;Jong Hyuk Park;Sang-Soo Yeo and Joel J.P.C. Rodrigues. Robust one-time password authentication scheme using smart card for home network environment[J]. Computer Communications. 2011 ,Vol.34 ,No.3.,326-336.

[113]Shadi Aljawarneh;Maher debabneh;Shadi Masadeh;Abdullah Alhaj. Deploying a Web Client Authentication System Using Smart Card for E-Systems[J]. Research Journal of Applied Sciences, Engineering and Technology. 2011 ,Vol.8 ,No.3,43-48.

[114]Wang, H.;Zhang, X.;Nait-Abdesselam, F.;Khokhar, A.. Cross-Layer Optimized MAC to Support Multihop QoS Routing for Wireless Sensor Networks[J]. IEEE Transactions on Vehicular Communications 2010 ,Vol.59 ,No.5.,2556-2563.

[115]Taeshik Shon; Bonhyun Koo; JongHyuk Park; Hangbae Chang. Novel Approaches to Enhance Mobile WiMAX Security[J]. EURASIP Journal on Wireless Communications and Networking. 2010.,Vol.2010,11.

[116]Naqvi, Syeda Iffat;Akram, Adeel. Pseudo-random key generation for secure HMAC-MD5[R]. Communication Software and Networks (ICCSN), 2011 IEEE 3rd International Conference on.2011 .

[117]陈少晖. "Hash 函数 MD5 攻击技术研究" [D].西安电子科技大学，2010.1

[118]Deepakumara,Janaka Theja. Hardware implementation of message authentication algorithms for Internet security[D]. Memorial University of Newfoundland (Canada).2009 .

[119]Helena Rifà-Pous;Carles Garrigues. Authenticating hard decision sensing reports in cognitive radio networks[J]. Computer Networks. 2012 ,Vol.56 ,No.2.,566-576.

[120]Sandeep Kumar;Gautam Kumar;Navjot Singh. Reducing Computational Time of Basic Encryption and Authentication Algorithms[J]. International Journal of Engineering Science and Technology. 2011 ,Vol.3 ,No.4,62-69.

[121]Xinghua Li, Jianfeng Ma, YoungHo Park and Li Xu. USIM-Based Uniform Access Authentication Framework in Mobile Communication[J]. EURASIP Journal on Wireless Communications and Networking (EURASIP JWCN).2011.

[122]Gyozo Gódor;Sándor Imre. Simple Lightweight Authentication Protocol: Security and Performance Considerations[J]. International Journal of Business Data Communications and Networking. 2010 ,Vol.6 ,No.3.:66-94.

[123]徐天岗. "无线传感网广播认证算法的研究与仿真实现" [D]. 北京邮电大学，2011.2。

[124]Jing Yang;Qiang Cao;Xu Li;Changsheng Xie;Qing Yang .ST-CDP: Snapshots in TRAP for Continuous Data Protection[J]. IEEE Transactions on Computers .2012 ,Vol.61 ,No.6., 753-766.

[125]SONICWALL RELEASES CONTINUOUS DATA PROTECTION 6.0[J]. Computer Security Update. 2011 ,Vol.12 ,No.4,123-131.

[126]Xiao, Weijun;Ren, Jin;Yang, Qing. A Case for Continuous Data Protection at Block Level in Disk Array Storages[J]. Parallel and Distributed Systems, IEEE Transactions on • 2009, Vol.20 ,No.6.,898-911.

[127] Northern Gateway Public Schools Select SonicWALL Continuous Data Protection for

Complete Backup and Disaster Recovery[J]. Canada Newswire. 2011.

[128]Ann Bednarz. Disk or tape? How about both; More enterprises are implementing tiered disaster recovery architectures[J]. Network World (Online).2011 .

[129]Data Protection; R1Soft to Exhibit Continuous Data Protection Technology at Microsoft Tech-Ed North America 2010[J]. Information Technology Newsweekly . 2010.

[130]Core Consultancy debuts Channel Programme to support launch of enhanced DataSafe backup and recovery solution; Core Consultancy switches to 100% channel model as it launches new High-Availability continuous data protection and remote recovery solution service for small and medium businesses[J]. M2PressWIRE.2010 .

[131]郭玉杰.面向 Java 的代码混淆技术的研究[D]. 江苏大学.2010

[132]姚琴. 基于数据混淆的软件保护研究[D]. 武汉理工大学, 2010

[133]赵玉洁，汤战勇，王妮，房鼎益，顾元祥.代码混淆算法有效性评估[J]. 软件学报, 出版日期：2012 ,(3):700-711

[134]杨乐，曾凡兴，何火娇，王兴宇.一种基于垃圾代码的混淆算法研究[J]. 微电子学与计算机, 2011 ,(4):127-130.

[135]Jennifer Marohasy. Climate data confusion and blunders[J]. Review - Institute of Public Affairs .2009 ,Vol.61 ,No.1,135-140.

[136]Tom Young .A decade of data confusion[J]. Computing.2008.

[137]A. Hessler;T. Kakumaru;H. Perrey;D. Westhoff. Data obfuscation with network coding[J]. Computer Communications, 2012,Vol.35,No.1.:48-61.

[138]Shlomo Berkovsky;Tsvi Kuflik;Francesco Ricci. The impact of data obfuscation on the accuracy of collaborative filtering[J]. Expert Systems with Applications.2012,Vol.39,No.5.: 5033-5042.

[139]Homomorphic Encryption Based on Fraction[A]. Proceedings of 2007 International Symposium on Distributed Computing and Applications to Business, Engineering and Science(Volume Ⅰ)[C], 2007 .

[140]Lin H,Mo Xuan-sheng,Gao Ying. Based on RSA and Self-Modifying Mechanism of Software Protection .Proc of the 2010 International Symposium on Parallel and Distributed Processing with Applications. 2010, 474-477 .

[141]Ansel J,Marchenki P,Erlingsson U,et al. Language-Inde-pendent Sandboxing of Just-in-Time Compilation and Self-Modifying Code .Proc of the 32nd ACM SIGPLIN Con-ference on Programming Language Design and Implemention. 2011, :355-366 .

[142]Kanzaki Y;Monden A;Nakamura M;et al. Program Camouflage:A Systematic Instruction Hiding Method for Protecting Secrets .Proceedings of World Academy of Science, Engineering and Technology. 2009, 33:557-563 .

[143]Kanzaki Y,Monden A. A Software Protection Method Based on Time-Sensitive Code and Self-Modification Mecha-nism .Proc of IASTED 10. 2010, 325-331 .

[144]HE Yan-xiang; CHEN Yong; WU Wei; CHEN Nian; XU Chao; LIU Jian-bo; SU Wen. A Program Flow-Sensitive Self-Modifying Code Obfuscation Method[D]. Computer Eng-ineering & Science.2012,(1) .

[145]Jien-Tsai Chan, Wuu Yang. Proactive Advanced obfuscation techniques for Java bytecode. In Journal of Systems and Software, Apr. 2004:, 185-200.

[146]C. Collberg, C. Thomborson, D. Low. A Taxonomy of Obfuscating Transformations.Technical Report 148, University of Auckland, 1997:, 325-350.

[147]Yuichiro Kanzaki, Akito Monden. Exploiting Self-Modification Mechanism for Program Protection. Graduate School of Information Science, Nara Institute of Science and Technology, In Proc.27th. IEEE Annual International Computer Software and ApplicationsConference, Nov. 2003. COMPSAC, 170-181.

[148]C. Wang. A Security Architecture for Survivability Mechanisms. PhD thesis, University of Virginia, School of Engineering and Applied Science, October 2000.

[149]F. Hohl. Time Limited Blackbox Security: Protecting Mobile Agents from Malicious Hosts,in Mobile Agents and Security, LNCS 1419: 92-113.

[150]F. Hohl and K. Rothermel. A Protocol Preventing Blackbox Tests of Mobile Agents, the 11th Fachtagung "Kommunikationin Verteilten System"(KiVS'99). To appear.

[151]A.Barak. O.Goldreich. R.Impagliazzo. S.Rudich. A.Sahai. S.Vadhan. And K.Yang. On the (im)possibility of software obfuscation. In Crypto01, 2001. LNCS 2139: 1~18.

[152]Levent Ertaul and Suma Venkatesh.JHide-A Tool Kit for Code Obfuscation. In In the Pnoceeedings of the Eighth IASTED International Conference，Software Engineering and ApPlieations.2004.

[153]Munson J.and Kohshgoftar T. Measurmaent of Data Structure Complexity[J]. Journal of Systems Software,1993.20:217-225.

[154]Christian Collberg，Clark Thomborson，and Douglas Low，A Taxonomy of Obfuseating Transformations.Department of Computer Seienee，the University of Auekland:New Zealand. July1997.

[155]M. Blum, W. Evans, P. Gemmell. Checking the Correctness of Memories. Algorithmica 1994, 12(2/3): 225-244

[156]B. Schwarz, S. Debray, G. Andrews. Disassembly of Executable Code Revisited. Proceedings of the Ninth Working Conference on Reverse Engineering, October 29-November 01, 2002, (WCRE'02): 45-54

[157]贾洪勇. 安全协议的可组合性分析与证明. 北京邮电大学,2010,(10)

[158]Roy, S.;Conti, M.;Setia, S.;Jajodia, S.Secure Data Aggregation in Wireless Sensor Networks[J]. Information Forensics and Security, IEEE Transactions on .2012 ,Vol.7,No.3.: 1040-1052.

[159]Wang Chaokun; Fu Junning; Wang Jianmin; and Yu Zhiwei. Survey of Software Tamper Proofing Technique[J]. Journal of Computer Research and Development.2010,(6).

[160]张玉臣,王亚弟,韩继红,和志鸿.一种适用于移动自组网环境的密钥管理方案[J].计算机应用研究,2011,(02):701-703,707.

[161]Yan Chen; Shunqing Zhang; Shugong Xu; Li, G.Y. Fundamental trade-offs on green wireless networks[J]. Communications Magazine, IEEE. 2011,49(6):30-37.

[162]Zafar, Fahad. Tiny encryption algorithm for cryptographic gradient noise[D]. University of

Maryland, Baltimore County.2010.

[163]Mozaffari-Kermani, Mehran;Reyhani-Masoleh, Arash. Efficient and High-Performance Parallel Hardware Architectures for the AES-GCM[J]. Computers, IEEE Transactions on. 2012,Vol.61,No.8.:1165-1178.

[164]Matalgah, M.M.; Magableh, A.M. Simple encryption algorithm with improved performance in wireless communications[J]. Radio and Wireless Symposium (RWS), 2011 IEEE. 16-19 Jan. 2011.

[165]Laposky, John .Black Box Offers Security For Personal Info[J]. This Week in Consumer Electronics. 2010,Vol.23,No.9,102-107.

[166]XI Hong-qi; CHANG Xiao-peng. On a Digital Signature Scheme Based on Asymmetrical Encryption Algorithm and Hash Function[J]. Journal of Henan Institute of Education. 2012(01).

[167]赵玉洁; 汤战勇; 王妮; 房鼎益; 顾元祥. 代码混淆算法有效性评估. 软件学报, 2012, 23(3):700-711.

[168]杭继春. 一种基于控制流平整的代码混淆算法研究与实现[D]. 西北大学, 2010

[169]Liang Shan;Sabu Emmanuel. Mobile Agent Protection with Self-Modifying Code[J]. Journal of Signal Processing Systems.2011,Vol.65,No.1.:105-116.

[170]Darwish, S.M.; Guirguis, S.K.; Zalat, M.S. Stealthy code obfuscation technique for software security[R]. Computer Engineering and Systems (ICCES).2010.

[171]Vinod, P.; Laxmi, V.; Gaur, M.S.; Chauhan, G. MOMENTUM: MetamOrphic malware exploration techniques using MSA signatures[J]. Innovations in Information Technology (IIT).2012.

[172]Dunaev, Dmitriy; Lengyel, L'szlo. Complexity of a Special Deobfuscation Problem[R]. Engineering of Computer Based Systems (ECBS), 2012 IEEE 19th International Conference and Workshops on.2012.

[173]Jean-Marie Borello;Ludovic Mé. Code obfuscation techniques for metamorphic viruses [J]. Journal of computer security. 2009,Vol.17,No.6,201-209.

[174]Ammar Ahmed E. Elhadi;Mohd Aizaini Maarof;Ahmed Hamza Osman. Malware detection based on hybrid signature behaviour application programming interface call graph[J]. American Journal of Applied Sciences.2012.

[175]Da Lin and Mark Stamp. Hunting for undetectable metamorphic viruses[J]. Journal in Computer Virology. 2011,Vol.7,No.3.:201-214.

[176]Erkin, Z.;Veugen, T.;Toft, T.;Lagendijk, R. L. Generating Private Recommendations Efficiently Using Homomorphic Encryption and Data Packing[J]. Information Forensics and Security, IEEE Transactions on. 2012,Vol.7,No.3.:1053-1066.

[177]Akihiro Yamamura .Homomorphic Encryptions of Sums of Groups[J]. Lecture Notes in Computer Science. 2007,Vol.4851:357-366.

[178]Post, Gerald V. Using re-voting to reduce the threat of coercion in elections[J]. Electronic Government: an International Journal. 2010,Vol.7,No.2.:168-182.

[179]Ping Zhu; Guangli Xiang. The Protection Methods for Mobile Code Based on Homomorphic

Encryption and Data Confusion[R]. Management of e-Commerce and e-Government (ICMeCG), 2011 Fifth International Conference on.2011.

[180]Saputro, N.; Akkaya, K.Performance evaluation of Smart Grid data aggregation via homomorphic encryption[J]. Wireless Communications and Networking Conference (WCNC), 2012 IEEE. 2012,(April).

[181]Mohammed Golam Kaosar;Russell Paulet;Xun Yi .Fully homomorphic encryption based two-party association rule mining[J]. Data & Knowledge Engineering.2012,Vol.76-78:1-15.

[182]Naone, Erica. Homomorphic Encryption[J]. Technology Review. 2011,Vol.114,No.3,81-88.

[183]Siva Anantharaman;Hai Lin;Christopher Lynch;Paliath Narendran and Michael Rusinowitch. Unification Modulo Homomorphic Encryption[J]. Journal of Automated Reasoning. 2012, Vol.48,No.2.:135-158.

[184]Miao Pan;Xiaoyan Zhu and Yuguang Fang. Using homomorphic encryption to secure the combinatorial spectrum auction without the trustworthy auctioneer[J]. Wireless Networks. 2012,Vol.18,No.2.:113-128.

[185]Fan, Yanfei;Jiang, Yixin;Zhu, Haojin;Chen, Jiming;Shen, Xuemin Sherman. Network Coding Based Privacy Preservation against Traffic Analysis in Multi-Hop Wireless Networks[J]. Wireless Communications, IEEE Transactions on. 2011,Vol.10,No.3.:834-843.

[186]Troncoso-Pastoriza, J.R.;Perez-Gonzalez, F. Secure Adaptive Filtering[J]. Information Forensics and Security, IEEE Transactions on. 2011,Vol.6,No.2.:469-485.

[187]Igor Bilogrevic;Murtuza Jadliwala;Praveen Kumar;Sudeep Singh Walia;Jean-Pierre Hubaux;Imad Aad;Valtteri Niemi. Meetings through the cloud: Privacy-preserving scheduling on mobile devices[J]. Journal of Systems and Software. 2011,Vol.84,No.11:1910-1927.

[188]Craig Gentry .Computing arbitrary functions of encrypted data[J]. Communications of the Association for Computing Machinery. 2010,Vol.53,No.3.:97-105.

[189]Micciancio,Daniele . Technical Perspective: A First Glimpse of Cryptography's Holy Grail[J]. Communications of the Association for Computing Machinery. 2010,Vol.53,No.3:96.

[190]许德武, 陈伟. 基于椭圆曲线的数字签名和加密算法[J]. 计算机工程, 2011, 37(04): 168-169,189.

[191]Tawalbeh, Lo'ai A.;Sweidan, Saadeh. Hardware Design and Implementation of ElGamal Public-Key Cryptography Algorithm[J]. Information Security Journal: A Global Perspective. 2010 ,Vol.19,No.5.:243-252.

[192]Jung Hee Cheon. Discrete Logarithm Problems with Auxiliary Inputs[J]. Journal of Cryptology. 2010,Vol.23,No.3.:457-476.

[193]Sharma, Prashant;Sharma, Sonal;Dhakar, Ravi Shankar. Modified Elgamal Cryptosystem Algorithm (MECA)[R]. Computer and Communication Technology (ICCCT), 2011 2nd International Conference on.2011.

[194]Arpit;Kumar, Ashwini. Verification of elgamal algorithm cryptographic protocol using linear temporal logic[R]. Multimedia Technology (ICMT), 2011 International Conference on.2011.

[195]Xu, Dewu;Chen, Wei. 3G communication encryption algorithm based on ECC-ElGamal[R]. Signal Processing Systems (ICSPS), 2010 2nd International Conference on. 2010 .

[196]Sharma, Prashant;Sharma, Sonal;Dhakar, Ravi Shankar. Modified Elgamal Cryptosystem Algorithm (MECA)[R]. Computer and Communication Technology (ICCCT), 2011 2nd International Conference on. 2011.

[197]Sungwook Kim;Jihye Kim;Jung Hee Cheon and Seong-ho Ju. Threshold signature schemes for ElGamal variants[J]. Computer Standards and Interfaces. 2011 ,Vol.33,No.4.:432-437.

[198]Ya-Li Qi. An Improved Traitors Tracing Scheme Based on ELGamal[J]. Procedia Environmental Sciences. 2011 ,Vol.10,No. A.:392-395.

[199]Sow, Demba;Sow, Djiby .A new variant of Elgamal's encryption and signatures schemes[J]. IETE Technical Review. 2010 ,Vol.20,No.1,191-197.

[200]Chi-Yu Liu, Cheng-Chi Lee and Tzu-Chun Lin. Cryptanalysis of an Efficient Deniable Authentication Protocol Based on Generalized ElGamal Signature Scheme[J]. International Journal of Network Security. 2011 ,Vol.12,No.1,201-207.

[201]Laura Savu. Combining Public Key Encryption with Schnorr Digital Signature[J]. Journal of Software Engineering and Applications. 2012 ,Vol.5,No.2,121-128.

[202]Peter Schartner. Random but System-Wide Unique Unlinkable Parameters[J]. Journal of Information Security. 2012 ,Vol.3,No.1.76-81.

[203]Li, Xiao Feng;Zhao, Hai;Wang, Jia Liang;Bi, Yuan Guo. Improving the ElGamal digital signature algorithm by adding a random number[J]. J. Northeast. Univ. Nat. Sci. 2010 ,Vol.31,No.8.23-30.

[204]Yu, Jia;Hao, Rong;Kong, Fanyu;Cheng, Xiangguo;Zhao, Huawei;Chen, Yangkui. Cryptanalysis of a Type of Forward Secure Signatures and Multi-Signatures[J]. International Journal of Computers and Applications. 2010 ,Vol.32,No.4:476-481.

[205]D.S.Adane;S.R.Sathe. A Secure Communication Model for Voting Application Using Multiple Mobile Agents[J]. International Journal of Security. 2010 ,Vol.3,No.6:1-10.

[206]Allen, Bryce. Implementing several attacks on plain ElGamal encryption[D]. Iowa State University.2009 .

[207]陈良. 基于同态加密的移动代码安全技术研究[D]. 华南理工大学, 2009.

[208]程旭. 恶意环境下的移动代理安全问题研究[D]. 天津大学, 2004.

[209]B.S.Yee. A Sanctuary for Mobile Aagents. DARPA Workshop on Foundations for Secure Mobile Code, February 1997. http://www.cs.ucsd.edu/~bsy/pub/sanctuary.ps

[210]James Riordan, Bruce Schneier. Environmental key generation towards clueless agents. G Vigna (ed.), Mobile agents and security, Lecture Notes in Computer Science, Springer-Verlag, Vol .1419, pp.15+24, 1998.

[211]F. Hohl, Time Limited Black Box Security: Protecting mobile agents from malicious hosts, German: Lecture Notes in Computer Science, 1998, pp.90-111.

[212]Tomas Sander, Christian F Tschudin. Protecting mobile agents against malicious hosts. G Vinga(Ed), Mobile Agents and Security, Lecture Notes in Computer Science, Springer-Verlag, Vol. 1419, 1998.

[213]Sergio Loureiro, Refik Molva. Privacy for mobile code. Precedings of the Workshop on Distributed Object Security(OOPSLA '99), Denver, pp.37-42, 1999

[214]Heeraaral Janwa, Oscar Moreno. McEliece public key cryptosystems using algebraic-geometric codes. Designs, Codes and Cryptography, Vol. 8, pp.293-307, 1996.

[215]AdamYoung，Moti Yung.Sliding Encryption: a cryptographic tool for mobile agents. Eli Biham(ed.), Fast Software EncryPtion, Lectrue Notes in Computer Science, Springer-Verlag, vol 1267, pp230-241, 1997.

[216]T. Sander and C. Tschudin. Towards mobile cryptography. In Proceedings of the IEEE Symposium on Security and Privacy, Oakland, CA, 1998. IEEE Computer Society Press.

[217]Lee H.,Jim A.F.,and Scott H.The Use of Encrypted Functions for Mobile Agent Security[C]. Proceedings of the 37th Annual Hawaii International Conference on System Sciences,Big Island,HI.,United states:IEEE computer science,2004:4757-4766.

[218]Rivest R L ,Adlem an L ,Dertouzos M L. On data banks and privacy homomorphism [M]. Demillo R A , et al. Foundations of Secure Computation[C]. New Youk: Academic Press, 1978. 169-179.

[219]C. Gentry. Fully Homomorphic Encryption Using Ideal Lattices. In Proc. of STOC '09, pages 169-178.

[220]Xing G.L.,Chen X.M.,and Zhu P.,et al.A Method of Homomorphic Encryption[J]. Wuhan University Journal of Natural Sciences,2006,11(1):181-184.

[221]Zhu P.,He Y.X.,and Xiang G.L.Homomorphic encryption scheme of the rational[A]. 2006 International Conference on Wireless Communications,Networking and Mobile Computing, WiCOM 2006[C].Piscataway:IEEE Computer Society,2007:1-4

[222]Chen L.and Gao C.M.Public Key Homomorphism Based on Modified ElGamal in Real Domain[A].2008 International Conference on Computer Science and Software Engineering [C]. Wuhan,Hubei,China:IEEE Computer Society,2008:802-805

[223]Domingo-Ferrer J , Herrera-Joancomart i J. A new privacy homomorphism and applications [J].Information Processing Letters, 1996, 60 (5): 277-282.

[224]Collberg C.Watermarking,tamper-proofing and obfuscation tools for software protection[J]. IEEE Transactions on Software Engineering,2002,28(8):735-746.

[225]武小平,赵波,张焕国. 基于 TPM 的移动代理安全密钥管理[J]. 计算机科学, 2009, 36(05): 65-67,78.

[226]章志明, 邓建刚, 蒋长根, 余敏. 一种移动代理密钥管理方案[J]. 计算机应用与软件, 2010,27(04):90-92.

[227]Kackley, Jeremy Otho.DNAgents: Genetically engineered intelligent mobile agents[D] . The University of Southern Mississippi.2010.

[228]Jean, Evens. Sensor network interoperability and reconfiguration through mobile agents[D]. The Pennsylvania State University.2011.

[229]Saifan, Ahmad A.. Runtime Conformance Checking of Mobile Agent Systems Using Executable Models[D]. Queen's University.2010.

[230]Walker, Christopher Daniel.Monte Carlo simulation of electron-induced air fluorescence utilizing mobile agents: A new paradigm for collaborative scientific simulation[D] . The University of Southern Mississippi.2011.

[231]Li, Xiaohai . DNAgents: Genetically engineered intelligent mobile agents[D]. City University of New York.2010

[232]Keen, Kevin J. Measuring and comparing group intelligence of mobile and intelligent agents on a mobile robotics platform[D]. The University of Alabama in Huntsville .2010.

[233]Ali Zakerolhosseini;Morteza Nikooghadam. Secure Transmission of Mobile Agent in Dynamic Distributed Environments[J]. Wireless Personal Communications.2012.

[234]Wenyu Qu;Keqiu Li;Masaru Kitsuregawa and Weilian Xue.Statistical behaviors of mobile agents in network routing[J]. The Journal of Supercomputing.2012.

[235]Han-Xin Yang;Wen-Xu Wang;Ying-Cheng Lai and Bing-Hong Wang.Traffic-driven epidemic spreading on networks of mobile agents[J]. EPL(Europhysics Letters).2012,Vol.98,No.6.: 68003.

[236]Kai Lin;Min Chen;Sherali Zeadally;Joel J.P.C. Rodrigues. Balancing energy consumption with mobile agents in wireless sensor networks[J]. Future Generation Computer Systems. 2012,Vol.28No.2.:446-456.

[237]Gabriel Ciobanu;Călin Juravle. Flexible software architecture and language for mobile agents[J]. Concurrency and Computation: Practice and Experience. 2012,Vol.24.No.6.: 559-571.

[238]Qi Zhang;Yi Mu;Minjie Zhang and Robert H. Deng .Secure mobile agents with controlled resources[J]. Concurrency and Computation: Practice and Experience. 2011,Vol.23.No.12.: 1348-1366.

[239]Seungkeun Lee;Kuinam Kim. Mobile agent based framework for mobile ubiquitous application development[J]. Telecommunication Systems.2011 .

[240]Huan Shi;Hua-ping Dai;You-xian Sun . Blinking adaptation for synchronizing a mobile agent network[J]. Journal of Zhejiang University - Science C. 2011,Vol.12.No.8:658-666.

[241]Ahmed Abosamra;Mohamed Hashem and Gamal Darwish. Securing DSR with mobile agents in wireless ad hoc networks[J]. Egyptian Informatics Journal. 2011,Vol.12.No.1.:29-36.

[242]罗养霞；房鼎益. 基于混沌优化的动态水印算法研究[D]. 中国科学技术大学,2012.

[243]Zhu, William Feng. Concepts and techniques in software watermarking and obfuscation[D]. University of North Texas.2009 .

[244]Mendoza, Jose Antonio. Hardware & software codesign of a JPEG2000 watermarking encoder[D]. University of North Texas.2008 .

[245]Wu Hao;Wu Guoqing. On the Concept of Trusted Computing and Software Watermarking: A Computational Complexity Treatise[J]. Physics Procedia.2012,Vol.25.:465-474.

[246]P. Lipiński . Watermarking software in practical applications[J]. Bulletin of the Polish Academy of Sciences: Technical Sciences. 2011,Vol.59,No.1,112-119.

[247]Collberg C.;Nagra J. Surreptitious software: obfuscation, watermarking, and tamperproofing for software protection[J]. Software (D).2011.

[248]Guang Sun;Xingming Sun . Software Watermarking Based on Condensed Co-Change Graph Cluster[J]. Information Technology Journal. 2010,Vol. 9,No.5:949-955.

[249]Mrdjenovic, Ljiljana..Digital watermarking in the generalized discrete cosine transform

domain[D]. New York University. 2010 .

[250]Lee, Eunok Susan. Digital watermarking for authentication and verification[D]. California State University, Long Beach.2009.

[251]Anu Pramila;Anja Keskinarkaus and Tapio Seppänen. Toward an interactive poster using digital watermarking and a mobile phone camera[J]. Signal, Image and Video Processing. 2012,Vol.6,No.2,102-109.

[252]Ahmad A. Mohammad. A new digital image watermarking scheme based on Schur decomposition[J]. Multimedia Tools and Applications. 2012,Vol.59,No.3,127-132.

[253]Negin Fatahi and Mosayeb Naseri. Quantum Watermarking Using Entanglement Swapping[J]. International Journal of Theoretical Physics. 2012,Vol.51,No.7,92-99.

[254]Xiaosheng Huang;Sujuan Zhao. An Adaptive Digital Image Watermarking Algorithm Based on Morphological Haar Wavelet Transform[J]. Physics Procedia.2012,Vol.25:568-575.

[255]Fan Zhang;Xinhong Zhang;Dongfang Shang. Digital watermarking algorithm based on Kalman filtering and image fusion[J]. Neural Computing & Applications.2011.

[256]Chih-Chin Lai. A digital watermarking scheme based on singular value decomposition and tiny genetic algorithm[J]. Digital Signal Processing. 2011,Vol.21,No.4,32-37.

[257]Mao Jia-Fa;Zhang Ru;Niu Xin-Xin;Yang Yi-Xian;Zhou Lin-Na. Research of Spatial Domain Image Digital Watermarking Payload[J]. EURASIP Journal on Information Security.2011.

[258]Mahmood Al-khassaweneh. Recent Patents and Publications on Digital Watermarking[J]. Recent Patents on Computer Science. 2011,Vol.4,No.1,45-50.

[259]S.Maruthu Perumal;Dr.V. VijayaKumar. A Wavelet Based Digital Watermarking method using Thresholds on Intermediate Bit Values[J]. International Journal of Computer Applications. 2011,Vol.15,No.3,52-59.

[260]B. Eswara Reddy;P. Harini;S. Maruthu Perumal;V. Vijaya Kumar. A New Wavelet based Digital Watermarking Method for Authenticated Mobile Signals[J]. International Journal of Image Processing. 2011,Vol.5,No.1,61-67.

[261]Xuezheng Zhang.   Spread spectrum-based fragile software watermarking[R]. Nano, Information Technology and Reliability (NASNIT), 2011 15th North-East Asia Symposium on. 2011 (Oct).

[262]Zhou Ping;Chen Xi;Yang Xu-Guang. The Software Watermarking for Tamper Resistant Radix Dynamic Graph Coding[J]. Information Technology Journal. 2010,Vol.9,No.6:1236-1240.

[263]Li Fan;Tiegang Gao;Qunting Yang. A novel zero-watermark copyright authentication scheme based on lifting wavelet and Harris corner detection[J]. Wuhan University Journal of Natural Sciences. 2010,Vol.15,No.5:408-414.

[264]李润峰,马兆丰,杨义先,钮心忻. 数字版权管理安全性评测模型研究[J]. 计算机科学, 2011,38(03):24-27,56.

[265]Motwani, Rakhi C. A voice-based biometric watermarking scheme for digital rights management of three-dimensional mesh models[D]. University of Nevada, Reno.2010 .

[266]Branam, Kasey Pearl-Lee. Identifying the perceptions and effectiveness of current copyright law and digital rights management technology. [D]. Michigan State University.2010.

[267]Herman, Bill D. The battle over digital rights management: A multi-method study of the politics of copyright management technologies[D]. University of Pennsylvania.2009 .

[268]Liu, Zhaohua.. Chinese MPEG-21 rights expression language:enhancing digital rights management adoption to digital libraries in Hong Kong[D]. City University of Hong Kong .2009 .

[269]Tsaur, W.-J. Strengthening digital rights management using a new driver-hidden rootkit [J]. Consumer Electronics, IEEE Transactions on . 2012,Vol.58,No.2:479-483.

[270]Win, L. L.;Thomas, T.;Emmanuel, S. Privacy Enabled Digital Rights Management Without Trusted Third Party Assumption[J]. Multimedia, IEEE Transactions on. 2012,Vol.14,No.3: 546-554.

[271]Koushanfar, F. Provably Secure Active IC Metering Techniques for Piracy Avoidance and Digital Rights Management[J]. Information Forensics and Security, IEEE Transactions on . 2012,Vol.7,No.1:51-63.

[272]Research and Markets: Digital Rights Management (DRM) - Global Strategic Business Report[J]. Business Wire, 2012.

[273]Amit Sachan and Sabu Emmanuel . Rights violation detection in multi-level digital rights management system[J]. Computers & Security. 2011,Vol.30,No.6:498-513.

[274]Rodríguez Doncel, Víctor;Delgado, Jaime;Chiariglione, Filippo;Preda, Marius;Timmerer, Christian. Interoperable digital rights management based on the MPEG Extensible Middleware[J]. Multimedia Tools and Applications. 2011,Vol.53,No.1:303-318.

[275]Chung-Ming Ou and C.R. Ou. Adaptation of agent-based non-repudiation protocol to mobile digital right management (DRM)[J]. Expert Systems with Applications. 2011,Vol.38,No.9: 11048-11054.

[276]Research and Markets. Research and Markets: World Digital Rights Management (DRM) Markets[J]. Business Wire (English).2011.

[277]Radovan Ridzoň;Du?an Levicky . Content protection in grayscale and color images based on robust digital watermarking[J]. Telecommunication Systems.2011

[278]Sarah F. Gold. The Single-Copy Web[J]. MultiMedia and Internet@Schools. 2010,Vol.257, No.6,129-135.

[279]王朝坤,付军宁,王建民,余志伟. 软件防篡改技术综述[J]. 计算机研究与发展. 2011,48(06): 923-933.

[280]董九山. 基于加密自检测的软件防篡改技术的研究与实现[D]. 华中科技大学. 2007

[281]孙宗姚. 基于 hash 函数的软件防篡改技术[D]. 吉林大学. 2009

[282]Ginger Myles and Christian Collberg. Software Watermarking Through Register Allocation: Implementation, Analysis, and Attacks[R]. In 6th International Conference on Information Security and Cryptology, 2003.

[283]Cousot P, Cousot R. An Abstract Interpretation-based Framework for Software Watermarking [C]. Proc.of POPL'04,New York:ACM Press,2004:173-185.

[284]Nagra J,Thomborson C. Threading Software Watermarks[C]. Proc.of IH'04,Toronto, Canada, 2004:208-223.

[285]Arboit G.A Method for Watermarking Java Program via Opaque Predicates[C]. In:The Fifth International Conference on Electronic Commerce Research (ICECR-5), 2002:124-131.

[286]Stern J P,Hachez G,Koeune F,et al.Robust Object Watermarking:Application to Code [C]. Proc.of IH'99,New York:ACM Press,1999:368-378.

[287]Venkatesan R,Vazirani V,Sinha S.A Graph Theoretic Approach to Software Watermarking [C]. Proc.of IH'01, New York:ACM Press,2001:157-168.

[288]Collberg C,Thomborson C.Software Watermarking:Models and Dynamic Embeddings [C]. Proc.of POPL'99,New York:ACM Press,1999:311-324.

[289]Collberg C,Carter E,Debray S,et al.Dynamic Path-based Software Watermarking [C].Proc.of PLDI'04,New York:ACM Press,2004:107-118.

[290]Yong He.Tamper-proofing a Software Watermark by Encoding Constants[D]. Master's thesis,Comp.Sci.Dept..Univ.of Auckland,2002.

[291]卢致旭. 基于白盒加密算法的软件防篡改技术研究[D]. 上海交通大学. 2012

[292]何佳鸣. 基于密码和数字水印技术的 DRM 系统的研究[D]. 北京工业大学. 2008

[293]芦斌. 软件水印及其相关技术研究[D]. 解放军信息工程大学,2007

[294]徐光兴. 基于代码混淆的零水印方案的设计与研究[D]. 武汉理工大学,2011

[295]王法涛. 数字权限管理技术（DRM）应用研究[D]. 吉林大学,2006

[296]Ginger Myles and Christian Collberg. Software Watermarking Through Register Allocation: Implementation, Analysis, and Attacks[R]. In 6th International Conference on Information Security and Cryptology, 2003.

[297]Cousot P, Cousot R. An Abstract Interpretation-based Framework for Software Watermarking [C]. Proc.of POPL'04, New York:ACM Press,2004:173-185.

[298]Nagra J,Thomborson C. Threading Software Watermarks[C]. Proc.of IH'04,Toronto,Canada, 2004:208-223.

[299]Venkatesan R,Vazirani V,Sinha S.A Graph Theoretic Approach to Software Watermarking [C]. Proc.of IH'01, New York:ACM Press,2001:157-168.

[300]Collberg C,Thomborson C.Software Watermarking: Models and Dynamic Embeddings [C].Proc.of POPL'99,New York:ACM Press,1999:311-324.

[301]Collberg C,Carter E,Debray S,et al. Dynamic Path-based Software Watermarking [C]. Proc.of PLDI'04,New York:ACM Press,2004:107-118.

[302]Yong He.Tamper-proofing a Software Watermark by Encoding Constants[D]. Master's thesis, Comp.Sci.Dept. Univ.of Auckland, 2002.

[303]Holmes K. Computer software protection[P]. American Pat 5 287 407.1994.

[304]Davidson R L, Myhrvold N. Method and system for generating and auditing a signature for a computer program[P]. American Pat 5 559 884.1996.

[305]沈静博. 基于数字水印的软件保护技术研究[D]. 西北大学. 2006

[306]何佳鸣. 基于密码和数字水印技术的 DRM 系统的研究[D]. 2008

[307]杨建龙,王建民,李德毅. 软件水印技术及其新进展[J]. 计算机工程. 第 33 卷第 17 期,2007.09:168-170

[308]杭继春. 一种基于控制流平整的代码混淆算法研究与实现[D]. 西北大学. 2010

[309]徐鹏,崔国华,雷凤宇,汤学明,陈晶. 标准模型下一种实用的和可证明安全的 IBE 方案[J]. 计算机学报, 2010,33(02):335-344.

[310]林海群. IBE 下具有统一身份的标识管理机制研究[D]. 吉林大学, 2011

[311]黄亚妮,钟珞; 向广利. 基于 HIBE 的软件保护技术研究[D]. 武汉理工大学,2011.

[312]邹秀斌; 崔永泉; 付才. 一种基于组合阶双线性对群的 HIBE 方案. 计算机科学, 2012,39(06):64-67.

[313]Rohith Reddy, Singi Reddy. Key management and encryption in wireless sensor networks using Hadamard transforms[D]. Oklahoma State University. Computer Science.2011.

[314]Manz, David. Adapting group key management protocols to wireless, ad-hoc networks without the assumption of view synchrony[D]. University of Idaho.2010.

[315]Wang, Fei. Hierarchical key management and distributed multimodal biometric authentication in mobile ad hoc networks[D]. Carleton University.2010

[316]Shengli Liu;Yu Long and Kefei Chen .Key updating technique in identity-based encryption[J]. Information Sciences. 2011,Vol.181,No.11:2436-2440.

[317]Abdalla, Michel;Birkett, James;Catalano, Dario;Dent, Alexander;Malone-Lee, John;Neven. Wildcarded Identity-Based Encryption[J]. Journal of Cryptology. 2011,Vol.24,No.1:42-82.

[318]Lingling Xu;Fangguo Zhang and Yamin Wen .Oblivious transfer with access control and identity-based encryption with anonymous key issuing[J]. Journal of Electronics. 2011, Vol.28,No.4,21-26.

[319] Xu An Wang;Xiaoyuan Yang;Minqing Zhang. Cryptanalysis of Two Efficient HIBE Schemes in the Standard Model[J]. Fundamenta Informaticae. 2011,Vol.109,No.2,134-139.

[320]Zhang Jin Man. Hierarchical Identity-based Broadcast Encryption Scheme on Lattices[R]. Computational Intelligence and Security (CIS), 2011 Seventh International Conference on. Dec. 2011.